生物工程综合性与设计性实验

刘志伟　韩春艳　主编

科学出版社

北　京

内 容 简 介

本书在生物工程专业教学的基础上，反复探索，以专题模块的形式编写。第一部分基础知识与研究方法，主要介绍了实验基础知识和综合性与设计性实验研究思路与方法；第二部分生物活性物质提取和分离，综合性实验和设计性实验各 14 个选题，主要内容涉及以天然生物为原料，对其中的生物活性物质进行提取、纯化及鉴定；第三部分分子生物学与基因工程，综合性实验和设计性实验各 10 个选题，其中既涉及实验室常见的实验方法的比较研究，又包括分子生物学技术在实践中的应用；第四部分细胞工程，综合性实验和设计性实验各 10 个选题，将动植物细胞的实验室常规培养操作及实际应用进行有机结合；第五部分酶工程，综合性实验和设计性实验各 10 个选题，内容既包括对酶基本性质的研究，又包括从生物体内对酶的提取、分离技术，以及生产中对酶的应用；第六部分发酵工程，综合性实验和设计性实验各 4 个选题，其主要内容与实践结合，更侧重于实际应用。本书内容全面系统，重视应用能力的培养，可操作性强。

本书适用于各院校相关专业本科学生的实践教学及学生的课外研究，也可作为广大生物工程工作者的参考书。

图书在版编目(CIP)数据

生物工程综合性与设计性实验 / 刘志伟，韩春艳主编 . —北京：科学出版社，2015. 5

ISBN 978-7-03-044331-1

Ⅰ. ①生… Ⅱ. ①刘… ②韩… Ⅲ. ①生物工程-实验-研究 Ⅳ. ①Q81-33

中国版本图书馆 CIP 数据核字(2015)第 105805 号

责任编辑：王玉时 / 责任校对：郑金红
责任印制：赵 博 / 封面设计：迷底书装

科学出版社出版
北京东黄城根北街 16 号
邮政编码：100717
http://www.sciencep.com

北京富资园科技发展有限公司印刷

科学出版社发行 各地新华书店经销

*

2015 年 5 月第 一 版 开本：787×1092 1/16
2024 年 1 月第九次印刷 印张：13
字数：332 800

定价：49. 80 元

（如有印装质量问题，我社负责调换）

《生物工程综合性与设计性实验》编委会名单

主　　编　刘志伟　韩春艳

参编人员　（按姓氏笔画排序）

刘志伟　许　衡　牟利辉

李威娜　肖　迪　张　晨

张　镜　张爱霞　姚琼凤

韩春艳

前　言

生物工程专业是20世纪70年代初兴起的一门综合性应用学科，是以分子生物学、细胞生物学、微生物学、免疫生物学、生物化学、系统生物学等学科为支撑，以生命科学领域的重大理论和技术突破为基础，结合化学、化工、计算机、微电子等学科，形成的一门多学科互相渗透的综合性学科。近年来，以基因工程、细胞工程、发酵工程及蛋白质工程等为代表的现代生物工程技术发展迅猛，并广泛应用于食品、环境、轻工及医药卫生等各个领域，对人类的生产和生活方式产生了深远的、革命性的影响。

针对生物工程专业知识具有涉及领域广、综合性强和应用性广的特点，各高校都开设了多门相关专业的实验课程，包括基础生物学、微生物学、分子生物学、生物化学、基因工程和酶工程等实验课程。这些实验为培养学生的基础操作能力、提高学生的实践动手能力奠定了良好基础，但这些实验课程多为以验证为主的、经典的单个小实验，各项实验所涉及知识点较零碎、逻辑关系不紧密，学生完成实验后缺乏整体概念。因此，为了让学生系统地掌握生物工程专业知识，以提高学生的综合素质，发挥学生的自主性和创新性，各高校针对生物工程综合性与设计性实验的教学改革做了大量的探索工作，并取得了一定成效。

近年来，随着教学改革的推进，综合性与设计性实验在实验教学中的比例已有很大提高。但目前的主要做法是，各门课程分别开设综合性实验、设计性实验，教学效果较单纯的验证性实验的教学模式虽然有很大提高，但由于各门课程开设时间跨度大、连贯性不强且实验内容自成体系，难以反映学科间相互交叉、相互渗透的现状，往往会造成学生对实验内容难以拓展、过于依赖范例和缺乏可操作性。针对以上情况，编者遵循实验教学理念，依据学生的心理发展特点，打破过去生物工程专业各门课程实验教学学科独立、各学科实验内容互不相干的传统，将生物工程专业的专业主干课分散的、有关联的实验内容进行有机组合，特别编写了本书。本书尽量做到实验教学内容与科学研究、应用实践密切联系，实现基础与前沿、经典与现代的结合。其目的是经过实验课程，提高学生分析、解决综合性问题的能力，系统掌握生物工程的实验技术与研究方法，培养学生的创新能力和综合素质，以适应社会发展需要。

本书内容的编写结合编者多年的科学研究和教学实践探索，将科研成果及多年来学生各种实践研究的成果作为主要实验内容，做到科研直接为教学服务。本书共分六部分，每部分均由综合性实验和设计性实验构成。其中第一部分由韩春艳和肖迪执笔；第二部分由韩春艳和牟利辉执笔；第三部分由韩春艳和姚琼凤执笔；第四部分由张爱霞、李威娜、许衡和姚琼凤执笔；第五部分由许衡和张晨执笔；第六部分由张镜和刘志伟执笔；附录由肖迪执笔。全书由韩春艳和刘志伟审查、统编和定稿。本书既可作为大学生的开放实验、创新性实验训练及学生综合性实验技能的培训教材，又可作为生物工程专业各相关课程综合性与设计性实验的选题。

编写人员在撰稿过程中付出了辛勤的劳动，但由于水平有限，加之生物工程技术发展迅速，教材难免存在不足之处，恳请专家和广大读者指正。本书作为生物工程专业综合性和设计性实验的初步尝试，今后我们将根据教学实践不断对其进行补充完善。

编　者

2015年1月

目　　录

第三部分 分子生物学与基因工程

第四部分　细 胞 工 程

第五部分　酶　工　程

第六部分 发酵工程

第一部分　基础知识与研究方法

第1章　实验基础知识

1　实验室基础知识

实验，是科学研究的基本方法之一。根据科学研究目的，尽可能排除外界影响，突出主要因素并利用一些专门的仪器设备，人为地变革、控制或模拟研究对象，使某些事物（或过程）发生或再现，从而去认识自然现象、自然性质、自然规律。而实验室即进行实验的场所，是科技的产出地。进入实验室，是教师职业发展、学生知识探索的开始。在进入实验室之前，了解关于实验室的基础知识，有利于增强师生的安全意识和安全责任感，一些良好的小习惯能够使实验室安全、稳定与和谐地发展。

1.1　实验室守则

实验室是进行教学和科研的重要场所，为保证实验能正常、有序地进行，培养学生严谨、细致的科学作风，学生必须严格遵守实验室的相关守则。

（1）切实做好实验前的准备工作。上实验课前必须充分预习，明确实验目的和要求，了解实验基本原理、实验方法和操作步骤，准备好实验所需要器材。

（2）进入实验室时，应熟悉灭火器材、急救药箱等的放置地点和使用方法。进入实验室应穿实验服，同时注意局部防护，必要时佩戴安全防护眼镜、防护手套、防护面罩、防毒面具、呼吸器等个人防护用具。严格遵守实验室的安全守则和每个具体实验操作中的安全注意事项。若发生意外事故应及时处理并报请老师进一步处理。

（3）要讲文明、讲卫生，不得穿背心、拖鞋进入实验室。实验室内不能吐痰，不能乱丢废纸，不准高声喧哗，不准抽烟，不能迟到、早退、旷课，实验过程中不得擅自离开。

（4）要服从指导老师和实验技术人员的指导，按实验教材规定的步骤、仪器及试剂的规格和用量进行实验，认真观察和分析实验现象，如实记录实验数据，不得抄袭他人实验结果。

（5）要爱护公物，凡属违章操作损坏仪器设备的，要按规定赔偿损失。未经许可，不得将实验室仪器设备、实验材料等带出实验室。要节约用水、电和药品等。

（6）保持实验室的整洁，暂时不用的器材，不要放在台面。污水、污物、残渣、废纸盒、玻璃碎片等应按要求放在指定地点，不得乱丢乱放，更不得丢入水槽；废酸、废碱、废溶液应分别倒入指定容器进行处理。

（7）实验结束后，要按要求整理好仪器设备、实验工具和实验材料等，要认真清理好实验室卫生，把水、电开关关闭，经指导老师或实验室工作人员检查同意后，才可以离开。

1.2　实验室安全知识

在生物相关的实验室中，会经常与毒性很强、有腐蚀性、易燃烧和具有爆炸性的化学药品直接接触,常使用易碎的玻璃和瓷质器皿,以及在水、电等高温电热设备的环境下进行紧张而细致的工作,因此,必须十分重视安全工作。

实验室的安全守则:

(1) 进入实验室开始工作前应了解气体总阀门、水阀门及电闸所在处。离开实验室时,一定要将室内检查一遍,将水、电、气的开关关好,门窗锁好。

(2) 严禁在实验室内吃东西、吸烟或把食具带进实验室。实验完毕,必须洗净双手后才能离开实验室。

(3) 进实验室后,在老师讲解有关操作要求前,不得随意搬弄仪器、器材。学生必须在教师指导或提示下,按正确的操作步骤和安全须知进行规定的有关实验,不得随意更改实验内容。严禁单凭兴趣,任意乱做实验,防止发生事故。

(4) 实验中,必须严格按照老师的要求、步骤操作。对独立构思和试验性的实验,应事先征得老师同意后方可进行。当进行有可能发生危险的实验时,要根据实验情况采取必要的安全措施,如戴面罩或橡皮手套等,但不能戴隐形眼镜。实验进行中,操作者不得擅自离开。

(5) 使用电器设备(如烘箱、恒温水浴锅、离心机、电炉等)时,严防触电,绝不可用湿手或在眼睛旁视时开关电闸和电器开关。凡是漏电的仪器,一律不能使用。

(6) 实验操作时,要注意安全,防止化学药品损伤自己或他人的眼睛、皮肤和衣物。各小组应独立操作,不得相互戏耍,尤其要防止尖刺状物体靠近脸部(头部)。

(7) 熟悉安全用具如灭火器、急救箱的放置地点和使用方法。安全用具和急救箱不得移作他用。

1.3 实验室事故的预防

1.3.1 火灾的预防

(1) 在操作易燃的溶剂时要特别注意:应远离火源;勿将易燃液体放在敞口容器中(如烧杯)直火加热;加热必须在水浴中加热,切勿容器密闭。

(2) 在进行易燃物质实验时,应先将乙醇一类易燃的物质搬开。

(3) 当使用大量的可燃性液体时,应在通风橱中或在指定地点进行,室内应无火源。

(4) 不得把燃烧着或带有火星的物品乱抛乱扔。

1.3.2 中毒的预防

(1) 有毒、剧毒药品应妥善保管,不许乱放,实验后的有毒残渣必须做妥善而有效的处理,不准乱丢。

(2) 接触有毒、剧毒药品时必须戴好手套,如具有挥发性,还需在通风柜中或通风良好的环境中操作,并做好防护措施,如戴口罩等。在使用通风柜时,头部不要伸入柜内。

1.3.3 触电的预防

使用电器时,应防止人体与电器导电部分直接接触,绝不可用湿手或在眼睛旁视时开关电闸和电器开关。实验结束后应切断电源。

1.4 实验事故的处理方法

1.4.1 火灾的处理

起火后,要立即一面灭火,一面防止火势蔓延(如采取切断电源、移走易燃药品等措施)。灭火的方法要针对起因选用合适的方法。一般的小火可用湿布、石棉布或砂子覆盖燃烧物,即可灭火,火势大时可用泡沫灭火器。但电器设备所引起的火灾,只能使用二氧化碳或四氯化碳灭火器灭火,不能使用泡沫灭火器,以免触电。实验人员衣服着火时,切勿惊慌乱跑,赶快脱下衣服或用石棉布覆盖着火处。

1.4.2 外伤的处理

在实验室的外伤,主要是由玻璃仪器等的破碎引发的。伤处不能用手抚摸,也不能用水洗涤。作为紧急处理,首先应止血。若是玻璃创伤,应先把碎玻璃从伤处挑出,防止当压迫止血时,将碎玻璃压深。轻伤可涂以甲紫(或红汞、碘酒),必要时撒些消炎粉或敷些消炎膏,用绷带包扎。伤口严重者,止血后应立即送医院治疗。

1.4.3 烫伤的处理

发生烫伤不要用冷水洗涤伤处。伤处皮肤未破时,可涂擦饱和碳酸氢钠溶液或用碳酸氢钠粉调成糊状敷于伤处,也可抹獾油或烫伤膏;如果伤处皮肤已破,可涂些甲紫或 1% 高锰酸钾溶液。重伤者涂以烫伤药膏后立即送医院治疗。

1.4.4 酸碱腐蚀致伤的处理

受酸腐蚀时,先用大量水冲洗,再用饱和碳酸氢钠溶液(或稀氨水、肥皂水)洗,最后再用水冲洗。如果酸液溅入眼内,用大量水冲洗后,送医院诊治。受碱腐蚀,先用大量水冲洗,再用 2% 乙酸溶液或饱和硼酸溶液洗,最后再用水冲洗。如果碱溅入眼中,用硼酸溶液洗。伤势较重者,在急救之后,应速送医院诊治。

1.4.5 中毒的处理

毒物溅入口内并未吞下时,应立即吐出,并用大量的清水冲洗口腔;毒物吞入体内时,应根据毒物的性质服用解毒剂(如酸或碱中毒,可灌注牛奶),然后立即送医院;吸入刺激性或有毒气体时,将中毒者移至室外,呼吸新鲜空气(但应注意氯气、溴中毒不可进行人工呼吸,一氧化碳中毒不可施用兴奋剂)。

1.4.6 触电的处理

触电时可按下述方法之一切断电路:①关闭电源;②用干木棍使导线与被害者分开;③使被害者和土地分离,急救时急救者必须做好防止触电的安全措施,手或脚必须绝缘。

2 实验方案设计基础知识

2.1 实验设计的意义

实验设计是以概率论和数理统计为理论基础,经济地、科学地安排实验的一项技术。实验设计是科学研究计划内关于研究方法与步骤的一项内容。在生物工程类的科研工作中,无论实验室研究或现场调查,在制订研究计划时,都应根据实验的目的和条例,结合统计学的要求,针对实验的全过程,认真考虑实验设计问题。一个周密而完善的实验设计,能合理地安排各种实验因素,严格地控制实验误差,从而用最少的人力、物力和时间,最大限度地获得丰富而可靠的资料。反之,如果实验设计存在缺点,就可能造成不应有的浪费,且足以减损研究结果的价值。总之,实验设计是实验过程的依据,是实验数据处理的前提,也是提高科研成果质量的一个重要保证。

2.2 实验设计的要素

实验设计包括3个要素:实验因素、实验单位、实验效应。在实验中,三要素缺一不可,在实验设计时必须予以认真考虑。

2.2.1 实验因素

所有影响实验结果的条件都称为影响因素,并有客观与主观、主要与次要之分。而实验研究的目的不同,对实验的要求也不同。研究者希望通过研究设计进行有计划的安排,从而能科学地考察其作用大小的因素称为实验因素(如试剂的种类、用量、浓度等);对评价实验因素作用大小有一定干扰性且研究者并不想考察的因素称为区组因素或称重要的非实验因素(如动物的窝别、体重等);其他未加控制的许多因素的综合作用统称为实验误差。最好通过一些预实验,初步筛选实验因素并确定哪些水平较合适,以免实验设计过于复杂,实验难以完成。

2.2.2 实验单位

实验因素所作用的对象称为实验单位。例如,用菠菜做实验,菠菜就是本次实验的实验单位或称为受试对象;若用小鼠肝细胞做实验,其表现形式称为样品(有时一个样品由若干只小鼠的肝细胞混合而成)。此时,一个样品就是一个实验单位。不同性质的实验研究需要选取不同种类的实验单位,一个完整的实验设计中所需实验单位的总数称为样本含量。实验单位选择是否合适直接关系到实验实施的难度,以及别人对实验新颖性和创新性的评价。最好根据特定的设计类型估计出较合适的样本含量。在实验设计中,要根据实验观察的目的与内容,明确规定采用什么样的实验对象、实验对象中的每个实验单位必须具备的条件与要求,以保证受试对象的一致性。实验单位需要有一定的数量,例数不能太少,也不宜过多。

2.2.3 实验效应

实验因素取不同水平时在实验单位上所产生的反应称为实验效应。实验效应是反映实验因素作用强弱的标志,它一般通过某些观测指标数值的大小来体现。因此,在实验设计过程中,要结合专业知识,尽可能多地选择客观性强的指标,在仪器和试剂允许的条件下,应尽可能选用具有特异性强、灵敏度高、准确可靠等特点的客观指标。对一些半客观(如读取pH试纸上的数值)或主观指标(如对一些定性指标的判断),一定要事先规定读取数值的严格标准,只有这样方能准确地分析实验结果,从而大大提高实验结果的可信度。

总之,研究者应当对欲研究的问题有较为全面的了解,在实验设计中千万不要遗漏了某些重要的实验因素和观测指标,以免实验研究的结果对事先提出的问题给出错误的回答。

2.3 实验设计的原则

实验设计有属于专业方面的,有属于统计方面的。从统计方面说,主要应当考虑对照、重复、随机化等问题,这就是所谓实验设计的三原则。从生物工程专业方面说,实验设计要具备以下条件:原理正确、操作简便、现象明显、药品经济、结论可信。因此,实验设计的原则应包括:对照原则、随机原则、重复原则、经济原则。

2.3.1 对照原则

空白对照组的设立——通过对照的设立才能清楚地看出实验因素在其中所起的作用。当某些处理本身夹杂着重要的非处理因素时,还需设立仅含该非处理因素的实验组为实验对照组;多种对照形式同时并存。

2.3.2 随机原则

随机原则是指实验材料的分配和各个实验进行的次序,都是随机确定的。统计方面而言,要求观察值(或误差)是独立分布的随机变量,随机化通常能使这一假定有效。把实验进行适当的随机化也有助于"均匀"可能出现的外来因素的效应,即运用"随机数字表"实现随机化;运用"随机排列表"实现随机化;运用计算机产生"伪随机数"实现随机化。尽量运用统计学知识来设计实验,减少外在因素和人为因素的干扰。

2.3.3 重复原则

所谓重复原则,就是在相同实验条件下必须做多次独立重复实验。一般认为重复3次以上的实验才具有较高的可信度。

2.3.4 经济原则

不论什么实验,都有它的最优选择方案,这体现在资金的使用和人力、时间的损耗上,必要时可以预测一下实验的产出和投入,以最小的投入得到最大的产出。

2.4 实验设计的常用方法

根据不同的研究目的应采用不同的设计方法设计实验。常用的实验方法有以下几种。

2.4.1 完全随机设计

完全随机设计(completely randomized design)也称单因素设计,其实质是将供试对象随机分组。在动物实验中,当实验条件特别是试验动物的初始条件比较一致时,可采用完全随机设计。这种设计应用了重复和随机化两个原则,因此能使实验结果受非处理因素的影响基本一致,真实反映实验的处理效应。

2.4.2 配对设计

配对设计(matched-pairs design)是将受试对象按配对条件配成对子,每对中的个体接受不同的处理。配对设计一般以主要的非实验因素作为配比条件,而不以实验因素作为配比条件。

动物试验中，常将同性别、同窝别、体重相近的两个动物配成一对；人群试验中，常将性别相同和年龄、生活条件、工作条件相同或相近的两个人配成对子，再按随机化原则把每对中的受试对象分别分配到实验组和对照组或不同处理组。

2.4.3 随机区组设计

随机区组设计（randomized block design）的特点是根据"局部控制"的原则，将实验对象按同一条件划分为相当于重复次数的区组，一区组安排一重复，区组内各处理都独立地随机排列。

2.4.4 析因设计

析因设计（factorial design）是一种多因素的交叉分组设计。它不仅可检验每个因素各水平间的差异，而且可检验各因素间的交互作用。两个或多个因素如存在交互作用，表示各因素不是各自独立的，而是一个因素的水平有改变时，另一个或几个因素的效应也相应有所改变。反之，如不存在交互作用，表示各因素具有独立性，一个因素的水平有所改变时不影响其他因素的效应。

2.4.5 重复测量设计

重复测量设计（repeated measurement design）指将一组或多组实验对象先后重复地施加不同的实验处理，或在不同条件下被测量至少两次的情况。

2.4.6 交叉设计

交叉设计（cross-over design）是一种特殊的自身对照的实验设计方法。按事先设计好的实验次序，在各个时期对受试对象先后实施各种处理，以比较处理组间的差异。

2.4.7 拉丁方设计

拉丁方设计（Latin square design）使研究人员得以在统计上控制两个不相互作用的外部变量并且操纵自变量。每个外部变量或分区变量被划分为一个相等数目的区组或级别，自变量也同样被分为相同数目的级别。具体地说，拉丁方是一种为减少实验顺序对实验的影响而采取的一种平衡实验顺序的技术。采用一种拉丁方格做辅助，拉丁方格就是由需要排序的几个变量构成的正方形矩阵。

2.5 实验设计的程序

由于实验设计牵涉多方面的内容，设计过程必须遵循一定的程序。一般来说，实验设计有下列的程序。

2.5.1 提出实验研究意义（实验目的）

实验目的是实验的出发点和归宿，因此在实验设计前，必须对实验的目的要求相当明确。

2.5.2 根据实验目的的要求，确定实验的原理与方法

只有明确实验原理和方法，才能对实验设计作出合理的规划。

2.5.3 理清设计思路

实验设计的基本思路是：目的—假设—方法—步骤—器材。即根据实验目的提出假设，围绕假设采取相应的方法和手段安排实验步骤、选择合适器材和反应条件等。

2.5.4 实施、对比、控制

在实验实施过程中要特别重视对比和控制，对照不当，实验将失去意义；没有控制，则不能成为实验。

2.5.5 结果处理

对实验现象、结果、数据进行加工整理，准确表述实验结论。

2.5.6 评价与修正

回顾实验设计，反思实验过程，修正检验假设，对结果进行评价。

3 实验记录的基础知识

实验记录是实验内容的主要组成部分，是实验过程中，关于实验计划、步骤、结果、分析的各种文字、数据、图表、音像等原始资料。实验记录是追溯实验数据的直接证据，是进行实验归纳和总结的依据，它有助于实验者保持清醒的实验思路、抓住重要的实验现象、提高实验效率等。因此，做好实验记录具有保证实验顺利进行的意义。

3.1 实验记录的书写要求

3.1.1 客观真实，及时准确

客观真实是实验记录的最基本要求，实验怎么做的就怎么书写，有意或无意造成的记录错误都会使实验记录的科学价值降低；及时在实验完成后进行记录，是保证其准确的重要前提；在实验记录过程中要使用通用的专业词汇和语言，尽可能避免使用模糊的语言。

3.1.2 前后联系，系统完整

实验记录应完整地记录整个实验过程，包括实验选题构思、预实验、实验设计、实验过程、实验结果和分析、实验的自我评价。实验的每部分都应是前后联系的，好的实验记录如同一本精心编写的书，同时，记录的每一部分实验又存在各自需要重点解决的问题，单独阅读也是相对完整的。

3.1.3 简明扼要，重点突出

实验记录不是记流水账，其目的在于体现完整的实验思路，表明实验为什么做，做什么，怎么做，做出了什么。实验记录中重复的部分，如操作步骤等可标注为“按××操作进行”。重点内容一定要用准确的语言描述，做到重点突出、明确。

3.2 实验记录书写的基本要求

(1) 实验原始记录须记载于正式实验记录本上,实验记录本应按页码装订;须有连续页码编号,不得缺页或挖补。

(2) 实验记录本首页一般作为目录页,可在实验开始后陆续填写,或在实验结束时统一填写。

(3) 每次实验须按年、月、日顺序在实验记录本相关页码右上角或左上角记录实验日期和时间,也可记录实验条件如天气、温度、湿度等。

(4) 字迹工整,采用规范的专业术语、计量单位及外文符号,英文缩写第一次出现时须注明全称及中文释名。使用蓝色或黑色钢笔、碳素笔记录,不得使用铅笔或易褪色的笔(如油笔等)记录。

(5) 实验记录需修改时,采用划线方式去掉原书写内容,但须保证仍可辨认,然后在修改处签字,避免随意涂抹或完全涂黑。空白处可标记"废"字或打叉。

(6) 实验记录中应如实记录实际所作的实验;实验结果、表格、图表和照片均应直接记录或订在实验记录本中,成为永久记录。实验中观察到的现象、结果和数据,要及时地直接记在记录本上。原始记录必须准确、简练、详尽、清楚。记录时,应做到如实、正确记录实验结果,不可夹杂主观因素。在实验条件下观察到的现象,也应如实仔细地记录下来。

(7) 实验中使用仪器的类型、试剂的规格,以及涉及的化学反应式、分子质量、浓度等,都应记录清楚。

(8) 若实验结果不佳,也须慎重整理、检讨,勿随手一丢了事。即使失败的实验,也要从中吸取经验教训,提出改进及注意要点,以便实验重新开始。

3.3 实验记录的基本内容

3.3.1 实验日期、地点——"什么时候做"

实验日期的记录是为了方便以后对实验内容的查找,并对实验的具体操作有详细的记录。实验地点的记录可以提示具体操作的实验环境、指导教师等信息。

3.3.2 实验名称和实验目的——"做什么"

实验名称以简单扼要的文字描述实验的主要内容,反映出实验活动的核心内容。实验目的描述实验需要达到的目的。

3.3.3 实验原理——"凭什么做"

根据实验目的和内容,采用相关的实验原理来设计实验,有利于得出科学客观的实验结论。

3.3.4 实验材料——"用什么做"

实验材料是对本次实验操作中所涉及的实验对象和仪器的介绍,包括了实验对象的来源、取材时间、特性、前期处理方法、保存方式等,试剂(名称、批号、厂家、浓度、溶剂、配制方法、配制时间、保存条件等),仪器(名称、规格型号、供货厂商)及其他需要说明的问题。

3.3.5　操作过程——“怎么做”

真实、准确地按照操作时间的先后顺序，详细记录整个实验过程中所出现的具体操作及相关情况，包括技术方法、涉及的具体操作计量指标，如处理次数、浓度、体积、质量、温度、时间等。

3.3.6　实验结果——“做出了什么”

实验结果的记录要准确、及时，力争客观和量化，避免主观。尽可能采用计量指标、图片记录实验结果，如以上两者均不能使用时，可以使用图示。实验记录过程中，应该在记录本保存原始的数据和图片，包括实验过程中出现的相关情况及所观察到的详细情况及过程，并适当做好标注，以便以后查找和汇总。特殊需要的、需另外保存的结果，应在结果的背面注明取得结果的时间和相应实验记录的页码。

3.3.7　结果分析和讨论——“下一步做什么”

实验工作中可能会得到预期的结果，也可能出现实验失败或异常的现象。因此，要通过与同学和老师的讨论，查阅相关文献资料，从实验的整个过程中分析该实验结果出现的原因、实验失败或异常的原因，从而提出新的可能和假设，并在此基础上，对实验进行改进，以便得到更优、更具有科学依据的结果。

3.3.8　参考文献

详细记录所参考的文献资料的作者、文献名称（或书名）、刊物（或出版社）、发表时间、卷号及期号、页码。

3.4　实验记录需注意的问题

（1）实验记录不允许隔天进行记录及写在纸片上，易造成实验记录的错漏和丢失。实验记录本或记录纸应保持完整，不得缺页或挖补，如有漏页、缺页，应详细说明原因；同时，实验记录应妥善保存，避免水浸、墨污、卷边，保持整洁、完好、无破损、不丢失。

（2）实验记录应按逻辑顺序书写实验设计必要的项目，步骤设计需要分段叙述，试管（或烧杯、锥形瓶等）要给予编号，使用规范的专业术语，注意语言表达的形象化和直观性。

（3）保持实验记录的真实性和完整性。可按时间轴承记录实验，不可不分主次、层次混乱地进行记录实验，否则实验记录者将无法分清记录内容。

（4）原始数据必须在当天记录在记录本的实验结果页中。

（5）即便是错误或异常的实验结果，也必须保留，不能仅靠主观想象和主观判断来记录实验结果。无论何时、出于何种目的，不可对原始图片和原始数据进行技术修饰。

（6）实验记录要注意简明扼要，突出重点，重复的内容过多，会冲淡主要内容，使实验记录显得啰唆、累赘。同时，实验记录要注意字迹工整，如果字迹潦草，无法辨认，就失去了做记录的意义。

（7）定期整理、分析数据，做好阶段性实验总结，及时按实验记录的相关要求整理好记录，是实验记录的客观性和准确性的保证。

4 实验数据基础知识

4.1 实验数据的获取

实验数据是实验结果的一种重要体现,是表达实验结果的重要方式之一,因此,要求实验者将实验所得数据正确地记录下来,加以整理、归纳、处理,并正确表达实验结果所获得的规律。对于实验数据的获取应遵循以下几个方面:①获取实验数据时应服从实验目的;②获取实验数据时要考虑便于测量和计算;③获取实验数据时要尽量减小实验误差。

4.2 实验数据处理与分析

在实验过程中,由于实际情况比较复杂,加上观测人员在观测过程中难免产生误差等,所得实验的原始数据,如果没有经过适当处理,常包含大量的干扰因素,不能如实反映实际情况。因此,为了在所得实验数据中提取更多有用的信息,更有效地发挥实验资料的效能,得到比较准确的科学结论,就必须对这些原始实验数据用数学的工具进行一系列的实验数据处理和分析。

4.2.1 实验数据的处理

实验数据的处理是实验工作的重要内容之一,实验数据的正确处理能提供更为有效的科学结论。实验数据的处理包括数据的记录、整理、计算、分析和制图表等。数据处理的方法一般分为以下几种。

1. 列表法 用合适的表格将实验数据(包括原始数据与运算数值)记录出来就是列表法。实验数据既可以是同一个物理量的多次测量值及结果,也可以是相关几个量按一定格式有序排列的对应的数值。数据列表本身就能直接反映有关量之间的函数关系。其优点是大量数据表达醒目、条理清晰,便于检查结果和运算是否有错,有助于反映出物理量之间的对应关系。数据列表时的要求:①表格力求简单明了,分类清楚;②表中各量应写明单位,单位写在标题栏内;③表格中的数据要正确地表示出被测量的有效数字。

2. 作图法 在坐标纸上描绘出所测物理量的一系列数据间关系的图线就是作图法。该方法简便直观,易于直观地显示出所研究变量的变化规律,如极大值、极小值、周期性等重要特征,并显示出对应的函数关系,是寻求经验公式最常用的方法之一,还便于数据的分析比较。作图规则如下。

1) 选用合适的坐标纸与坐标分度值 一般常用毫米方格坐标纸,再认真选取坐标分度值。坐标分度值的选取要符合测量值的准确度,即应能反映出测量值的有效数字位数。

2) 标明坐标轴 以横轴代表自变量(一般为实验中可以准确控制的量,如温度、时间等),以纵轴代表因变量,用粗实线在坐标纸上描出坐标轴,在轴端注明物理量名称、符号、单位,并按顺序标出轴线整分格上的量值。

3) 标实验点 实验点可用+、×等符号中的一种标明。同一条图线上的数据用同一种符号,若图上有两条图线,应用两种不同符号以便区分。

4) 连成图线 使用直尺、曲线板等工具,按实验点的总趋势连成光滑的曲线。由于存在测量误差,且各点误差不同,不可强求曲线通过每一个实验点,但应尽量使曲线两侧的实验点靠近图线,且分布大体均匀。

5) 写出图线名称　在图纸下方或空白位置写出图线的名称,必要时还可写出某些说明。

3. 最小二乘法　数据列表、作图与写出解析表达式都是描述函数关系的方法,而以函数表达式最为明确。由一组实验数据拟合出一条最佳直线,常用的方法是最小二乘法。用最小二乘法来寻求解析表达式(经验公式),虽然计算数值的工作量很大,但借助计算器已能轻松地完成,故此法得到广泛应用。设物理量 y 和 x 之间满足线性关系,则函数形式为

$$y=a+bx$$

最小二乘法就是要用实验数据来确定方程中的待定常数 a 和 b,即直线的斜率和截距。

数据处理的方法还有:参数估计、方差分析、回归分析和假设检验等。

4.2.2 实验数据的分析

1. 误差分析　由于实验方法和设备的不完善,周围环境的复杂因素,以及人为因素(如人的观察力)的影响,实验观测值和真实值之间总是存在一定的差异。人们常用绝对误差、相对误差或有效数字来说明一个近似值的准确程度。为了评定实验数据的精确性或误差,认清误差的来源及其影响,需要对实验的误差进行分析和讨论。判定哪些因素是影响实验精确度的主要因素,从而进一步改进实验方案,减少实验观测值和真实值之间的差值,提高实验的精确性。

根据误差产生的原因,一般分为系统误差、偶然误差和过失误差。

1) 系统误差　系统误差又称可测误差,指由测定过程中某些经常性的、固定的原因所造成的比较恒定的误差。其特点是具有固定的方向和大小,并可重复出现,其主要影响结果的准确度,对精密度影响不大,可通过适当的校正来减少或消除。可分为:①方法误差,指分析方法本身造成的,可通过作对照实验来消除。②仪器误差,指仪器不准引起的误差,可通过校正仪器来消除。③试剂误差,指试剂不纯引起的误差,可通过作空白实验来消除。④操作误差,指由操作人员的主观原因造成的误差,可通过安排不同的分析人员互相进行对照实验,或将部分试样送交其他单位进行对照分析来消除。

2) 偶然误差　偶然误差指分析过程中由某些随机的偶然原因造成的误差。产生原因是由难以控制、无法避免的因素(环境的温度和湿度、气压的微小波动、仪器性能的微小变化)所引起的,故又称不可测误差。其特点具有对称性、抵偿性和有限性。这类误差不仅影响分析结果的准确度,而且影响分析结果的精密度。该误差不能用校正的方法减少或消除,只有通过增加测定次数,采用数理统计方法对结果作出正确的表达。

3) 过失误差　操作者由于马虎、不遵守操作规程,如读错数、加错试剂、溶液溅失等造成的误差属于过失误差,该误差所造成的结果应予舍弃。

2. 数据处理软件　目前,常用的数据处理软件有:Microsoft Office 中的 Excel、SPSS、SAS、DPS、Origin 等。

Excel 软件具有统计函数和图表功能,能自动完成数据的分析和图表的处理,可以方便、快捷地获得实验结果,提高实验效率和分析的准确性。

SPSS(statistical package for the social science)20 世纪 60 年代起源于美国,适用于自然科学、社会科学各领域,是世界公认的标准统计分析软件,也是应用最为广泛和流行的统计分析软件。它的特点是操作简单、易学易会,具有与多种软件的数据转换接口,且其输出结果可以直接拷贝到 Word 文档、PPT 文档中。

SAS(statistics analysis system)是世界上最著名的统计分析系统之一,具有完备的数据访问、管理、分析和呈现功能,被誉为国际标准统计分析系统。SPSS 和 SAS 被并称为当今最权威的两大统计分析软件。相对 SPSS 等软件来说,一般认为 SAS 更适合专业人员使用。

DPS(data processing system)是国内唯一一款实验设计及统计分析功能齐全、具有自主知识产权、技术上达到国际先进水平的国产多功能统计分析软件。从某种意义上说,DPS = Excel+SPSS。

Origin 是公认的简单易学、操作灵活、功能强大的软件,既可以满足一般用户的制图需要,也可以满足高级用户数据分析、函数拟合的需要。由于其操作简单、功能开放,很快成为了国际流行的分析软件之一,是公认的快速、灵活、易学的工程制图软件。

第 2 章　综合性与设计性实验研究思路与方法

1　综合性实验、设计性实验的概述

1.1　实验的分类及基本内涵

实验是教学的重要组成部分,一方面,通过实验教学环节使学生巩固、加深理论课教学中所学到的基本理论知识;另一方面,通过实验教学环节培养学生综合分析问题和应用知识解决实际问题的能力。因此实验教学一直是实现高等学校素质教育和人才培养的重要内容,也是提高学生动手能力、培养创新意识非常有效的途径。实验可分为三类,分别是基础性(以演示和验证性为主)实验、综合性实验和设计性实验。基础性实验的优点是学生学习知识系统性强、实验技能相对集中,且与理论课程密切配合。而综合性实验、设计性实验是以课堂讲授的理论知识为依托,是在传统的演示性和验证性实验基础上的延伸。因此,综合性实验、设计性实验必须在学生具备基本实验技能之后再开设,同时还应认真考虑综合性实验、设计性实验的量化问题。只有这样才能真正发挥综合性、设计性实验课程的效能。正确认识三者之间的关系,避免极端化,即过分重视综合性、设计性实验,而轻视基础性实验的作用。学生综合能力的培养不是孤立的过程,更不是通过多开一些综合性、设计性实验就能够完成的。因此,绝不能把学生综合能力的培养寄希望于单一的综合性、设计性实验课程上,而忽视全面的课程体系。

1.2　综合性实验的内涵

综合性实验是建立在验证性实验的基础上,运用某一门课程或多门课程的知识技能和方法进行综合训练的一种复合型实验,使实验内容、方法和运行模式最优化。其内容具有复合性的特点,如涉及多个知识点、多学科知识的综合和交叉。实验方法和手段同样要求综合性、多样性及交融性。内容可将相关教师的科研成果转化过来,代表专业实验室水平。要求学生能综合应用所学知识及所学多种实验技能解决有一定难度的实际问题。综合性实验一般可以在一门课程的一个循环之后开设,也可以在几门课程之后安排一次有一定规模的、时间较长的实验。经过综合性实验的训练,学生对所学知识及所学专业的认识都应能得以升华。根据实验综合的程度不同,每个综合性实验所用的时间不同,实验的重点放在展示知识的内在联系上。根据综合性实验的特点,要求学生在做过验证性实验并对部分实验仪器有所了解之后,用几个课时的时间一气呵成。

1.3　设计性实验的内涵

设计性实验是结合或独立于课程教学而进行的一种探索性实验,是指给定实验目的、要求和实验条件,学生自己设计实验方案,并加以实现的实验。它是一种具有对学生科学实验全过程进行初步训练的教学实验,具有科学性、综合性和探索性特点。不但要求学生能充分运用已经学到的知识去理解和发现问题,而且要求学生利用现有的实验条件及手段去解决问题。

对于这类实验,教师先根据相关的学习内容,提出能体现学科发展趋势,并能引导学生注重理论和应用相结合的参考选题,学生根据所学知识,以小组为单位(3~5 人),选做自己感兴趣的内容,在查阅文献资料、设计实验方案、集体讨论及教师指导后形成可行性方案。让学生充分发挥自己的创造性,使得学生对理论和实验方法的理解和运用达到更高层次。教师在指导设计性实验时,与学生一起分析实验任务,回答学生遇到的各种问题,设计性实验对教师和学生都提出了较高要求,有一定难度。教材只给出题目及设计思路,实验方法及具体步骤由学生自行设计,自己选定实验仪器、绘制结果图表等。设计性实验一定要体现学生学习的主动性、实验内容的探索性和实验方法的多样性,其目的在于培养学生的设计技巧,激发学生的参与性和创造性,提高学生的认识能力、组织能力和创新意识。

1.4 综合性与设计性实验在人才培养中的地位及作用

高等教育的中心任务就是人才培养,高等学校既是高层次创新人才培养的重要基地,又是基础研究和高科技领域创新成果的重要源泉。因此,高校在教学过程中应着力培养学生综合分析问题、解决问题的能力,提高其实践动手、独立思考的能力。而能力和素质的培养仅仅通过理论的学习是远远不够的,还需要大量的实践训练。综合性、设计性实验以培养学生独立思考、独立分析问题、独立解决问题作为出发点,要求学生具备构建实验框架的思路和检索中英文文献的能力, 具备较丰富的理论知识和实验技能, 具备较强的探索未知实验的方法与结果的能力, 具备求实的精神和严谨的学风。因此综合性、设计性实验的开设, 有利于激发学生的学习热情, 培养学生的发散思维能力, 提高学生探索新事物的兴趣, 使学生在综合运用知识的过程中, 发现问题、分析问题, 进而解决问题, 从而达到自我获取新知识的目的。另外, 由于在实验中留有足够的空间, 使学生更能发现问题, 能促使教师努力钻研相关业务知识, 促进教学质量的提高。综合性、设计性实验的开设在仪器设备上要求更高, 且需要多个实验室之间进行联合, 因此该类实验的开设有利于高校加强教学投入, 实现实验室的真正开放。所以, 当前在高等学校中开设综合性、设计性实验是实现素质教育的良好途径, 是深化实验教学改革, 提高实验教学质量, 转变实验教学模式, 适应人才培养需要的重要举措。

2 综合性与设计性实验的开设原则及基本要求

2.1 综合性与设计性实验开设的原则

1. 科学性原则 科学性是实验设计的首要原则,是指实验目的明确、实验原理正确、实验操作程序和方法的选择恰当。整个思路和实验方法都要符合科学领域的基本原则。同时,要把科学思想和方法渗透到实验中, 使学生在实验的过程中形成科学的思维模式, 学会并应用科学的方法去解决实际问题。此外,还要将多学科的知识、原理进行融会贯通, 通过该类实验的训练,引导学生运用综合的观点和创造性的思维去思考现实生活中的复杂问题。

2. 可行性原则 可行性原则是指开设的综合性、设计性实验所运用的手段、方法及使用的材料在实施时要切实可行,选用的实验药品、仪器、设备和方法在现有的条件下或通过实验室开放等手段能够得到满足。

3. 适宜与新颖性原则 一是指要针对学生的专业特点进行教学目标设计及实验内容的选择, 使其适合学生的理论基础和整体的培养定位, 并具备时代要求的新颖性。同时, 在实验过程中, 要运用知识之间的联系和恰当的方法, 层层深入,否则教学目标偏大,可能会造成学生无法完成实验项目;相反，教学目标过于简单，学生便没有思考分析的机会，达不到综合性、设计性实验开设的意义。二是指其开设类型要有针对性，即基础课原则上应以开设综合性实验为主，使学生打下良好的基础，专业课原则上应以开设设计性实验为主，引领学生注重专业知识运用的灵活性。

4. 连贯与独立性原则　综合性实验、设计性实验内容应是完整的有机体，具有良好的连贯性,并能使学生体会到其中的研究和探索价值。所谓的独立性是指要体现以学生为主体的教学理念,不断挖掘学生的创造性思维,从而使学生真正成为实验课程中的主人。

5. 简便性原则　在素质教育和教学改革的特殊要求下,课程学时和经费有限。因此,综合性实验、设计性实验的开设一方面要以目的明确、简捷直观、药品经济用量少为前提,另一方面,还要考虑实验材料是否容易获得,以保证在有限的时间内和其他客观条件允许的情况下达到教学目的。

6. 安全性原则　由于综合性实验、设计性实验较复杂,在整个实验过程中,应尽量避免高毒药品和具有危险性的实验操作。如果无法避免,则应在实验教材或方案中详细写明注意事项,注意采用使化学反应仪器密闭或加强回收利用的防护措施,并配备相应的实验技术人员进行指导,确保实验安全,减少环境污染。

2.2　综合性与设计性实验开设的基本要求

在进行综合性、设计性实验之前,需要教给学生最基本的实验方法和思路。其最终目的是让学生从传统实验模式中走出来,摆脱对实验讲义的依赖,尽快形成自主研究、分析、解决问题的意识。因此,综合性实验与设计性实验基本要求如下。

1. 明确实验任务　根据实验任务查阅文献资料,了解相关的基础及专业知识。特别注意,实验项目的选择一定要有专业特点,不同的专业选取不同的实验,既要符合实验教学大纲的要求,体现多样性、立体性,又要有广阔的覆盖面和足够的实验项目以供学生选项。

2. 规范实验内容　根据实验项目的性质与特点,尽可能多地收集各种相关实验原理及其理论依据,然后对这些信息进行系统分析,特别需要着重分析各种实验原理及其所依据公式的适用条件和优缺点;解决与实验有关的一些问题,了解相关实验仪器的结构与使用方法,为制订实验方案做准备。

3. 突出学生的主体性　学生通过对实验原理、实验示意图、实验所用仪器设备和耗材、实验操作步骤等的分析与思考,对实验过程进行全面了解,由“要我做”转变为“我要做”。实验完成后,学生要给出翔实的实验报告或实验总结。

3　综合性与设计性实验的基本步骤

3.1　选题

在实验任务布置之后,学生以实验小组为单位,根据已学的基础知识和专业知识提出感兴趣的实验研究项目,并利用图书馆及网络查阅相关文献资料与工具书,了解国内外研究现状。

3.2　方案设计

教师讲解实际项目中的一些经验，推荐实验指导用书，指导学生综合应用所学的知识,在规定的时间内按要求拟定实验方案和阶段性进度计划,并安排时间进行课堂答辩。实验方案具体内容及格式如下:①题目;②立题依据(包括国内外研究现状、本研究的目的和意义及创新点等);③实验仪器与试剂(仪器的名称、型号、规格和数量;药品或试剂的名称规格、剂型和使用量);④实验方法与操作步骤(包括实验技术路线、具体操作过程;设立的检测指标及检测方法);⑤实验结果的记录、分析;⑥预测结果;⑦实验进度计划;⑧经费预算。

3.3 实验准备

根据实验设计方案,准备实验所需要的仪器、试剂及材料。

3.4 预备实验

按照实验设计方案和操作步骤进行预备实验。在预备实验过程中要记录各项实验的原始数据及遇到的问题。实验结束后,应及时整理实验结果,根据预备实验中存在的问题及时改进和调整实验内容及方法。

3.5 正式实验

按预备实验后修订的实验设计方案和操作步骤认真进行正式实验,做好各项实验数据的原始记录。

3.6 数据处理与结果分析

对原始记录数据及时整理并作进一步分析,得出研究结论。

3.7 撰写研究报告

综合性实验的实验报告按常规实验报告书写,内容包括实验目的、实验原理、实验步骤及结果分析等。而设计性实验则按照科研论文的形式书写,内容包括研究背景及意义(即前言)、材料与试剂、实验设计、实验步骤及结果与讨论,最后得出结论。报告后需附参考文献。

第二部分　生物活性物质提取和分离

第 3 章　综合性实验

实验 1　纤维素酶辅助法提取桐花树中没食子酸的工艺研究

【研究背景与意义】

桐花树为组成红树林的主要树种之一,是生长于热带和亚热带海岸和河口潮间带的木本植物群落。近年来,红树林的经济价值和生态价值日益得到重视,但红树林的组成成分之一桐花树尚未得到充分利用。研究表明,桐花树中富含三萜烯类、醌类、鞣质及有机酸类等多种生物活性化合物。其中有机酸中的没食子酸具有抗肿瘤、抗氧化、抗菌、抗炎、降血糖、镇静、抗病毒等很多重要的生物学活性,具有重要的药用价值。

纤维素酶在植物活性成分的提取中应用广泛,如纤维素酶法提取多糖、酚酸类、生物碱等,它具有操作简单、效率高、稳定等优点。本研究采用纤维素酶提取桐花树中的没食子酸,通过单因素试验和正交试验优选纤维素酶辅助法提取桐花树中没食子酸的最佳工艺,为合理保护和开发利用红树林资源提供一定的科学依据。

【实验目的】

了解酶法在有效成分提取中的应用;熟悉正交设计方法在有效成分最佳提取工艺的应用;掌握没食子酸的提取、分离方法。

【实验原理】

本实验以没食子酸提取率为考察指标,以水为提取剂,用纤维素酶辅助提取,通过单因素试验和正交试验对提取工艺进行优化,同时用紫外分光光度法测定其中没食子酸的含量,以明确桐花树中没食子酸的最佳提取工艺及其含量。

【实验试剂与器材】

材料:桐花树叶。
试剂:没食子酸、甲酸、氯仿、丙酮、无水乙醇、甲醇、纤维素酶(酶活≥15 000 U/g)等。
仪器:电子天平、水浴锅、粉碎机、紫外分光光度计、干燥箱、pH 计、超声波清洗仪等。

【实验步骤】

1. 定性鉴别　取桐花树叶粗粉 2 g,加 50% 甲醇 20 mL 超声 1 h,过滤,滤液蒸干,残渣加甲醇 1 mL 使溶解,作为供试品溶液。取没食子酸对照品,加甲醇制成浓度为 1 mg/mL 的溶液,作为对照品溶液。取供试品溶液、没食子酸对照品溶液各 5 μL,点于硅胶 G 薄层板上,以氯仿：丙酮：甲酸(7：2：1)为展开剂,展开,取出晾干,喷以 3% 三氯化铁乙醇溶液,热风吹至斑点显色。

2. 对照品溶液的制备 精密称取没食子酸对照品 10 mg,置于 100 mL 容量瓶中,用 50% 甲醇溶解,稀释至刻度,摇匀,配制成 0.1 mg/mL 的对照品溶液。

3. 标准曲线的制备 分别精密吸取对照品溶液 1.0 mL、2.0 mL、3.0 mL、4.0 mL、5.0 mL、6.0 mL 于 10 mL 容量瓶中,用 50% 甲醇稀释至刻度,以 50% 甲醇为空白对照,在 273 nm 处测定吸光度,以吸光度对质量浓度进行线性回归分析,得出没食子酸的线性回归方程。

4. 没食子酸含量的测定 以 50% 甲醇为空白对照,用 1 cm 石英比色皿,将制得的样品溶液在最大吸收波长处测定吸光度,在标准曲线范围内计算样品溶液中没食子酸的含量。

5. 方法学考察

1) 精密度实验 精密吸取对照品溶液 4.0 mL,置 10 mL 容量瓶中,用 50% 甲醇稀释至刻度,摇匀,测定吸光度,平行测定 5 份,由测得的吸光度计算出相对标准偏差(RSD)值。

2) 加样回收率实验 精密称取已知没食子酸含量的桐花树总提取物,分别加入一定量的没食子酸对照品溶液,用 50% 甲醇定容于 25 mL 容量瓶中,测定吸光度并计算回收率。

6. 单因素试验

1) 加酶量对没食子酸提取率的影响 称取桐花树叶样品各 2 g 于 50 mL 蒸馏水中,分别加入 0%、0.5%、1%、1.5%、2%、2.5% 纤维素酶,摇匀,pH 保持自然状态,密封置于 50 ℃ 水浴锅中水浴 1.5 h,再置于 80 ℃ 水浴灭酶 20 min,冷却过滤,减压浓缩后 60~70 ℃ 烘干,称重,得桐花树总提取物。分别取 5 mg 提取物用 50% 甲醇定容于 25 mL 容量瓶中,得样品溶液,测定吸光度并计算提取率。

2) 酶解时间对没食子酸提取率的影响 称取桐花树叶样品各 2 g 于 50 mL 馏水中,分别加入 2% 纤维素酶,摇匀,pH 保持自然状态,密封置于 50 ℃ 水浴锅中分别水浴 0.5 h、1.0 h、1.5 h、2.0 h、2.5 h。再置于 80 ℃ 水浴灭酶 20 min,冷却过滤,减压浓缩后 60~70 ℃ 烘干,称重,得桐花树叶总提取物。分别取 5 mg 提取物用 50% 甲醇定容于 25 mL 容量瓶中,得样品溶液,测定吸光度并计算提取率。

3) 提取温度对没食子酸提取率的影响 称取桐花树叶样品各 2 g 于 50 mL 蒸馏水中,分别加入 2% 纤维素酶,摇匀,pH 保持自然状态,密封分别置于 30 ℃、40 ℃、50 ℃、60 ℃、70 ℃ 水浴 1.5 h,再置于 80 ℃ 水浴灭酶 20 min,冷却过滤,减压浓缩后 60~70 ℃ 烘干,称重,得桐花树叶总提取物。分别取 5 mg 提取物用 50% 甲醇定容于 25 mL 容量瓶中,得样品溶液,测定吸光度并计算提取率。

4) 料液比对没食子酸提取率的影响 称取桐花树叶样品各 2 g 分别于 30 mL、40 mL、50 mL、60 mL、70 mL 蒸馏水中,分别加入 2% 纤维素酶,摇匀,pH 保持自然状态,密封置于50 ℃ 水浴锅中水浴 1.5 h,再置于 80 ℃ 水浴灭酶 20 min,冷却过滤,减压浓缩后 60~70 ℃ 烘干,称重,得桐花树总提取物。分别取 5 mg 提取物用 50% 甲醇定容于 25 mL 容量瓶中,得样品溶液,测定吸光度并计算提取率。

5) pH 对没食子酸提取率的影响 称取桐花树叶样品各 2 g 于 50 mL 蒸馏水中,分别加入 2% 纤维素酶,摇匀,pH 分别设为 3.0、4.0、5.0、6.0、7.0,密封置于 50 ℃ 水浴锅中水浴1.5 h,再置于 80 ℃ 水浴灭酶 20 min,冷却过滤,减压浓缩后 60~70 ℃ 烘干,称重,得桐花树叶总提取物。分别取 5 mg 提取物用 50% 甲醇定容于 25 mL 容量瓶中，得样品溶液，测定吸光度并计算提取率。

7. 正交试验设计　根据单因素试验结果，选择加酶量、提取温度、酶解时间、pH 进行四因素三水平的 $L_9(3^4)$ 正交试验，以没食子酸提取率为评价指标。因素与水平见表 3.1。

表 3.1　正交试验因素水平表

水平	因素			
	A	B	C	D
	加酶量/%	提取温度/℃	酶解时间/h	pH
1	1.0	55	1.5	4
2	1.5	60	2.0	5
3	2.0	65	2.5	6

8. 结果分析　记录数据，按标准曲线进行结果计算及分析。

【注意事项】

1. 有机溶剂滤液蒸干时要水浴加热，以防着火。
2. 薄层点样时，要垂直、轻触、快速、多次。
3. 制备标准曲线时，不得少于 5 个点，回归方程的 $r^2 \geqslant 0.99$。
4. 单因素考察时各次烘干程度要一致，最好均烘干至恒重。

【思考题】

正交试验中的因素与水平如何确定？

实验 2　槐米中芸香苷的提取、分离与鉴定

【研究背景与意义】

槐米是豆科植物槐树（*Sophora japonica* Linn.）的花蕾，历来作为止血药，治疗痔疮、子宫出血、吐血、鼻出血，并有清肝泻火，治疗肝热目赤、头痛眩晕的功能。其主要化学成分为芸香苷（芦丁），含量高达 12%～20%，芸香苷广泛存在于植物中，现已发现含有芸香苷的植物多达 70 种以上，尤以槐米和荞麦中含量最高。药理实验证明，芸香苷有调节毛细血管渗透作用，临床上用作毛细血管性止血药，常作为治疗高血压的辅助用药。

根据苷元化学结构分，芸香苷属于黄酮苷类。通过本次实验，加强对苷类化合物组成、分类、性质的认识，学习苷类化合物的提取、分离与鉴定。

【实验目的】

掌握提取黄酮类化合物的原理和操作；熟悉用黄酮苷水解制取黄酮苷元的方法；了解黄酮类化合物的一般性质和紫外光谱在黄酮类化合物结构测定中的应用。

【实验原理】

芸香苷具有一定极性,可直接用水作为溶剂进行提取。芸香苷分子中具有酚羟基,显弱酸性,在碱水中成盐增大溶解能力,用碱水为溶剂煮沸提取,提取液加酸酸化后又成为游离的芸香苷而析出(碱溶酸沉法)。利用芸香苷对冷水和热水的溶解度相差悬殊的特性则可对其进行精制。

根据苷元化学结构分,芸香苷属于黄酮苷类。盐酸-镁粉反应为鉴定黄酮类化合物最常用的颜色反应,反应机制过去解释为由于生成了花色苷元所致,现在认为是因为生成了阳离子的缘故。Molisch 反应:糖在浓硫酸或浓盐酸的作用下脱水形成糠醛及其衍生物与 α-萘酚作用形成紫红色复合物,在糖液和浓硫酸的液面间形成紫环,因此又称紫环反应。

通过观察样品溶液与标准品溶液是否在纸色谱与薄层色谱上的相同位置显示相同颜色的斑点,可鉴定芸香苷苷元(槲皮素)及糖的种类。

【实验试剂与器材】

材料:槐米。

试剂:乙醇、2%硫酸、纱布、盐酸、镁粉、1%三氯化铝乙醇溶液、0.4%硼砂水溶液、石灰乳、活性炭、饱和氢氧化钡溶液。

仪器:电炉、500 mL 烧杯、冰箱、抽滤装置、电子天平、50 mL 和 250 mL 圆底烧瓶、回流装置、水浴锅。

【实验步骤】

1. 芸香苷的提取

1) *水提取法* 称取槐花米粗粉 20 g,加蒸馏水 400 mL,加热煮沸 30 min,4 层纱布趁热过滤,残渣同法再操作一次,合并两次滤液,放置冰箱中析晶,待全部析出后,减压抽滤,用蒸馏水洗涤芸香苷结晶,抽干,得粗制芸香苷,置空气中干燥后,称重。

2) *碱溶酸沉法* 称取槐花米粗粉 20 g,加 0.4%硼砂水溶液 200 mL,搅拌下加石灰乳调至 pH 8~9,加热煮沸 30 min,随时补充失去的水分和保持 pH 8~9,倾出上清液,用 4 层纱布过滤,残渣同样操作再提取一次,合并两次滤液,放冷,用盐酸调至 pH 4~5,放置冰箱中析晶,待全部结晶析出后,减压抽滤,用蒸馏水洗涤芸香苷结晶,抽干,室温下晾干,得粗制芸香苷,称重。

2. 芸香苷的精制 取粗制芸香苷 2 g,加蒸馏水 400 mL,煮沸至芸香苷全部溶解,趁热立即抽滤,冷却后即可析出结晶,抽滤,得芸香苷精制品。若结晶色泽呈灰绿色或暗黄色,表示杂质未除尽。遇此,可用甲醇或乙醇(参考溶解度加足溶剂)回流加热溶解,并加入 0.5%活性炭继续回流 0.5 h,抽滤除去炭渣,滤液放冷,待全部结晶析出后,抽滤结晶,置空气中干燥,得精制芸香苷,颜色呈浅黄色,称重。

3. 芸香苷的水解 取精制芸香苷 1 g,研细后置于 250 mL 圆底烧瓶中,加入 2%硫酸 80 mL,加热回流 30 min,瓶中浑浊液逐渐变为澄清的棕黄色液体,最后生成鲜黄色沉淀。放冷沉淀,抽滤,保存滤液(应为澄清无色液体),作为糖的纸色谱检识,沉淀物为芸香苷苷元(槲皮素),用蒸馏水洗至中性,抽干水分,晾干,称量。得粗制槲皮素,再用乙醇重结晶得精制槲皮素。

取芸香苷水解后的滤液 20 mL,加饱和氢氧化钡溶液中和至中性(搅拌下进行),滤去白色的硫酸钡沉淀,滤液浓缩至 2~3 mL 或蒸干后,加 2~3 mL 乙醇溶解,作为糖的供试液。

4. 鉴定

1) 性质实验

(1) 盐酸-镁粉反应:取芸香苷少量置于试管中,加 1 mL 乙醇使溶解,加 5 滴浓盐酸,再加少许镁粉,注意观察颜色变化的情况。

(2) Molisch 反应:取芸香苷和槲皮素少量,分别置试管中各加 1 mL 乙醇使溶解,加几滴 α-萘酚乙醇溶液,摇匀,沿管壁加浓硫酸 10 滴,注意观察两液面间产生的颜色变化,并比较芸香苷和槲皮素的区别。

2) 色谱鉴定

(1) 芸香苷及槲皮素的纸色谱检识。

点样:取新华 1 号滤纸;距下端 3 cm 处用铅笔划线,为起始线,隔 1.5 cm 处点样品。将点好样品的滤纸挂在层析缸中饱和 0.5 h,再上行展开。

支持剂:层析滤液(5 cm×10 cm)。

展开剂:正丁醇-乙酸-水(4∶1∶5)。

样品:自制槲皮素的乙醇溶液;自制芸香苷的乙醇溶液。

对照品:芸香苷标准品的乙醇溶液。

显色剂:①可见光下观察色斑,紫外灯下观察荧光斑点。②喷雾三氯化铝乙醇溶液,紫外灯下观察荧光斑点。

(2) 糖的纸色谱检识。

支持剂:层析滤纸(5 cm×10 cm)

展开剂:正丁醇-乙酸-水(4∶1∶5)。

样品:糖的供试液。

对照品:1% 葡萄糖标准品溶液及 1% 鼠李糖标准品溶液。

显色剂:喷以邻苯二甲酸苯胺溶液,105 ℃烘焙 5 min 至斑点显色清晰。

(3) 芸香苷及槲皮素的薄层色谱鉴定。

吸附剂:硅胶 G 板,105~110 ℃活化 1 h。

展开剂:氯仿-甲醇-甲酸(15∶5∶1)。

样品:自制槲皮素的乙醇溶液;自制芸香苷的乙醇溶液。

对照品:芸香苷标准品的乙醇溶液。

显色剂:①可见光下观察色斑,紫外灯下观察荧光斑点。②喷雾三氯化铝乙醇溶液,紫外灯下观察荧光斑点。

5. 结果分析　计算槐米中芸香苷的含量,并分析芸香苷的组成。

【注意事项】

1. 提取液要趁热过滤,否则提取率会降低。

2. 采用碱溶酸沉法从槐米中提取芸香苷,收率稳定,且操作简便。在提取前应注意将槐米捣碎,使芸香苷易于被热水溶出。槐花中含有大量黏液质,通过加入石灰乳生成钙盐沉淀除去。pH 应严格控制在 8~9,不得超过 10。因为在强碱条件下煮沸,时间稍长可促使芸香苷水解破坏,使提取率明显下降。酸沉淀时 pH 4~5,不宜过低,否则会使芸香苷成烊盐溶于水,降低收率。

3. 提取过程中加入硼砂的作用:保护芸香苷分子中的邻二酚羟基不被氧化,也保护邻二酚羟基不与钙离子络合,使芸香苷不受损失。

【思考题】

1. 粗粉如何确定?粉末的等级有哪些?
2. 晶体析出过程中应注意些什么?

实验 3 汉防己生物碱的提取、分离与鉴定

【研究背景与意义】

汉防己为防己科千金藤属植物 *Stephania tetrandra* S. Mcore 的根,是祛风解热镇痛药物,其有效成分为生物碱,主要是汉防己甲素和汉防己乙素。临床上除用作治疗高血压、神经性疼痛、抗阿米巴原虫外,还将汉防己生物碱的碘甲基或溴甲基化合物作为肌肉松弛剂应用,此外汉防己甲素在动物实验中有抗癌和扩张血管的作用。研究表明,汉防己根中总生物碱含量为1.5%~2.3%,主要为汉防己甲素(tetrandrine,汉防己碱)含量约1%;汉防己乙素(fangchinoline,又称防己诺林碱,去甲汉防己碱)含量约0.5%;轮环藤酚碱(cylanoline)含量为0.2%;以及其他数种微量生物碱。通过本次实验,加强对生物碱类化合物分类、理化性质的认识,学习生物碱类化合物的提取、分离与鉴定。

【目的要求】

掌握生物碱的一般提取方法;熟悉用低压柱层析分离、纯化单体的方法;了解生物碱薄层层析等鉴定方法。

【实验原理】

生物碱显碱性,在酸水中成盐增大溶解能力,用酸水为溶剂渗漉提取,提取液加碱碱化后多数生物碱游离析出。汉防己甲素、汉防己乙素为亲脂性叔胺碱,可用乙醚为溶剂进行提取,并通过其吸附性的差异用硅胶柱色谱进行分离。利用其衍生物(汉防己甲素苦味酸盐)有固定熔点及其生物碱的显色反应进行鉴定。

【实验试剂与器材】

材料:汉防己粗粉。

试剂:0.5%的 H_2SO_4液、石灰乳、净砂、乙醚、乙醇、NaCl、柱层析硅胶、丙酮、环己烷、乙酸乙酯、二乙胺、改良碘化铋钾试剂、苦味酸、薄层层析硅胶 G 等。

仪器:渗漉装置、抽滤装置、烘箱、索氏提取器、长颈漏斗、水浴锅和低压层析柱等。

【实验步骤】

1. 总生物碱的提取和亲脂性与亲水性生物碱的分离 称取汉防己粗粉 100 g,加 3~10 倍量 0.5% H_2SO_4液渗漉,酸水渗漉液加新鲜石灰乳调 pH 9~10,静置,抽滤,滤液中为水溶性季铵碱及水溶性杂质。

将泥黄色沉淀与净砂拌匀,80 ℃烘干,置索氏提取器中用约 180 mL 乙醚提取生物碱,回收乙醚。乙醚提取物用 40~60 mL 乙醇回流热溶后倾入 500 mL 水中,加 30 g NaCl 盐析,水浴加热至凝结,静置,得白色沉淀,即为亲脂性叔胺总生物碱,以汉防己甲素、汉防己乙素为主。

2. 低压柱层析分离汉防己甲素和汉防己乙素

1）装柱　减压干法装柱。层析柱规格:柱长 30 cm,内径 2 cm,共装硅胶约 30 g(高约 22 cm)。

2）拌样加样　取汉防己碱约 150 mg,加少量丙酮热溶(以刚溶为度),用滴管加到 1.5 g 硅胶上,仔细拌匀,水浴上蒸干,碾细,通过一个长颈漏斗小心加在柱顶,轻轻垂直顿击,待样品表面平整不拌动时,上面再盖 1~2 cm 高的空白硅胶,再加盖一圆形滤纸片,压紧。

3）洗脱　先检查从空压机至层析柱各阀门管道是否正常,关紧各个阀门,开动空压机至额定压力($5.8\ kg/cm^2$)待用。用滴管顺层析柱柱壁仔细加入少量环己烷-乙酸乙酯-二乙胺(6∶2∶0.8)洗脱剂,当液面达到一定高度时,再一次加入其余洗脱剂(共约 250 mL),迅速在柱顶上装上玻璃标口塞接头,用铁夹压紧(防加压时接头冲开),小心开启空压机阀门,再开针形阀和空气过滤减压器(注意:压力过大,玻璃柱会炸。一般 2 kg 是安全的,必要时可戴防护面罩)。调动所需压力,$0.6\sim1.2\ kg/cm^2$,约 40 min 后流出,控制流速 1 mL/min,每 10 min 左右一管,收 12~15 份,洗脱全过程约 3 h。

4）检查　各流分分别移入小玻璃蒸发器中,于水浴上浓缩,分别通过薄层层析(TLC)检查,吸附剂、硅胶 G、展开剂,即环己烷、乙酸乙酯、二乙胺之比为 6∶3∶1,改良碘化铋钾试剂喷雾显色,以汉防己甲素、汉防己乙素为标准品对照,合并相同组分,分别获得汉防己甲素、汉防己乙素粗品,用丙酮重结晶,测定熔点。

3. 鉴定方法

1）衍生物制备　取汉防己甲素 0.2 g,溶于 2 mL 丙酮中,滴加苦味酸饱和水溶液至不再析出黄色沉淀为止,抽滤收集沉淀,顺次以少量水乙醚洗涤,乙醇重结晶,得汉防己甲素苦味酸盐,熔点 235~242 ℃。

2）有机胺碱的 TLC　薄层层析硅胶 G,用 0.3% CMC-Na 溶液制板,110 ℃活化 1 h。

样品:分出的汉防己甲素①、乙素②、亲脂性叔胺总生物碱③。

展开剂:环己烷- 乙酸乙酯-二乙胺(6∶3∶1)。

显色剂:改良碘化铋钾试剂(展开后用电吹风吹干再喷显色剂,以免二乙胺干扰)。

现象:汉防己甲素显色后呈淡棕色,2 h 左右褪色,而汉防己乙素呈棕色,久置不褪色,这有助于对二者进行辨别。

4. 结果分析　计算汉防己亲脂性叔胺碱的含量,并分析其主要组成成分及比例。

【注意事项】

1. 净砂必须事前洗净烘干,拌和量最好不要超过 120 g,以免索氏提取器一次装不下或装得过多,提不尽生物碱。

2. 检查生物碱是否提尽的方法，是取最后一次乙醚提取液数滴，挥发除去乙醚，残渣加 5% HCl 0.5 mL 溶解后，加改良碘化铋钾试剂 1 滴，无沉淀析出或无明显浑浊时，表明生物碱已提尽或基本提尽。反之，应继续提取。

【思考题】

1. 生物碱常用的沉淀鉴别反应有哪些？
2. 生物碱常用的显色鉴别反应有哪些？

实验 4　大黄中蒽醌类成分的提取、分离与鉴定

【研究背景与意义】

大黄为蓼科植物掌叶大黄（*Rheum palmatum* L.）、唐古特大黄（*R. tanguticum* Maxim. ex Balf.）或药用大黄（*R. officinale* Baill.）的干燥根及根茎。具泻下、健胃、清热解毒等功效，因炮制方法不同，功效各有所主。大黄的主要成分为蒽醌衍生物，总量 3%～5%，以部分游离、大部分与葡萄糖结合成苷的形式存在。大黄的抗菌、抗感染有效成分为大黄酸、大黄素和芦荟大黄素，属于大黄素型蒽醌衍生物，表现出对多种细菌有不同程度的抑菌作用。药理证明大黄能缩短凝血时间，止血的主要成分为大黄酚。大黄粗提物、大黄素或大黄酸对实验性肿瘤有抗癌活性。结合型的蒽苷是泻下的有效成分，包括蒽醌苷和双蒽醌苷。另外，大黄还含有鞣酸类多元酚化合物，含量在 10%～30%，具止泻作用，与蒽苷的泻下作用恰恰相反。通过本次实验明确苷与苷元提取差异，学习提取蒽醌衍生物、分离单体成分的操作及其鉴定方法。

【实验目的】

掌握蒽醌苷元的提取方法——酸水解法；掌握 pH 梯度萃取法的原理及操作技术；熟悉缓冲纸色谱的原理及基本操作技术；了解蒽醌类化合物的鉴定方法。

【实验原理】

大黄中羟基蒽醌类化合物多数以苷的形式存在，故先用稀硫酸溶液将蒽醌苷水解成苷元，利用游离蒽醌可溶于热氯仿的性质，用氯仿将它们提取出来。由于各羟基蒽醌结构上的不同所表现的酸性不同，可用 pH 梯度萃取法分离它们；大黄酚和大黄素甲醚酸性相近，利用其极性的差异，用柱色谱分离之。羟基蒽醌类在碱性溶液中发生颜色改变，会使颜色加深，多呈橙、红、紫红色及蓝色，该显色反应与形成共轭体系的酚羟基和羰基有关。当蒽醌化合物具有不同的结构时，与乙酸镁形成的配位化合物也具有不同的颜色，可用于鉴定成分类别。通过薄层色谱中供试品与对照品溶液斑点颜色与 R_f 值的比较，可鉴定单体的种类。

【实验试剂与器材】

材料：大黄粗粉。

试剂：20% 硫酸、氯仿、层析滤纸、3% NaOH、5% Na_2CO_3、5% NaOH、pH 9.9 缓冲液、pH 8 缓冲

液、pH 3 缓冲液、20% 盐酸、冰醋酸、丙酮、乙酸乙酯、石油醚、200～300 目硅胶、乙醇、0.5% 乙酸镁乙醇溶液、5% 乙酸镁甲醇溶液、甲酸。

仪器：回流装置、1000 mL 分液漏斗、250 mL 烧杯、抽滤装置、1.8 cm×28 cm 的层析柱、硅胶 G-CMC-Na 板。

【实验步骤】

1. 总蒽醌苷元的提取　大黄粗粉 100 g，加 20% 硫酸溶液 300 mL 润湿，再加氯仿 500 mL，回流提取 2 h，稍冷后过滤，残渣弃去，氯仿提取液置于分液漏斗中，分出酸水层，得氯仿提取液。

2. 蒽醌苷元的分离和精制

1）蒽醌类成分的缓冲纸色谱实验　为了验证分离所采用的萃取液是否合理，作如下缓冲纸色谱实验：取层析滤纸 3 cm×12 cm，距下端 2 cm 处划一起始线，向上每隔 1.5 cm 划一平行线，在各条带上依 pH 由低至高顺次涂布实际所用的各缓冲液及碱液，涂布完后，将湿滤纸夹在两片干滤纸中吸至半干。取样品总蒽醌苷元氯仿提取液点在起始线上，用氯仿上行展开，自然光下观察，将结果绘制在图 3.1 中，并确定选择的萃取剂是否合理。

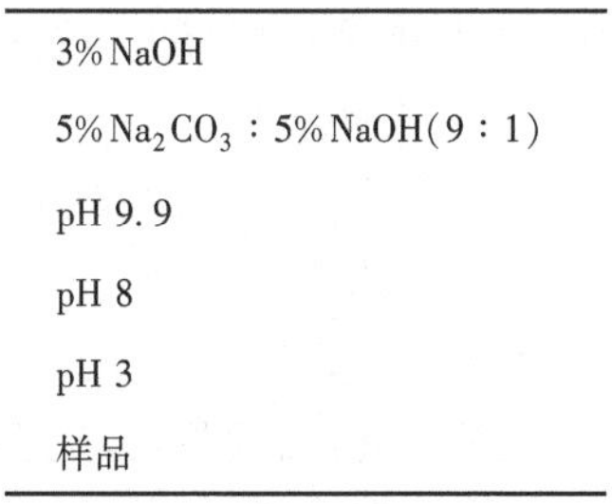

图 3.1　缓冲纸色谱示意图

2）分离与精制

（1）大黄酸的分离和精制：将含有总蒽醌的氯仿液 450 mL 倒于 1000 mL 分液漏斗中，加 pH 8 缓冲液 150 mL 充分振摇，静置至彻底分层，分出碱水层置 250 mL 烧杯中，在搅拌下滴加 20% 盐酸至 pH 3，待沉淀析出完全后，过滤，并用少量水洗沉淀物至洗出液呈中性，沉淀干燥后，样品加冰醋酸 10 mL 加热溶解，趁热过滤，滤液放置析晶，过滤，用少量冰醋酸淋洗结晶，得黄色针晶为大黄酸。

（2）大黄素的分离和精制：pH 8 缓冲液萃取过的氯仿层，用 pH 9.9 缓冲液 300 mL 振摇萃取，静置至彻底分层后，分出碱水层，在搅拌下用 20% 盐酸酸化至 pH 3，析出棕黄色沉淀，抽滤，水洗沉淀物至洗出液呈中性，沉淀经干燥后，用 15 mL 丙酮热溶，趁热过滤，滤液静置，析出橙色针晶，过滤后，用少量丙酮淋洗结晶，得大黄素。

（3）芦荟大黄素的分离与精制：pH 9.9 萃取过的氯仿层再加 5% Na_2CO_3 : 5% NaOH(9 : 1) 碱水液 540 mL 萃取，碱水层加盐酸酸化，析出的沉淀水洗，干燥，用 10 mL 乙酸乙酯精制，得黄色针晶的芦荟大黄素。

（4）大黄酚和大黄素甲醚的分离：萃取除去芦荟大黄素后余下的氯仿层，再用 3% NaOH 溶液 500 mL 分两次萃取，至碱水层无色为止，合并碱水层，加盐酸酸化至 pH 3，析出黄色沉淀，过滤，水洗至中性，干燥，为大黄酚和大黄素甲醚混合物，留作柱色谱分离的样品。余下氯仿液水洗至中性，蒸馏回收氯仿。

（5）硅胶柱色谱法分离大黄酚、大黄素甲醚。

装柱：用石油醚-乙酸乙酯（9.8 : 0.2）浸泡 200～300 目硅胶约 20 g，搅拌均匀，尽量赶出气泡。一次性倒入 1.8 cm×28 cm 的层析柱中，轻轻敲打使硅胶均匀下沉，至硅胶界面不再下降为止。

上样：将大黄酚和大黄素甲醚的混合物用乙醇加热溶解，伴入少量硅胶，水浴 60 ℃左右烘干,加到已装好的硅胶柱顶端,最后在样品带上盖上一层硅胶或棉花,以保护样品界面不受干扰。

洗脱:先用 100 mL 石油醚-乙酸乙酯(9.8∶0.2)洗脱,至第一条黄色色带洗下来,再换用 100 mL 石油醚-乙酸乙酯(9.5∶0.5)洗脱下第二条色带。

3. 鉴定

1)蒽醌类成分化学鉴定

(1)碱液实验:分别取各蒽醌结晶数毫克置于小试管中,加 2% NaOH 溶液 1 mL,观察颜色变化。凡有互成邻位或对位羟基的蒽醌呈蓝紫至蓝色,其他羟基蒽醌呈红色。

(2)乙酸镁实验:分别取蒽醌结晶数毫克,置于小试管中,各加乙醇 1 mL 使溶解,滴加 0.5% 乙酸镁乙醇溶液,观察颜色变化。

2)色谱鉴识

薄层板:硅胶 G-CMC-Na 板。

点样:提取的大黄酸、大黄素、芦荟大黄素、大黄酚、大黄素甲醚的氯仿溶液及各对照品氯仿溶液。

展开剂:石油醚-乙酸乙酯-甲酸(15∶5∶1)上层溶液。

展开方式:上行展开。

显色:在可见光下观察,记录黄色斑点出现的位置,然后用浓氨水熏或喷 5% 乙酸镁甲醇溶液,斑点显红色。

观察记录:记录图谱并计算 R_f 值。

4. 结果分析 分析大黄蒽醌类成分的组成,并计算各自的含量。

【思考题】

1. 大黄中 5 种羟基蒽醌化合物的酸性和极性大小顺序应如何排列?为什么?
2. pH 梯度法的原理是什么?适用于哪些中药成分的分离?
3. 蒽醌类化合物及其苷的薄层色谱用什么作吸附剂、展开剂和显色剂?
4. 蒽醌类与乙酸镁显色反应的必要条件是什么?其颜色反应与羟基所在的位置有何关系?

实验 5 茶叶中咖啡因的提取、分离与鉴定

【研究背景与意义】

茶叶为山茶科植物茶(*Camellia sinensis* O. Ktze)等植物的干燥叶枝,有提神、利尿等功效。其所含化学成分为生物碱、黄酮类、维生素、麦角甾醇、挥发油等。咖啡因($C_8H_{10}N_4O_2$)为茶叶中的主要生物碱成分之一,白色结晶,熔点 238 ℃,178 ℃升华,溶于热水、热乙醇、氯仿,较难溶于醚和苯,对中枢神经系统有广泛的兴奋作用。茶叶中含咖啡因虽然较低,但因我国是产茶大国,并有悠久的历史,所以资源丰富。在茶叶的加工过程中产生大量茶末、茶灰、茶梗,加工 1 t 茶叶产生下脚料可达 20~40 kg。此外,当茶叶生产过剩时,低档茶叶大量积压。利用这些废茶

料和低档茶提取市场紧俏的天然咖啡因,可增值增收,并满足市场需求,具有重要意义。

【实验目的】

掌握升华法分离精制化合物的方法;了解生物碱的显色反应与沉淀反应基本知识及单体成分纯度的鉴定;巩固熔点测定操作技能与知识。

【实验原理】

茶叶中咖啡因溶于热乙醇,提取常以乙醇等为溶剂,用连续提取装置进行固液萃取后,蒸除溶剂,得粗咖啡因;利用咖啡因具有升华的性质,采用升华法对其进行分离纯化;咖啡因具有固定的熔点,可用此作纯度鉴定;咖啡因在化学结构上属生物碱类,具有生物碱沉淀反应的通性,可利用此性质作类别鉴定。

【实验试剂与器材】

材料:茶叶。

试剂:95%乙醇、生石灰、圆形滤纸、盐酸、碘化铋钾试剂、碘化汞钾试剂、碘-碘化钾试剂、硅钨酸试剂、Na_2CO_3、乙醚。

仪器:索氏提取器、电炉、水浴锅、熔点测定仪、蒸发皿、1000 mL 烧杯、玻棒和玻璃漏斗等。

【实验步骤】

1. 预试　生物碱类成分(除有少数例外)均与多种生物碱沉淀试剂在酸性溶液(水液或稀醇液)中产生沉淀反应。若结果产生明显沉淀,则继续提取、分离等后续实验。操作如下。

(1) 检品溶液的制备:取粉碎的茶叶样品约 2 g,加蒸馏水 20~30 mL,并滴加数滴盐酸,使呈酸性。在 60 ℃水浴上加热 15 min,过滤,滤液供作以下实验。

(2) 取上述酸性滤液 4 份,每份 1 mL 左右即可,分别滴加碘-碘化钾试剂、碘化汞钾试剂、碘化铋钾试剂、硅钨酸试剂。若四者均有或大多有沉淀反应,表明该样品可能含有生物碱,可进行下一项实验,进一步识别。

(3) 取上述其余酸性滤液,加 Na_2CO_3溶液呈碱性,置分液漏斗中,加入乙醚约 10 mL 振摇,静置后分出醚层,再用乙醚 3 mL,如前萃取,合并醚液。将乙醚液置分液漏斗中,加 10%盐酸水溶液10 mL振摇,静置分层,分出酸水液,再以酸水液 5 mL 如前提取,合并酸水液,如此酸水液 4 份,分别作以下沉淀反应。

a. 碘化汞钾试剂(Mayer 试剂):酸水液滴加碘化汞钾试剂,产生白色沉淀。

b. 碘化铋钾试剂(Dragendorff 试剂):酸水液滴加碘化铋钾试剂,产生橘红色或红棕色沉淀。

c. 碘-碘化钾试剂(Wagner 试剂):酸水液滴加碘-碘化钾试剂,产生棕色沉淀。

d. 硅钨酸试剂:酸水液滴加硅钨酸试剂产生淡黄色或灰白色沉淀。

此酸水液与以上 4 种试剂均产生沉淀反应,即预示本样品含有生物碱。

(4) 备注。以上(2)、(3)沉淀反应结果:沉淀的多少以"+++"、"++"、"+"表示,无沉淀产生则以"-"表示。若(2)项实验全呈负反应,可另选几种生物碱沉淀试剂进行实验,若仍为负反应,则可否定样品中有生物碱的存在,不必再进行(3)项实验。

2. 提取 取茶叶 20 g 加 95% 乙醇 150 mL，置索式提取器中，水浴加热进行提取，直至提取液作生物碱沉淀反应呈阴性。回收提取液溶剂至提取液剩约 5 mL。将此浓缩提取液全部转入蒸发皿中，加入生石灰 3~4 g，搅拌下水浴挥尽溶剂。

3. 纯化 取一片刺满小孔的圆形滤纸，置于上述蒸发皿上，于滤纸上再盖一只内径略小于蒸发皿的玻璃漏斗，漏斗尾部再盖一小烧杯。将此装置小心放在石棉网上加热至升华完毕。稍冷后小心将装置移出，待其温度降至室温后，小心用钢刀收集升华物。蒸发皿内残渣搅拌后，同前再进行一次升华操作，合并升华物，称量。

4. 鉴定

1）测定熔点 按《中国药典》(2010 年)二部附录Ⅵ“熔点测定法”(第一法)进行熔点测定。

2）沉淀反应

(1) 检品溶液的制备：取少许升华物，用 1% 盐酸 2 mL 溶解，即得。

(2) 鉴别反应：碘化汞钾试剂、碘化铋钾试剂、碘碘化钾试剂、硅钨酸试剂。

【思考题】

1. 试述连续提取终点判断时，具体应当怎样操作？
2. 升华操作前，加入生石灰的目的是什么？

实验 6 茶叶中茶多酚类物质的提取与含量测定

【研究背景与意义】

茶多酚(tea polyphenols)称茶鞣或茶单宁，为茶叶中多酚类物质的总称，是形成茶叶色香味和保健功能的主要成分之一。其中包括黄烷醇(儿茶素)类、花色苷类、黄酮类、黄酮醇类和酚酸类等，儿茶素占 60%~80%。

研究表明，茶多酚等活性物质具解毒和抗辐射作用，能有效阻止放射性物质侵入骨髓，并可使锶 90 和钴 60 迅速排出体外，被健康及医学界誉为“辐射克星”。同时，茶多酚具有很强的抗氧化作用，其抗氧化能力是人工合成抗氧化剂二丁基羟基甲苯(BHT)、丁基羟基茴香醚(BHA)的 4~6 倍，维生素 E 的 6~7 倍，维生素 C 的 5~10 倍，且用量少(0.01%~0.03% 即可起作用)，而无合成物的潜在毒性作用。此外，儿茶素对食品中的色素和维生素类有保护作用，使食品在较长时间内保持原有色泽与营养水平，能有效防止食品、食用油类的腐败，并能消除异味。因此，其在食品加工领域广泛应用。

但长期以来，种茶主要以采收鲜嫩芽叶为主，而忽略对其加工副产品的开发利用。本研究以生产中产生的残次茶叶为原料，通过对其中的茶多酚类物质提取的研究为茶叶的综合开发利用提供理论依据。

【实验目的】

了解茶叶中茶多酚及茶多酚的组成、性质及应用；掌握溶剂提取法提取茶多酚的原理及方法;掌握萃取法分离有机溶剂中的茶多酚的操作方法。

【实验原理】

茶多酚易溶于水,可溶于乙醇,因此用乙醇溶液对其进行提取;茶多酚不溶于氯仿,可溶于乙酸乙酯,而共存咖啡碱等物质可溶于氯仿,利用此性质可萃取分离茶多酚与咖啡碱等物质;向萃取体系中加入少量 Na_2SO_4溶液,可增加有机相和水相的极性差别,缩短茶多酚的萃取时间;由所得茶多酚类物质的质量与所称取原料质量的比值,即得茶叶中茶多酚的含量。

【实验试剂与器材】

材料:生产中的残次茶叶。

试剂:乙醇、蒸馏水、氯仿、Na_2SO_4溶液、乙酸乙酯。

仪器:超级恒温水浴槽、分析天平、烧杯、长颈漏斗、分液漏斗、布氏漏斗、抽滤瓶等。

【实验步骤】

1. 温度设定 打开超级恒温水浴电源开关,使温度达到 90 ℃。

2. 称量 称取 30 g 干茶叶,放在 100 mL 小烧杯中。

3. 溶解 用量筒量取 40 mL 50% 乙醇水溶液,倒入小烧杯中,用玻璃棒轻轻搅拌,使干茶叶完全浸润在乙醇溶液中。

4. 加热 将干茶叶和乙醇溶液的混合液置于超级恒温水浴槽中,加热 20 min。

5. 过滤 将加热完毕的混合液取出,冷却到室温;用长颈漏斗对混合液进行过滤,滤除茶叶残渣,再对残渣进行乙醇萃取。

6. 分离萃取

(1) 对分液漏斗进行试漏,调整好高度。

(2) 用量筒量取 20 mL 氯仿,置于 100 mL 小烧杯中;将茶叶滤液倒入分液漏斗中,再将氯仿倒入其中,再倒入少量 Na_2SO_4溶液,轻轻摇匀,使之混合充分,静置,分层,上层应为茶多酚溶液,呈茶色,下层为氯仿乙醇混合液,为无色。

(3) 将下层溶液小心放至小烧杯中,上层溶液从分液漏斗上口倒置于 10 mL 小烧杯中。

7. 抽滤浓缩

(1) 安装好减压抽滤装置。

(2) 将布氏漏斗里的滤纸用少量茶多酚溶液润湿,开启抽气阀,一边缓慢倒入液体,一边抽滤。

(3) 抽滤完毕,关闭抽气阀,干燥得到咖啡碱。

8. 萃取 水层用乙酸乙酯萃取得有机层。重复上步抽滤浓缩步骤,得茶多酚。

9. 称量

(1) 将布氏漏斗内的滤饼用玻璃棒小心刮出,置于洁净滤纸上。

(2) 另取一张滤纸将粉末里的水分压干。

(3) 用分析天平称量茶多酚。

10. 数据处理 茶叶中茶多酚的百分含量计算公式为

$$W=(M_c/M)\times 100\% \tag{3-1}$$

式中，M_c 为最后提取出的茶多酚的质量(g)；M 为最初称取的茶叶原料的质量(g)；W 为茶叶中茶多酚的百分含量(%)。

【注意事项】

1. 萃取时要严格控制下层液的流速，太快有可能使上层液损失，使测得的百分含量偏低。
2. 最后浓缩抽滤时，抽气阀不要开得太大，否则会使滤纸破损，导致产品损失。
3. 浓缩完毕后，要及时称量，否则由于茶多酚具有吸湿性，会使测得的结果偏高。
4. 使用的有机溶剂氯仿有毒，要安全操作。

实验 7　植物组织中天然色素的提取、分离与含量测定

【研究背景与意义】

植物光合作用是自然界最重要的自然现象，是人类所利用能量的主要来源。把光能转化为化学能的光合过程中，叶绿体色素起着重要作用。绿色植物如菠菜叶中含有叶绿素（绿色）、胡萝卜素（橙色）和叶黄素（黄色）等多种天然色素。叶绿素存在两种结构相似的形式即叶绿素 a（$C_{55}H_{72}O_5N_4Mg$）和叶绿素 b（$C_{55}H_{70}O_6N_4Mg$），其差别仅是叶绿素 a 中一个甲基被叶绿素 b 中的甲酰基所取代。它们都是吡咯衍生物与金属镁的络合物，是植物进行光合作用所必需的催化剂。叶绿素大的烃基结构使它易溶于醚、石油醚等一些非极性的溶剂。胡萝卜素（$C_{40}H_{56}$）是具有长链结构的共轭多烯。它有 3 种异构体，即 α-胡萝卜素、β-胡萝卜素和 γ-胡萝卜素，其中 β-胡萝卜素含量最多，也最重要。在生物体内，β-胡萝卜素受酶催化氧化即形成维生素 A。植物叶绿体色素的提取、分离及含量测定在植物生理学和农业科学研究中具有重要意义。同时，叶绿素和胡萝卜素等天然色素在食品工业和医药工业中也有广泛用途。

【实验目的】

通过绿色植物色素的提取和分离，了解天然物质分离提纯方法；掌握柱色谱分离操作，加深了解微量有机物色谱分离鉴定的原理。

【实验原理】

叶绿素均不溶于水而溶于有机溶剂，故常用乙醇或丙酮等提取。并可根据它们在不同有机溶剂中溶解度的不同，以及在吸附剂上的吸附能力不同将它们彼此分开。叶绿素 a、叶绿素 b 在长波方面的最大吸收峰分别为 663 nm 和 645 nm。同时在该波长时叶绿素 a、叶绿素 b 比吸收系数 K 为已知，根据 Lambert-Beer 定律，列出浓度 C 与光密度 OD 之间的关系式：$OD_{663}=82.04C_a+9.27C_b$，$OD_{645}=16.75C_a+45.6C_b$，$C_a$、$C_b$ 分别为叶绿素 a、叶绿素 b 的浓度，单位为 mg/L。

【实验试剂与器材】

材料：菠菜叶。

试剂:脱脂棉、石油醚、甲醇、丙酮、无水硫酸钠、中性氧化铝(150~160 目)、碳酸钙等。

仪器:研钵、布氏漏斗、圆底烧瓶、层析柱、锥形瓶、水浴锅等。

【实验步骤】

1. 菠菜色素的提取　称取 2 g 洗净的新鲜或冷冻的菠菜叶,用剪刀剪碎并与 10 mL 甲醇拌匀,在研钵中研磨约 5 min 然后用布氏漏斗抽滤菠菜汁,弃去滤渣。将菠菜汁放回研钵,每次用 10 mL 的石油醚-甲醇(3∶2)混合液萃取两次,每次需加以研磨并且抽滤。合并深绿色萃取液,转入分液漏斗,每次用 5 mL 水洗涤两次,以除去萃取液中的甲醇。洗涤时要轻轻旋荡,以防止产生乳化。弃去水-甲醇层,石油醚层用无水硫酸钠干燥后滤入圆底烧瓶,在水浴上蒸去大部分石油醚至体积约为 1 mL 为止。

2. 菠菜色素的分离　在层析柱中,加 3 cm 高的石油醚。另取少量脱脂棉,先在小烧杯用石油醚浸湿,挤压以驱除气泡,然后放在层析柱底部,轻轻压紧,塞住底部,将 3 g 层析用的中性氧化铝(150~160 目),从玻璃漏斗中缓缓加入,小心打开柱下活塞,保持石油醚高度不变,流下的氧化铝在柱子中堆积。必要时用橡皮锤轻轻在层析柱的周围敲击,使吸附剂装得均匀致密。柱中溶剂面由下端活塞控制,既不能满溢,更不能干涸。装完后,上面再加一片圆形滤纸,打开下端活塞,放出溶剂,直至氧化铝表面溶剂剩下 1~2 mm 高时关上活塞(注意:在任何情况下,氧化铝表面不得露出液面)。

将上述菠菜色素的浓缩液,用滴管小心地加到层析柱顶部,加完后,打开下端活塞,让液面下降到柱面以上 1 mm 左右,关闭活塞,加数滴石油醚,打开活塞,使液面下降,经几次反复,使色素全部进入柱体。待色素全部进入柱体后,在柱顶小心加洗脱剂石油醚-丙酮溶液(9∶1)。打开活塞,让洗脱剂逐滴放出,层析即开始进行,用锥形瓶收集。当第一个有色成分即将滴出时,取加一锥形瓶收集,得橙黄色溶液,即胡萝卜素。用石油醚-丙酮(7∶3)作洗脱剂,分出第二个黄色带,即叶黄素。再用丁醇-乙醇-水(3∶1∶1)洗脱叶绿素 a(蓝绿色)和叶绿素 b(黄绿色)。

3. 叶绿素的含量测定　将上述叶绿素 a、叶绿素 b 用 80% 丙酮定容至 100 mL,分别在 663 nm 和 645 nm 读取光密度值,并作空白对照测定。由光密度值通过公式计算 C_a、C_b 并进一步计算各自含量。

【思考题】

1. 试比较叶绿素、叶黄素和胡萝卜素 3 种色素的极性,为什么胡萝卜素在层析柱中移动最快?
2. 测定叶绿素含量实验中,使用分光光度计应注意哪些问题?

实验 8　阴香果实花色苷粗提物大孔吸附树脂纯化技术研究

【研究背景与意义】

花色苷(anthocyanidin)是花色素与糖以糖苷键结合而成的一类化合物,是一类天然色素,广泛存在于植物的花、果实、茎、叶和根等器官的细胞液中,使其呈现红、紫红、蓝等不同颜色。

花色苷是类黄酮(以黄酮核为基础的一类物质)中能呈现红色的一族化合物。它由于没有食品加工业中常用的人工合成的红色染料的固有毒性和致癌的可能性而受到越来越多的关注。目前已知天然存在的花色苷有250多种,存在于27个科73个属的植物中。花色苷在自然界中分布广泛,主要存在于植物的细胞液中,以天竺葵色素(pelargonidin)、矢车菊素(cyanidin)、花翠素(delphinidin)为主。花色苷类是植物天然色素资源,因其丰富、安全无毒、可食用,并且具有一定的营养和药用价值,所以在食品、化妆品和医药领域有着巨大的发展潜力。

【实验目的】

了解大孔树脂的种类、性质及使用范围;掌握吸附层析法分离纯化活性物质的基本原理及操作方法。

【实验原理】

大孔吸附树脂是以苯乙烯和丙酸酯为单体,加入乙烯苯为交联剂,甲苯、二甲苯为致孔剂,它们相互交联聚合形成了多孔骨架结构。树脂一般为白色的球状颗粒,粒度为20~60目,是一类含离子交换基团的交联聚合物,它的理化性质稳定,不溶于酸、碱及有机溶剂,不受无机盐类及强离子、低分子化合物的影响。树脂吸附作用是依靠它和被吸附的分子(吸附质)之间的范德华力,通过它巨大的比表面进行物理吸附而工作,使有机化合物根据其吸附力及其分子质量大小可以经一定溶剂洗脱分开而达到分离、纯化、除杂、浓缩等不同目的。

【实验试剂与器材】

材料:采集成熟阴香果实,剔除病伤果,选大小与成熟度一致表皮紫黑色的果实为供试果,以蒸馏水洗净,晾干果面余水后冷冻储藏备用。

试剂:石油醚、甲醇、乙醇、丙酮(均为分析纯),弱极性DM-18、极性DA201、中极性DM301、弱极性DS401及非极性D101大孔吸附树脂。

仪器:冻干机、紫外-可见分光光度计、电子分析天平、酸度计、超低温冰箱、全温振荡器、蠕动泵、25 mm×100 mm层析柱。

【实验步骤】

1. 供试阴香花色苷的制备 取冷冻阴香果室温解冻,搅拌捣碎果肉,将90%甲醇溶液与物料按3∶1(V/m)比例混匀浸提花色苷30 min,收集离心清液-18 ℃过夜,4500 r/min离心20 min,收集清液避光冷冻干燥,粗提物加5倍体积石油醚浸泡2 h除脂,离心固液分离、去除清液后重复除脂1次,真空除尽石油醚后的花色苷样品低温保存备用。

2. 总花色苷含量的测定 准确称取一定的待测样品,以pH 3.5的乙醇溶液溶解并定容,以pH 3.5的乙醇溶液为参比液,测定A_{535}吸光值,按式(3-2)计算样品花色苷的含量。

$$\mathrm{MF} = \frac{A_{535} \times V \times N}{98.2 \times m} \tag{3-2}$$

式中,MF为花色苷质量(mg/g);A_{535}为吸光值;V为定容体积(mL);N为稀释倍数;98.2为花色苷在535 nm的平均消光系数;m为阴香鲜果质量(g)。

3. 花色苷纯化大孔吸附树脂的筛选 准确称取各种树脂湿基0.5 g装入100 mL锥形瓶

中,加入 1.0% 花色苷样品溶液 40 mL,置振荡器内 25 ℃、80 r/min 振荡 12 h,测定上清液 A_{526} 值。吸附花色苷的树脂滤干液体,准确称取 0.3 g 加入 80% 乙醇 25 mL 于吸附相同条件下解吸 12 h,测定液体的吸光度,计算吸附量与解吸率。

吸附量　$$Q(mg/g) = (A_0 - A_e) \times V/m \tag{3-3}$$

解吸率　$$(\%) = A_2/(A_0 - A_e) \times 100\% \tag{3-4}$$

式中,V 为色素溶液体积(mL);m 为吸附剂质量(g);A_0 为色素溶液的初始吸光度;A_e 为色素溶液的平衡吸光度;A_2 为解吸液吸光度。

4. DM-18 花色苷吸附平衡时间　取 5% 花色苷溶液 40 mL,加入 DM-18 树脂 0.5 g,180 r/min、25 ℃振荡,每 30 min 取样测定 1 次溶液 A_{526} 值,得 DM-18 树脂吸附花色苷的平衡时间。

5. pH 对 DM-18 花色苷吸附率的影响　准确称取 DM-18 树脂 0.5 g,分别加入花色苷浓度相同、不同 pH 的溶液 30 mL,180 r/min、25 ℃振荡 4 h,测定 A_{526} 值,计算吸附率,重复 3 次。

6. 乙醇浓度与花色苷解吸的关系　取 1.5 g 已吸附花色苷的 DM-18 树脂,加入不同浓度的乙醇溶液 25 mL,180 r/min、25 ℃振荡器振荡 4 h,测定 A_{526} 值,计算解吸率,重复 3 次。

7. 解吸流速与花色苷解吸效果的关系　DM-18 树脂与 10% 花色苷样品溶液混合,静态吸附饱和后纱布沥干残液,立即准确称取 250 g 装入层析柱内,2 倍体积蒸馏水、4 BV/h 的流速洗柱床,以不同浓度的乙醇溶液(pH 4.0)、0.75 BV/h 的流速解吸,当流出液 A_{526} 值 ≥ 1.0 时,以 10 mL 为 1 流分收集洗脱液,测定收集液花色苷含量,统计不同流速下解吸 90% 花色苷消耗解吸剂的体积。

8. 洗脱正交试验　准确称取 250 g 花色苷吸附饱和的 DM-18 树脂装入层析柱,以解吸流速、乙醇溶液及溶液的 pH 进行正交试验,按步骤 7 统计解吸 90% 花色苷的洗脱液量。按表 3.2进行实验操作和结果分析。

表 3.2　解吸 90%花色苷解吸液量正交试验

试验号	流速/(BV/h)	乙醇浓度/%	pH	结果/(mL/250 g)
1	0.50	70	2	
2	0.50	80	3	
3	0.50	90	4	
4	0.75	70	3	
5	0.75	80	4	
6	0.75	90	2	
7	1.00	70	4	
8	1.00	80	2	
9	1.00	90	3	
平均值 1				
平均值 2				
平均值 3				
极差				

9. 花色苷静态吸附与动态吸附纯化效果比较 DM-18 静态吸附 5% 花色苷粗提物溶液饱和后沥干残液，称 250 g DM-18 与少量残液混合后装入层析柱内(25 mm×100 mm)；另称取预实验后的 DM-18 湿基 250 g 装入层析柱内(25 mm×100 mm)，将 5% 花色苷粗提物溶液以 0.5 BV/h 的流速上样至 DM-18 吸附饱和。

放出柱内溶液至柱床上部界面，2 倍体积蒸馏水、4 BV/h 的流速洗柱床，80% 乙醇溶液、0.75 BV/h 的流速解吸，收集 $A_{526} \geqslant 1.0$ 洗脱液，冻干后准确称取一定样品，测定花色苷含量。

【注意事项】

1. 大孔吸附树脂使用前必须经过处理。
2. 旧树脂可再生，乙醇是常用再生剂。

【思考题】

1. 物质的分离纯化方法一般有哪些类型？大孔树脂法属于哪类？
2. 影响吸附的因素有哪些？

实验 9　植物组织中总黄酮的超声波提取优化

【研究背景与意义】

黄酮类化合物泛指拥有 15 个碳原子的多元酚化合物，其中两个芳环(A 环、B 环)之间以一个三碳链相连，其骨架可用 C6-C3-C6 表示。黄酮类化合物具有清除氧自由基、抗肿瘤、调节心血管系统、抗氧化、抗衰老、调节免疫作用、抑菌、抗病毒、调节内分泌系统等作用。很多中草药、蔬菜及水果均含有黄酮类化合物，常见的如苹果、香蕉、茶叶、大豆、芹菜、葛根等含量均较高。天然药物中有效成分提取的影响因素众多，如提取溶剂、料液比、提取时间、提取温度、提取次数等。近年来，将超声波技术用于天然药物有效成分的提取越来越受重视。

【实验目的】

掌握总黄酮物质的提取方法；熟悉超声波提取方法在化学成分提取中的应用；熟悉有效成分提取优化的方法。

【实验原理】

游离的黄酮类化合物一般难溶或不溶于水，可溶于乙醇、乙酸乙酯、甲醇、乙醚等有机溶剂或稀碱中。黄酮类化合物因其结构和来源的不同，溶解特性差异也很大，因此应据其极性和水溶性的大小选择合适的溶剂进行提取。目前，国内外的提取方法主要有有机溶剂提取法、碱性稀醇或碱性水提、极性系统提取法、超滤法、微波提取法和超声波提取法等。特别是超声波提取法中的超声波是频率高于 20 kHz，其空化效应、热效应和机械作用是其在天然药物提取中的三大理论依据。研究表明，利用超声波产生的强烈振动、高加速度、强烈空化效应、搅拌作用等，都可加速药物有效成分进入溶剂，从而提高提取率，缩短提取时间，节约溶剂，并且免去了高温对提取成分的影响。因此,本研究尝试将有机溶剂与超声波提取法有机结合,并对其提取条件进行优化。

【实验试剂与器材】

材料:苹果皮等含黄酮材料,置于40 ℃烘箱中干燥,将干燥后的皮粉碎,过60目筛备用。

试剂:芸香苷对照品、甲醇、乙醇、亚硝酸钠、氢氧化钠、硝酸铝等。

仪器:干燥箱、粉碎机、可见分光光度计、移液管、25 mL和100 mL容量瓶、电子分析天平、紫外-可见分光光度扫描仪、紫外-可见分光光度计、离心机、超声提取器等。

【实验步骤】

1. 芸香苷标准曲线的绘制　准确称取干燥至恒重的芸香苷标准品9.5 mg,用甲醇溶解并定容至25 mL,摇匀,配成0.38 mg/mL的芸香苷标准溶液。准确吸取标准液1.0 mL置于25 mL容量瓶中,以蒸馏水为空白对照,各加蒸馏水至6.0 mL;加入5%亚硝酸钠1.0 mL,摇匀,放置5 min,加入10%的硝酸铝1.0 mL,摇匀,放置5 min;再加4%的氢氧化钠10.0 mL,加水至刻度,摇匀,放置10 min。用蒸馏水作空白对照,在波长190~600 nm进行扫描,确定最大吸收波长λ_{max}。取0 mL、1.0 mL、2.0 mL、3.0 mL、4.0 mL、5.0 mL、6.0 mL芸香苷标准溶液分别置于25 mL容量瓶中,按上述方法操作后,在λ_{max}处测其吸光度,绘制浓度-吸光度曲线图,并对数据计算回归方程,并得标准曲线方程。

2. 总黄酮的提取　选取提取超声波时间、乙醇浓度、料液比三个因素进行考查,采用三因素三水平正交试验设计优化苹果皮黄酮超声波辅助提取工艺参数,得出苹果皮总黄酮提取的最佳条件。提取时间(A)为30 min、40 min、50 min;乙醇浓度(B)为40%、50%、60%;料液比(C)为1∶20、1∶30、1∶40;超声波提取温度均为50 ℃,其他条件不变,得出苹果皮最优条件下总黄酮提取率。试验因素水平见表3.3。

表3.3　正交试验因素表

编号	因素		
	A	B	C
1	1	1	1
2	1	2	2
3	1	3	3
4	2	1	2
5	2	2	3
6	2	3	1
7	3	1	3
8	3	2	1
9	3	3	2

称取0.5 g苹果皮9份,分别按表3.3条件进行提取,得提取液。

3. 总黄酮的含量测定　提取液4000 r/min离心取上清液,再向沉淀中加少量乙醇洗涤,离心 5 min,依次取上清液并合并所有上清液,置 100 mL 容量瓶,用乙醇溶液定容。分别取 0. 5 mL提取液,置于 10 mL 比色管中,加入 0. 3 mL 5% 亚硝酸钠,在振荡仪上摇匀,静置5 min,然后加入 0. 3 mL 10% 的硝酸铝,振荡摇匀,静置 5 min,最后加入 4% 的氢氧化钠2. 5 mL,摇匀,静置 15 min 后定容,空白溶液为参比溶液,在 λ_{max} 处测其吸光度 *A* 值,将其结果代入标准曲线公式中,即可计算每次提取所得黄酮的含量。

4. 结果分析　通过对正交表的方差与极差分析,得出结论。明确考查因素的影响主次顺序及最佳提取条件组合。

【思考题】

1. 什么是空白实验?有何意义?
2. 影响物质中有效成分提取的因素有哪些?

实验 10　金柚皮中总黄酮的提取与含量测定

【研究背景与意义】

黄酮类化合物广泛存在于中草药、水果、蔬菜等天然植物中,是一类重要的天然有机化合物。它的生理活性多种多样,如改善心血管功能,抗氧化、清除自由基功能,抗心律失常功能,抗炎、抗菌、抗病毒功能等。研究还表明,由于其来自天然植物,相对安全,广泛应用于功能性食品中,如食品添加剂、抗氧化剂、色素等。

金柚[*Citrus maxima*(Burm.)Merr. cv. Shatian Yu.]原名沙田柚,为芸香科柑橘亚科柑橘属水果,果大且营养价值高。柚皮占整个柚果质量的 40%,目前,柚皮绝大多数以废物的形式丢弃,既浪费资源,又污染环境。柚皮中含有包括黄酮类化合物在内的各种生物活性成分。其有效成分未充分合理利用,具有很大的开发价值。为更好地综合开发利用金柚资源,提高金柚的附加值,对金柚柚皮总黄酮进行提取实验及其含量分析测定,具有一定的现实意义。

【实验目的】

熟悉紫外分光光度法对黄酮含量的测定;掌握均匀设计实验在有效成分提取优化中的应用。

【实验原理】

微波技术是将细胞壁和细胞膜破碎或溶解,以提高药物有效成分或有效部位提取率的物理辐照方法。微波萃取具有设备简单、节省时间、节省试剂、污染小、穿透力强、选择性好、加热效率高等特点。本实验因素水平数较多,为减少实验次数,采用均匀设计实验而非常见的正交设计实验方案对其提取条件进行优化。并利用其具有紫外吸收的性质采用紫外分光光度法进行含量测定。

【实验试剂与器材】

材料:金柚皮切成约 1 cm×0. 5 cm×0. 5 cm 均匀薄片,在 65 ℃条件下干燥 2 h,冷却,备用。

试剂:芸香苷标准品、无水乙醇(分析纯)、锌粉、浓盐酸、石油醚、1% 三氯化铝溶液。

仪器:紫外分光光度计、微波萃取器、旋转蒸发器、烘箱、电子天平、回流装置、抽滤装置、烧杯、电炉、容量瓶等。

【实验步骤】

1. 金柚皮总黄酮提取条件的确定　选择微波辐射功率、辐射时间、乙醇浓度、固液比等4个因素进行四因素五水平均匀设计实验,优化确定提取的最佳工艺条件。因素水平见表3.4,均匀设计实验方案见表3.5。

表3.4　因素水平

因素	1	2	3	4	5
辐射功率/W	128	300	495	638	750
辐射时间/min	2	4	6	8	10
乙醇浓度/%	50	60	70	80	90
固液比	1∶2	1∶4	1∶6	1∶8	1∶10

表3.5　$U_{10}(10^8)$均匀设计实验方案

实验号	辐射功率/W	辐射时间/min	乙醇浓度/%	固液比	黄酮得率/%
1	128	4	60	1∶6	
2	128	6	80	1∶10	
3	300	10	50	1∶2	
4	300	2	70	1∶10	
5	495	4	90	1∶4	
6	495	8	50	1∶8	
7	638	6	70	1∶4	
8	638	10	90	1∶8	
9	750	2	60	1∶2	
10	750	8	80	1∶6	

2. 总黄酮的提取及样品溶液的制备　在选定的最佳工艺条件下提取金柚皮总黄酮。将柚皮薄片置于微波萃取器中的圆底烧瓶中,加入乙醇提取剂,进行微波回流提取。然后过滤,取滤液在旋转蒸发器上蒸发浓缩,用石油醚洗涤浓缩物,去除脂溶性杂质,再用50%乙醇溶解浓缩物,并定容至100 mL,作为样品溶液。

3. 黄酮物质的定性鉴定

1）盐酸-锌粉反应　取样品溶液1 mL,加入少许锌粉振荡,滴加几滴浓盐酸,1~2 min后,若溶液呈红色,表明有黄酮类物质存在。

2）铝盐显色反应　向样品溶液中加入适量的1%三氯化铝溶液后,若有一种黄色可溶性物质生成,表明样品溶液中有黄酮类物质,这是黄酮类物质的典型反应。

4. 测定波长的选择　将芸香苷标准溶液,以50%乙醇为参比溶液,在200~600 nm,进行波长扫描,根据最大的吸收峰确定测定波长。

5. 标准曲线的绘制　准确称取30 mg芸香苷标准品,用50%乙醇溶解并定容至200 mL,摇匀,得浓度为150 μg/mL的芸香苷标准溶液。分别精确吸取芸香苷标准溶液0.00 mL、1.00 mL、

2.00 mL、3.00 mL、4.00 mL、6.00 mL、8.00 mL、10.00 mL，置于50 mL的容量瓶中，加50%乙醇稀释至刻度，摇匀。以50%乙醇为参比溶液，用紫外分光光度计在最大吸收处测吸光度。以浓度（C）为横坐标，吸光度（A）为纵坐标绘制标准曲线，并计算回归方程。

6. 样品液中总黄酮的含量测定　将各样品液按标准曲线项下的方法测定其吸光度，进而计算黄酮含量。

7. 精密度实验　精确吸取1.00 mL样品溶液置于50 mL容量瓶中，用50%乙醇稀释至刻度，摇匀。在最大波长处，以50%乙醇作参比，测定吸光度，重复测定6次，计算平均值、相对标准偏差。结果列于表3.6。

表3.6　精密度实验测定结果

测定次数	测定值/(μg/mL)	平均值/(μg/mL)	RSD/%
1			
2			
3			
4			
5			
6			

8. 回收率实验　精确吸取样品溶液1.0 mL 5份，分别再准确加入2.0 mL芸香苷标准溶液，然后用50%乙醇稀释至50.0 mL，摇匀。以50%乙醇为参比溶液，在最大波长处测定吸光度，计算回收率，结果列于表3.7。

表3.7　回收率实验结果

序号	加标量/(μg/mL)	底物浓度/(μg/mL)	测定浓度/(μg/mL)	回收率/%	平均回收率/%	RSD/%
1						
2						
3						
4						
5						

9. 结果分析　对实验结果进行统计分析。

【思考题】

1. 均匀设计与正交设计有何异同？
2. 含量测定的方法学考查一般包含哪些内容？

实验11　柚皮香精的提取与鉴定

【研究背景与意义】

柚子[*Citrus maxima*(Burm.) Merr. cv. Shatian Yu.]又名“文旦”、“气柑”、“雷柚”等，为芸香

科柑橘亚科柑橘属水果。我国柚子资源丰富,广泛分布于广东、广西、福建等地,销售遍及全国各地。而柑橘属中果皮的香精具有祛痰、止咳、平喘、促进胃肠蠕动、促进消化液分泌、镇痛、溶解胆结石、抗菌消炎和去除自由基等作用;香精是饮料、啤酒、糕点的矫味剂、赋香剂,在花露水、香水、牙膏、香皂等日用品中有广泛的用途。全世界一年柑橘属香精的需求量约为 18 000 t,其中 60% ~70% 供食品、工业使用,其余则用于化妆品、芳香清洁剂和杀虫剂中。

柚皮含有大量的香精,但是柚皮的综合利用并没有引起人们的重视,绝大部分柚皮被丢弃,引起资源的浪费,并且污染了环境。本实验以柚皮为原料进行香精的提取,为综合开发柑橘类果皮提供参考数据,使得柑橘类果皮变废为宝,减少环境污染,对发展经济有着重要的现实意义。

【实验目的】

掌握水蒸气蒸馏法提取柚皮中香精的方法;用香草醛显色反应及薄层层析法对香精的主要成分进行鉴定。

【实验原理】

柚皮香精是一种橙黄色的液体,具有特异的香味。易溶于石油醚、二氯甲烷等有机溶剂,还溶于大多数非挥发油,不溶于水。目前,柚皮香精的提取方法一般分为蒸馏法、压榨法、溶剂浸提法、超临界萃取法等,而本实验先利用微波诱导柚皮,再利用香精具有挥发性、与水不相溶、沸点不同等特点,用水蒸气蒸馏法提取柚皮香精。再用石油醚作为萃取剂进行分液萃取、水浴蒸发石油醚,测量体积,计算提取率。柚皮香精的主要成分为萜类化合物,采用香草醛显色反应及薄层层析法对香精成分进行初步鉴定。

【实验试剂与器材】

材料:超市购买的新鲜柚子,取其皮。

试剂:石油醚(沸程 60~90 ℃)、无水硫酸钠、氯化钠、硅胶 G、氯仿、香草醛、浓硫酸、羧甲基纤维素钠(CMC 钠)和柠檬烯标准品等。

0. 1% CMC 钠溶液:准确称取 0. 1 g CMC 钠,用蒸馏水溶解并定容于 100 mL 的容量瓶中。

10% 硫酸乙醇溶液:量取 10 mL 浓硫酸,用无水乙醇稀释到 100 mL。

石油醚-乙酸乙酯混合液(100 mL):量取 85 mL 石油醚,加乙酸乙酯至 100 mL,保存于棕色试剂瓶中。试剂均为分析纯。

仪器:水蒸气蒸馏装置、分液漏斗(250 mL)、普通漏斗、移液枪、微波炉、薄层板(20 cm×10 cm)、层析缸、电吹风、胶头滴管、匀浆器和全自动薄层制作器等。

【实验步骤】

1. 预处理 称取 200 g 左右剪碎的新鲜柚皮,微波辐射 10 min,功率为 100 W。

2. 水蒸气蒸馏 将预处理的柚皮放入样品瓶中,加入数粒沸石、6g 氯化钠、200 mL 蒸馏水。水蒸气发生器加入数粒沸石、1200 mL 左右蒸馏水,安装好装置。蒸馏 40 min,观察到馏出液的水面上有一层很薄的油层时,停止加热,记录时间。收集水和香精。

3. 萃取与干燥 安装好分液漏斗,加入 10 mL 的石油醚进行萃取,重复 3 次,把萃取液合并于烧杯中。加入 5 g 左右无水硫酸钠,静置 20 min,过滤。

4. 蒸发除杂 将滤液用水浴锅加热蒸发(90 ℃)20 min,当石油醚基本蒸发完后,降低温度蒸发,以除去残留的石油醚。最后瓶中留下的少量橙黄色液体即香精初提液,测量体积,计算提取率。

5. 香草醛显色反应 移液枪吸取香精 25 μL 于 50 mL 的小烧杯中,用胶头滴管加浓硫酸 5 滴及 0.05 g 香草醛,观察颜色变化,加入 2 滴蒸馏水后观察颜色变化。

6. 薄层层析法鉴定

1) *薄层板的制备* 称取 10 g 硅胶 G,加入 40 mL 配制好的 0.1% CMC 钠溶液,用匀浆器搅拌 20 min,使成浆体,调好全自动薄层制作器,把搅拌好的硅胶浆体倒在涂布器上,打开开关,涂布完成。自然干燥后,于 100 ℃烘箱中活化 60 min,取出薄层板,放入干燥器中备用。在距短边 2 cm 处用铅笔轻轻画一条直线即点样线,在点样线上每隔 2 cm 轻轻标出 5 个点。

2) *样品液的制备* 将提取的香精配成浓度为 0.5 mg/mL 的氯仿溶液作为样品液。将柠檬烯标准品配成浓度为 0.5 mg/mL 的氯仿溶液作为对照液。

3) *鉴定步骤*

(1) 点样:移液枪吸取样品液及对照样各 10 μL,进行点样。

(2) 展开:以薄层板 20 cm 长的一边为高,放在盛有 80 mL 石油醚-乙酸乙酯展开剂的析缸中展层 40 min,上行展开 10 cm,取出,画出前沿线,自然晾干。

(3) 显色:薄层板用喷雾器对着点样面均匀喷洒 10% 硫酸乙醇溶液,置 100 ℃烘箱中烘 5 min,然后盖上同样大小的玻璃板,四周用透明胶带封住。

(4) 观察斑点,用尺子量出斑点到点样线的距离,计算溶质在薄层板上移动的速率,分析比较(做多次实验,进行列表分析比较,得出较准确的结果)。

计算公式:

$$\text{溶质在薄层板上移动的速率 } R_f = \frac{a}{b} \tag{3-5}$$

式中,a 为溶质斑点中心的移动距离;b 为溶剂前沿移动的距离。

7. 结果与分析 根据显色反应的颜色变化及溶质在薄板上的迁移率判断提取液的主要成分。

【注意事项】

1. 薄层所用玻璃板要求表面平整、光滑,用前应洗净、干燥。
2. 点样时注意反复点样、干燥,保证点样面积尽量小。

【思考题】

1. 在蒸馏过程中样品瓶中加入氯化钠的目的是什么?
2. 如何对提取到的香精提取液的主要成分萜类化合物进行定量?

实验 12 酪蛋白磷酸肽的制备及纯化

【研究背景与意义】

活性肽大都以非活性状态存在于蛋白质长链中,用相应的酶水解,其活性被释放出来。酪蛋白磷酸肽(casein phosp hopeptide,CPP)是以酪蛋白为原料,经单一酶或复合酶水解、分离而得到含有成簇磷酸丝氨酰基的天然多肽。在pH呈中性到弱碱性动物肠道内,能阻止磷酸钙沉淀的产生,从而促进钙的吸收。同时CPP可与铁、锌等矿物质元素形成可溶性络合物,在保护铁、锌方面也有重要的意义。目前,生产CPP往往混杂有一定量的非CPP,使得产品氮和磷的摩尔比较大,使用效果下降。对CPP初产品进一步纯化处理,对提高产品的质量和档次都具有重要意义。

【实验目的】

掌握酪蛋白的制备技术,熟悉酪蛋白磷酸肽的制备方法及工艺路线;熟悉胰蛋白酶的性质和水解原理。

【实验原理】

牛乳中的蛋白质主要是酪蛋白和乳清蛋白,其中酪蛋白占牛乳蛋白总量的80%左右。酪蛋白不溶于水、乙醇及有机溶剂,但溶于碱性溶液。酪蛋白的等电点为4.7。本实验利用等电点溶解度最低的原理,将酪蛋白沉淀出来。继而用乙醚、乙醇等有机溶剂洗涤得到纯度较高的酪蛋白。酪蛋白经胰蛋白酶水解、分离,而得到含有成簇磷酸丝氨酰基的天然多肽,即酪蛋白磷酸肽初产品。因丝氨酸残基侧链结合磷酸根使CPP携带负电荷,所以对初制品可采用大孔强碱性阴离子交换树脂对其进行纯化,收集280 nm处有吸收峰的部分,冷冻干燥,得到粉状产品。

【实验试剂与器材】

材料:脱脂奶粉或鲜牛乳、717型强碱性苯乙烯系阴离子交换树脂和胰蛋白酶。

试剂:乙醚-乙醇混合物(*V/V*=1∶1)、0.2 mol/L乙酸缓冲液、1 mol/L NaOH、2 mol/L NaOH、10% $CaCl_2$、乙醇、丙酮、乙醚及1 mol/L HCl。

仪器:恒温水浴锅、pH计、层析系统、紫外分光光度计、烧杯等。

【实验步骤】

1. 酪蛋白的制备　称取脱脂奶粉25 g,用40 ℃的水溶解定容至200 mL,置于500 mL烧杯中,加热至45 ℃,边搅拌边慢慢加入200 mL预热的pH 4.6的0.2 mol/L乙酸缓冲液,直至pH达到4.7左右。将悬液冷却至室温,静置5 min后用纱布过滤,收集沉淀。分别用水、乙醚-乙醇混合物洗涤沉淀2次,最后用乙醚洗涤沉淀2次,干燥,即得酪蛋白。酪蛋白溶解度的测定:准确称量一定量的酪蛋白,溶解于100 mL水中,先称量滤纸的质量,再用滤纸过滤,并烘干过滤后的滤纸,称重,计算酪蛋白的溶解度。

2. 酪蛋白磷酸肽的制备及精制　准确称取12 g酪蛋白,并溶解于100 mL水中,在45 ℃水浴中恒温。用1 mol/L NaOH调节至pH 8.5,加入0.2 g胰蛋白酶,在45 ℃条件下水解1.5~2 h(水解过程中始终保持溶液pH为7.7~8.5)。水解结束后立即将烧杯置于沸水浴中5 min,对酶进行灭活,即得酶解液。

终止水解后,用1 mol/L HCl,调节溶液pH到4.6,静置5 min,然后以4000 r/min离心15 min除去沉淀,取上清液50 mL,用1 mol/L NaOH调节pH至6.6,加入10% $CaCl_2$ 13 mL,再加入等体积的95%乙醇,混匀4 ℃静置数小时,4000 r/min离心15 min,收集沉淀,最后将沉淀用丙酮、乙醚洗涤挥发干燥，得 CPP。

3. 酪蛋白磷酸肽的纯化

1）大孔强碱性阴离子交换树脂的预处理及装柱　称取一定量的树脂，先用 2 mol/L NaOH 浸泡 1 h 后，用蒸馏水洗至中性。随后用 2 mol/L HCl 浸泡 1 h 后，蒸馏水洗至中性。最后用 2 mol/L NaOH 浸泡 1 h，用蒸馏水洗至 pH 8.0，装柱（50 cm×2 cm），装柱量为 60%～70%。

2）上样　用蒸馏水将 CPP 配制成 5%～10% 的溶液 200 mL，调节 pH 至 8.0，以 40～60 滴/min 的速度上样。上样结束后，用约 500 mL 蒸馏水，以 80 滴/min 的速度洗涤层析柱，使未被吸附的蛋白质洗脱下来。

3）CPP 的洗脱及收集　用洗脱液（洗脱液为 0.2 mol/L HCl 和 0.3 mol/L NaCl 溶液）洗涤层析柱，洗脱速度为 90 滴/min，用数控计滴自动部分收集器收集洗脱液，每管收集 5 mL。在波长 280 nm 下测定和记录每管洗脱液的吸光度。收集 280 nm 有吸收峰的溶液，浓缩后冷冻干燥，得 CPP 干粉。

4. 结果分析

1）酪蛋白磷酸肽性质的分析　准确称量一定量的 CPP 溶解于 100 mL 水中，先称量滤纸质量，再用滤纸过滤，烘干并称重，计算 CPP 的溶解度。

酪蛋白磷酸肽的检测：采用紫外可见记录扫描仪对 CPP 液样在 200～360 nm 进行扫描。

2）酪蛋白磷酸肽的测定　酪蛋白磷酸肽的测定（指纯度），以 N、P 的摩尔比值来衡量，一般为 0.5～0.7，0.5 较纯，0.7 最差。计算方法：将测得的 N 和 P 换算为同一单位，由式（3-6）可算出摩尔比。

$$\text{摩尔比}=\frac{N/14}{P/31} \tag{3-6}$$

式中，14 为 N 的相对分子质量，31 为 P 的相对分子质量。

其中，总 N、总 P 分别以凯氏定氮法和磷酸钼蓝法测定。

【注意事项】

1. 在胰蛋白酶水解过程中，应时刻检测 pH 变化，并用 1 mol/L 的 NaOH 调节。
2. 酪蛋白的纯度是制备酪蛋白磷酸肽的关键，因此制备酪蛋白后要测定酪蛋白的溶解度（其溶解度的高低反映其含杂质的多少）。
3. 酪蛋白磷酸肽的获得率受多种因素的影响，在本实验的基础上可以进行进一步探索。

【思考题】

1. 制备酪蛋白、CPP 时，为什么要用乙醇、乙醚洗涤？
2. 制备 CPP 时，加入 10% 的 $CaCl_2$ 与等体积的 95% 乙醇的作用是什么？

实验 13　番木瓜中鞣质的超声波提取优化

【研究背景与意义】

鞣质（tannins）又称单宁，是一类结构复杂的酚类化合物，易溶于水、乙醇和丙酮。近年来研究发现,鞣质具有抗氧化、抗菌、抗病毒、降血糖、降血脂等作用。所以鞣质的药用价值也逐渐体现出来,受到了国内外研究人员的广泛重视。鞣质广泛存在于植物界,70%以上的生药中含有鞣质类化合物。

番木瓜(*Carica papaya* L.)是一种热带常绿果树,为番木瓜科番木瓜属多年生肉质草本植物,又名乳瓜、石瓜、万寿果等。其原产于墨西哥和中美洲,广泛栽培于全世界的热带和亚热带地区,自17世纪传入我国,主产于广东、海南、广西、云南、台湾、福建,四川西昌和江西赣州也有种植。木瓜作为人们熟悉的水果,不仅味道甜美还有一定的保健功效。研究表明,木瓜中除含有丰富的木瓜酶、维生素C和维生素B、钙、磷及矿物质外,还含有皂苷、黄酮类、鞣质及果胶成分,对防治高血压、肾炎、便秘等具有一定功效。通过本次实验,可为综合开发利用木瓜提供理论依据。

【实验目的】

熟悉鞣质结构性质及含量测定方法;了解超声波提取法的原理及特点;掌握正交设计试验法在有效成分提取优化中的应用。

【实验原理】

超声波提取法是在传统提取方法中引入超声波,它可以在气态、液态或固态介质中传播。将植物材料和提取溶剂放入超声波发生器中,在超声波的作用下,原料细胞部分被破坏,有效成分可很容易地扩散到提取液中,加之超声波振荡也可使原料颗粒不停运动,并使浸提温度升高,有利于扩散,提高浸提效率。利用超声场强化提取过程是超声化学领域中极具潜力的发展方向。传统的提取方法是针对某种目标成分选取正确的溶剂,同时采用加热或搅拌。较高的温度有利于目标成分的浸出,但温度过高又会使有效成分受热分解或改变结构和性质。如果在提取过程中引入超声波,就可以在较低的温度下大大促进溶剂提浸、萃取天然成分的过程。超声波作用可以破坏细胞的细胞壁,使细胞内含物更易释放。

正交试验是一种高效率、快速、经济的实验设计方法,是研究多因素多水平的一种常见设计方法,具有使用方便、试验次数少、结果直观、易分析等优点。

【实验试剂与器材】

材料:将新鲜的番木瓜切块,置于红外干燥箱中60 ℃干燥24 h,取出后放入粉碎机中粉碎成较小颗粒,收集于棕色广口瓶中,置于阴暗处。

试剂:没食子酸、乙醇、钨酸钠、磷酸、甲醇、丙酮、乙酸钠、冰醋酸、碳酸钠、三氯化铁等试剂,以上试剂均为分析纯。实验用水为双蒸水。

仪器:分光光度计、电子分析天平、电热恒温鼓风干燥箱、高速中药粉碎机、超声洗涤仪等。

【实验步骤】

1. 单因素试验

1) 不同溶剂、浓度与提取率的关系　称取粉碎样品24份,每份5.0 g,置于250 mL锥形瓶中,分别加入15%、30%、45%、60%浓度的乙醇100 mL,15%、30%、45%、60%浓度的丙酮100 mL,每项各做3个重复。浸提12 h,超声提取60 min,滤纸过滤,弃去滤渣,得到样品液。

2) 超声波提取时间与提取率的关系　称取粉碎样品12份,每份5.0 g,置于250 mL锥形瓶中,各加入30%乙醇100 mL,浸提12 h,超声提取时间分别0 min、30 min、60 min、90 min,每个水平做3个重复,滤纸过滤,弃去滤渣,得到样品液。

3) *浸提时间与提取率的关系* 称取粉碎样品12份,每份5.0 g,置于250 mL锥形瓶中,各加入30%乙醇100 mL浸提时间分别为0 h、6 h、12 h、18 h,每个水平做3个重复,超声提取时间60 min,滤纸过滤,弃去滤渣,得到样品液。

4) *料液比与提取率的关系* 称取粉碎样品12份,置于250 mL锥形瓶中,每份5.0 g,各加入30%乙醇50 mL、100 mL、150 mL、200 mL,每个水平做3个重复,浸提12 h,超声提取60 min,滤纸过滤,弃去滤渣,得到样品液。

5) *超声波提取功率与提取率的关系* 称取粉碎样品12份,置于250 mL锥形瓶中,每份5.0 g,各加入30%乙醇100 mL,浸提12 h,分别放在超声波提取功率为2级、4级、6级、8级的超声波中处理60 min,各做3个重复,滤纸过滤,弃去滤渣,得到样品液。

2. 番木瓜中鞣质超声波提取工艺的正交试验 以乙醇为溶剂,分别以乙醇浓度、超声波处理时间、浸提时间、料液比为影响因素,每个因素3个水平,以番木瓜中鞣质提取率为评价指标,进行正交试验,正交表头见表3.8,试验操作及分析见表3.9。

表3.8 试验因素水平表

水平	因素			
	A 乙醇浓度/%	B 超声处理/min	C 浸提时间/h	D 料液比
1	15	30	6	1∶20
2	30	60	12	1∶20
3	45	90	18	1∶30

表3.9 正交试验直观分析表

试验号	因素				提取得率/%
	A	B	C	D	
1	1	1	1	1	
2	1	2	2	2	
3	1	3	3	3	
4	2	1	2	3	
5	2	2	3	1	
6	2	3	1	2	
7	3	1	3	2	
8	3	2	1	3	
9	3	3	2	1	
K_1(一水平实验结果总和)					
K_2(二水平实验结果总和)					
K_3(三水平实验结果总和)					
R(极差)					

3. 含量的测定方法

1）对照品溶液的制备　精密称取没食子酸对照品 20 mg，置 100 mL 棕色容量瓶中，加入 30% 的甲醇溶解并稀释至刻度，摇匀，得到对照品溶液（即每毫升中含 0.2 mg 没食子酸）。

2）标准曲线的绘制　精密吸取对照品溶液 1.0 mL、2.0 mL、3.0 mL、4.0 mL、5.0 mL，置于 5 个 10 mL 容量瓶中，分别用 30% 甲醇水溶液补足 5 mL，并以 0.1 mol/L 乙酸-乙酸钠缓冲液（pH 5.0）定容至刻度，摇匀，分别精密吸取 1.0 mL 于 1 0mL 容量瓶中，加入 Folin 试剂 0.5 mL，摇匀，再分别加入 2.0% 的 Na_2CO_3溶液至刻度，摇匀，于室温分别放置 15 min 后，以不加没食子酸的试剂混合液作为空白对照，于 730 nm 处测吸光度。以吸光度为纵坐标，没食子酸含量为横坐标，绘制标准曲线，计算回归方程。

3）样品鞣质含量测定　精密吸取样品溶液 2.0 mL 置于 10 mL 的容量瓶中，用 1.0 mol/L 乙酸-乙酸钠缓冲液（pH 5.0）定容至刻度，精密吸取此溶液 1.0 mL 置于另一 10 mL 的容量瓶中，加入 Folin 试剂 0.5 mL，摇匀，再加入 2.0% 的 Na_2CO_3溶液至刻度，摇匀，于室温放置 15 min 后，于 730 nm 处测吸光度。计算，比较各实验结果。

$$X = \frac{m_1 \times 50 \times V}{m \times 1000 \times V_1} \times 100\% \tag{3-7}$$

式中，X 为样品中鞣质的提取得率；m 为样品的质量（g）；V 为提取液的总体积（mL）；m_1 为从没食子酸标准曲线上算得的鞣质含量（mg）；V_1 为待测液体积（mL）。

4. 最佳工艺条件的验证　按最佳工艺条件进行验证实验，重复 3 次测定鞣质的提取得率。

5. 鞣质物质的鉴定　番木瓜中的鞣质为缩合鞣质，可与三氯化铁反应显色。取适量实验中经超声波处理后过滤所得的样品液，置于试管中，滴入 1 滴三氯化铁溶液，样品液由淡黄色变为蓝黑色。

6. 结果分析　根据实验内容得出结果与结论，并对结果进行分析。

【思考题】

1. 正交试验有何优缺点？
2. 鞣质的理化性质有哪些？

实验 14　大豆分离蛋白的制备及性质分析

【研究背景与意义】

大豆（黄豆）是目前植物中蛋白质含量最为丰富的一种，蛋白质含量高达 40% 以上，其中含有人体必需的 8 种氨基酸，同时还含有丰富的不饱和脂肪酸、钙、磷、铁、膳食纤维等，不含胆固醇，具有很高的营养价值。

大豆分离蛋白（soybean protein isolate，SPI）是以低温豆粕为原料分离提取的一种高纯度植物蛋白质，是为数不多的可取代动物蛋白的营养佳品之一，由于 SPI 具有溶解性、乳化性、保水性、发泡性、凝胶性等特性，已作为功能性添加剂被广泛应用于各类食品中。

【实验目的】

了解植物蛋白制备的常用技术；掌握超声波、酶解、离心分离、浸提、等电点析出等蛋白质分离手段；掌握大豆分离蛋白的溶解度和乳化活性指数的测定意义及方法。

【实验原理】

植物蛋白的提取方法有许多种，如碱提酸沉、酶提酸沉、超声酸沉、酶解提取、膜分离法等。本实验采用超声波辅助碱提酸沉法提取大豆蛋白，通过粉碎、正己烷低温浸提脱脂、纤维素酶酶解增溶等预处理方法，采用超声波辅助"碱提酸沉法"使蛋白质在等电点状态下析出，并进一步分析其基本性质。

【实验试剂与器材】

材料及试剂：黄豆、1 mol/L NaOH、10% HCl、正己烷、纤维素酶、考马斯亮蓝 G-250、0.1% 十二烷基硫酸钠（SDS）等。

仪器：恒温水浴锅、粉碎机、高速离心机、超声波仪、pH 计、烘箱、电子天平、250 mL 锥形瓶、培养皿、大烧杯、玻璃棒、药匙等。

【实验步骤】

1. 黄豆预处理 选择果粒饱满，色泽明亮的黄豆为原料。称取黄豆 250 g 用小型粉碎机粉碎，破碎粉末用 60 目的不锈钢网筛过筛，去除杂物，备用。

2. 溶剂低温浸出法制取脱脂豆粕粉 取 250 mL 锥形瓶，加入 20 g 粉碎后的豆粉、100 mL 正己烷，瓶口用培养皿覆盖，恒温水浴 60 ℃ 浸提 30 min，使大豆中的油脂溶出，5000 r/min 离心 15 min 后去上清液，将沉淀收集后放烘箱内 50 ℃，20 min 烘干，得脱脂豆粕粉样品。

3. 纤维素酶酶解辅助提高大豆蛋白溶出率 取 10 g 烘干的脱脂豆粕粉，按 1∶15 料液比加入 150 mL 蒸馏水，用 10% HCl 溶液调至 pH 5.0，按 0.5%（脱脂豆粉）的酶量加入纤维素酶，在恒温水浴锅里加热至 48 ℃，并恒温酶解 90 min。酶解结束后，将酶解液以 5000 r/min 离心 15 min 除去上清液，收集沉淀。

4. 超声辅助碱提酸沉法提取大豆蛋白 收集酶解离心沉淀，按 1∶15 料液比加入 150 mL 蒸馏水，用 1 mol/L NaOH 溶液将 pH 调至 11，用超声波仪进行辅助提取，超声设置 200 W 功率、超声时间 5 s、间隙 5 s、总工作时间 20 min；超声结束后静置 20 min，以 5000 r/min 离心15 min，通过离心分离除去浸提液中的细豆渣、淀粉，收集上清液，得澄清的蛋白质水溶液。

采用酸沉工艺，边搅拌边在澄清的蛋白质水溶液中缓慢加入 10% 的 HCl 溶液，调节溶液的 pH 至 4.4~4.6，使蛋白质在等电状态下沉淀，此时蛋白质溶液由浅黄色的澄清溶液逐渐变成白色浑浊液。当溶液达到等电点时，立即停止搅拌，静置 30 min，使蛋白质能形成较大的颗粒沉淀下来。

将酸沉后溶液得到的沉淀物用离心机 5000 r/min 离心 15 min，弃去上清液，收集沉淀，放烘箱内 50 ℃，30 min 烘干，得大豆分离蛋白粗提物。

5. 计算大豆分离蛋白提取率

$$\text{总蛋白质提取率}(\%) = \frac{\text{碱提酸沉法获蛋白质粗提沉淀质量}}{\text{原料大豆质量} \times \text{大豆中蛋白质的质量分数}} \times 100\%$$

6. SPI 中可溶性蛋白质浓度的测定　采用考马斯亮蓝 G-250 染色法，定量测定 SPI 溶液中蛋白质的含量。取 6 支 10 mL 的带塞试管，分别加入 1000 μg/mL 的牛血清白蛋白溶液 0 mL、0.1 mL、0.2 mL、0.3 mL、0.4 mL 和 0.5 mL 后补足蒸馏水到 1 mL，从而得到 0~500 μg/mL 的牛血清白蛋白溶液。取 0.1 mL 牛血清白蛋白稀释溶液再分别加入 100 μg/mL 的考马斯亮蓝 G-250 溶液 5 mL，旋涡振荡器混匀，2 min 后用分光光度计测定 595 nm 处各试管的吸光值，并绘制标准曲线。

SPI 溶液中可溶性蛋白质的浓度，用每毫升水溶液中溶解的 SPI 的微克数来表示溶解度。将以上制备的 SPI 配制成 1% 溶液，10 000 r/min 离心 10 min 后取上清液 1 mL 于 10 mL 带塞试管中，加入 100 μg/mL 的考马斯亮蓝 G-250 溶液 5 mL，漩涡振荡 2 min，以考马斯亮蓝 G-250 溶液调零，在 595 nm 处测定其吸光值。利用标准曲线计算出其中蛋白质含量。

7. SPI 乳化性的测定　SPI 的乳化性可用乳化活性指数（emulsifying activity index，EAI）来表示。取一定体积的 0.8% SPI 溶液，加入 1/3 体积的大豆色拉油，以 10 000 r/min 的速度高速搅拌 5 min 后，取 1 mL 乳化液加入 9 mL 蒸馏水稀释，另取 1 mL 稀释液与 9 mL 0.1% 的十二烷基硫酸钠溶液混合均匀，用 0.1% 的 SDS 做空白对照在 500 nm 处测吸光值。按式(3-8)计算：

$$\mathrm{EAI} = 2 \times \mathrm{T} \times \frac{A_0 \times N}{C \times \varphi \times 1000} \tag{3-8}$$

式中，EAI 为乳化活性指数（mL/g）；T = 2.303；C 为乳化液形成前蛋白质水溶液中蛋白浓度（g/mL）；φ 为乳化液中油的体积分数；N 为稀释倍数；A_0 为空白吸光值。

【注意事项】

由于蛋白质高温下易变性，整个实验操作中有机溶剂脱脂、酶解、干燥等环节均要在 60 ℃ 以下的低温环境进行。

【思考题】

1. 影响大豆分离蛋白的溶解度及乳化性的因素有哪些？
2. 大豆蛋白、大豆浓缩蛋白及大豆分离蛋白之间有何区别与联系？

第 4 章　设计性实验

实验 15　柚皮提取分离果胶

【研究背景与意义】

柚子(*Citrus grandis* L. Osbeck)为芸香科柑橘亚科柑橘属水果。我国柚子资源丰富,广泛分布于广东、广西、福建等地,销售遍及全国各地。柚子性寒、味甘酸。其具有消炎防菌、化痰止咳、理气清肠、下气消食、补血健脾等功效,其芳香、清爽的口感,备受人们的青睐。柚子的内皮(直接与果肉接触的薄层)、外皮(最外层黄色的厚皮)中含有多种活性成分,如柚皮苷、果胶、香精油、色素等,具有较高的保健和药用价值,还有防治和杀灭害虫的作用。每年都有大量的柚皮被扔掉,造成资源的极大浪费,且污染环境。因此,对柚皮的深加工和综合利用具有潜在的价值和前景。

【实验内容或知识点】

果胶是以 α-(1,4)键结合的聚半乳糖醛酸,通常为米白色至淡黄褐色粉末,无臭,味微甜,且略带酸味,易溶于水。果胶是一种具有优良胶凝化和乳化作用的天然产物,在酸性条件下稳定,在碱性条件下分解。目前果胶提取方法大致有酸水解沉淀法、离子交换树脂法、微生物法、草酸铵法和乙二胺四乙酸法(EDTA 法)等改良提取法。因酸提取沉淀法具有操作方便、易于控制、成本低、收率高、产品质量稳定等特点,因此应用广泛。

【设计思路及实验目的】

设计思路:通过资料查阅,根据果胶性质结合实验条件,合理设计方案,确立果胶提取方法,优化提取工艺条件。

实验目的:熟悉果胶的种类、理化性质及应用;掌握果胶的提取、分离及含量测定方法;了解果胶提取、分离及含量测定的基本方法和不同方法之间的优缺点。

【主要实验方法及提示】

1. 由于果胶主要分布于植物的根、茎、叶、果的细胞壁中,所以实验设计中需考虑如何提高果胶的得率,如采用酶法、超声波法、微波法等。

2. 结合果胶结构与性质,要防止降解,设计正交试验探索粉碎度、酸度、温度、时间等最佳实验条件。

【注意事项】

1. 柚皮中果胶含量可能会由于产地或成熟度等的不同而有差异。

2. 酸对果胶分子的酯键具有破坏作用,随着作用时间的延长,其破坏性增大,结果会使果胶分子质量逐渐变小，导致果胶的胶凝度下降，质量变差。

3. 水中的钙离子、镁离子对原果胶有一定的封闭作用，使其难以转化成水溶性果胶，所以水的软化处理对柚皮中的果胶提取十分重要。

实验16　植物性多糖的制备及效果研究

【研究背景与意义】

植物多糖又称植物多聚糖，是植物细胞代谢产生的由10个以上单糖聚合而成的多聚合糖。其普遍存在于自然界植物体中，包括淀粉、纤维素、多聚糖、果胶等。一般植物多糖由成百上千个单糖组成，已不具有甜味，其性质与单糖有很大不同。有些植物多糖如淀粉、纤维素、果胶，早已成为人们日常生活的重要组成部分。近年来，进一步研究发现，植物多糖具有特殊的生物活性，如免疫调节、抗肿瘤、抗衰老、降血糖、抗菌、消炎和抗病毒等，且有毒性作用小和不易造成残留等优点。因此，对植物多糖的研究及开发利用引起众多研究者的广泛关注。中国幅员辽阔，自然条件复杂，孕育着丰富的植物资源，为开发利用植物多糖奠定了深厚的物质基础。

【实验内容或知识点】

植物多糖为白色，无甜味，可溶于热水或碱液，难溶于冷水，不溶于正丁醇、丙酮、乙醇、乙酸乙酯、乙醚等有机溶剂。此外，一般植物的细胞壁比较牢固，需要在提取之前进行专门的破细胞操作，具方法主要包括化学处埋、溶胀和自胀、生物酶降解和机械破碎。还有许多植物的种子样品含有较多的脂类物质，因此在提取前应用乙醚、石油醚等溶剂除去脂溶性杂质。

【设计思路及实验目的】

设计思路：选取几种具有消炎作用的植物（如芦荟、甘草、金银花等），对其中的植物多糖进行提取，并进一步测定提取液对不同细菌的灭菌作用，从而为植物多糖的开发利用提供理论依据。

实验目的：了解植物多糖的种类及主要功效；掌握植物中多糖的提取及抗菌活性的测定方法。

【主要实验方法及提示】

1. 植物组织的破碎　包括化学法、机械法及酶法等。

2. 提取　根据植物多糖的溶解性及不同种类原料中含有的干扰物质，选择合适的溶剂进行提取。目前植物多糖的提取方法主要有：热水浸提法、碱浸提法、酶解提取法、微波辅助法及超声波法等。

3. 抑菌效果测定　可采用稀释法或扩散法。

【注意事项】

植物多糖在pH小于5时开始降解，小于3时有20%降解，大于7时氧化速度加剧；当温度大于40 ℃时，分解速度加快。此外，可与部分无机离子、有机离子络合，如与十六烷基三溴化铵、氢氧化钡等结合产生沉淀。因此需注意提取条件的控制。

实验 17　微波辅助法对番木瓜果胶的提取优化

【研究背景与意义】

番木瓜(*Carica papaya* L.)为热带、亚热带常绿软木质大型多年生草本植物,果实长于树上,外形像瓜,故名之木瓜,有“百益之果”、“水果之皇”、“万寿瓜”之雅称,是岭南四大名果之一,具有重要的营养价值、经济价值和医药价值。特别是其中果胶含量可达 10% 以上,果胶具有良好的乳化、增稠、稳定和胶凝作用,在食品、纺织、印染、烟草、冶金等领域得到了广泛应用。同时,果胶还具有抗菌、止血、消肿、解毒、降血脂、抗辐射等作用,还是一种优良的药物制剂基质。有资料表明,全世界果胶年需求量近 2 万 t,仅美国市场就高达 4500 t,预计果胶的需求量将以每年 15% 的速度上升。据不完全统计,我国每年约消耗 1500 t 以上果胶,其中约 80% 靠进口,而进口果胶价格远高于国产果胶。因此,大力发展我国的果胶生产,已显得极为迫切。

【实验内容或知识点】

果胶的基本结构是以 α-1,4 糖苷键连接的聚半乳糖醛酸,其中部分羧基被甲酯化,其余的羧基与钾离子、钠离子、铵离子结合成盐。在果蔬中,尤其是未成熟的水果中,果胶多数以原果胶存在,原果胶通过金属离子桥(如 Ca^{2+})与多聚半乳糖醛酸中的游离羧基相结合。原果胶不溶于水,故用酸水解,生成可溶性的果胶,再进行提取、脱色、沉淀、干燥,即商品果胶。商品果胶为白色或淡黄色无臭无毒粉末状固体,口感黏滑,有吸湿性,与水的亲和力极强,易溶于水且水溶液黏稠,略溶于稀乙醇,几乎不溶于甲醇、乙醇、乙醚等。

微波提取技术主要原理是由于吸收微波能,细胞内部温度迅速上升,使其细胞内部压力超过细胞壁膨胀承受能力,细胞破裂,细胞内有效成分自由流出,在较低的温度条件下由萃取介质捕获并溶解。通过进一步过滤和分离,便获得萃取物料。另外,微波所产生的电磁场加速被萃取部分成分向萃取溶剂界面扩散的速率。用水作溶剂时,在微波场下,水分子高速转动成为激发态,这是一种高能量不稳定状态;或者水分子汽化,加强萃取组分的驱动力;或者水分子本身释放能量回到基态,所释放的能量传递给其他物质分子,加速其热运动,缩短萃取组分的分子由物料内部扩散到萃取溶剂界面的时间,从而使萃取速率提高数倍,同时还降低了萃取温度,最大限度保证萃取的质量。

【设计思路及实验目的】

设计思路:通过资料查阅,合理设计微波法提取果胶的方案,为果胶的提取优化工艺提供理论依据。

实验目的:了解番木瓜的分布及其应用;熟悉果胶的来源、结构、分类、理化性质及用途;掌握微波提取法的原理、优化果胶的提取方法;掌握果胶含量的测定方法。

【主要实验方法及提示】

1. 果胶物质是植物细胞壁成分之一,微波技术是将细胞壁和细胞膜破碎或溶解,以提高药物有效成分或有效部位提取率的物理辐照方法。

2. 选取合理的考查条件,如微波功率、微波时间、料液比等,采用适宜的统计学方法如正交设计试验优化提取因素水平。

3. 目前国内主要的果胶测定方法有:质量法、容量法、滴定法、高效液相色谱法、气相色谱法和比色法等,各有优缺点,结合实验条件选取一种适宜方法即可。

【注意事项】

1. 番木瓜果实样品需进行预处理,并进行无糖反应鉴别。

2. 含量测定公式要明确,最好用干基百分含量表示。

3. 酸对果胶分子的酯键具有破坏作用,水中的钙离子、镁离子对原果胶有一定的封闭作用,实验过程中应注意控制酸度与实验用水。

实验18 穗花杉树皮中紫杉醇的提取、分离与含量测定

【研究背景与意义】

紫杉醇是最早从红豆杉科红豆杉属植物中分离出来的三环二萜类化合物,分子式为$C_{47}H_{51}NO_{14}$,相对分子质量为853.93。研究表明,紫杉醇是一种具有高效、低毒、广谱、作用机制独特的天然抗癌药物,能够有效地治疗晚期乳腺癌、卵巢癌,也可用于治疗肺癌、食管癌、淋巴癌、了宫内膜癌及膀胱癌等,是继阿霉素和顺铂后最热门的抗癌新药,被认为是天然抗癌领域的重大发现。虽然紫杉醇可以从人工合成、真菌发酵、细胞培养及生物合成等途径获得,但这些方法还停留在试验研究阶段,国内外的紫杉醇规模化生产多以红豆杉属植物为原料进行。针对红豆杉资源的严重匮乏的现状,努力开发各种可供提取的原料成为人们关注的重点。

穗花杉[*Amentotaxus argotaenia*(Hance)Pilger,红豆杉科穗花杉属],1883年由Hance命名,因其形态结构和化学成分特殊,一直受到国内外学者的广泛关注。属第三世纪古热带植物区系的残遗成分,产于我国7个省区,最西分布于西藏墨脱,最东达广东的连山和罗浮山,最北止于甘肃文县,最南延伸入越南,呈明显的间断局限分布态势,也是优美的庭园观赏树种。作为红豆杉近缘植物,探明其紫杉醇含量,对促进紫杉醇资源的开发利用具有重要意义。

【实验内容或知识点】

紫杉醇外观为白色针状结晶或无定形粉末,无臭、无味,易溶于氯仿、丙酮等有机溶剂,而不溶于石油醚、正己烷等溶剂,在水中溶解度很小,几乎不溶解且紫杉醇热稳定性低。紫杉醇在原料中含量极低,结构类似物多,受温度、有机溶剂、酸、碱等环境条件的影响,易降解或异构生成其他紫杉烷类物质;温度较高时也会发生降解反应,生成相应的小分子物质。因此,在提取、分离过程中需考虑操作条件是否温和,要保证提取、纯化过程中目标产物不降解;确保分离方法的选择性好、专一性高,能从复杂的混合物中有效地将目标物质分离出来,从而达到一定的纯度;分离目标产物的回收率要高,尽量避免产物损失;分离技术要快速简捷,可满足高产率的需要。

【设计思路及实验目的】

设计思路：根据穗花杉与红豆杉的亲缘关系，探明穗花杉中是否含有紫杉醇；查阅资料，在前人大量研究红豆杉中紫杉醇的提取、分离纯化、含量测定的基础上，合理设计方案，优化紫杉醇的提取、分离，并初步测得穗花杉树皮中紫杉醇含量。

实验目的：了解穗花杉的分类学地位与分布；了解紫杉醇的结构、理化性质、来源、需求与应用；掌握紫杉醇提取、分离及含量测定方法。

【主要实验方法及提示】

1. 将有机溶剂提取法与超声法、微波法及超临界流体萃取法等技术结合对原料中的萜类物质进行初级提取。

2. 利用薄层层析或色谱技术与标准品比较鉴定初级提取物中是否含有紫杉醇及确定大概含量。

3. 设计正交试验确定最佳提取条件。

【注意事项】

1. 紫杉醇不太稳定，易受环境条件影响发生异构或降解，在高温条件下可使其分解，样品提取、浓缩、干燥等过程中应避免高温，温度控制是很关键的因素，因为紫杉醇是热敏性物质，含多酯键，不耐高温，在温度高于 55 ℃时易发生降解。

2. 提取、分离、纯化应连续操作，以避免放置时间过长导致紫杉醇的破坏与损失。

3. 穗花杉枝叶、树皮中含有叶绿素，可影响样品的测定，样品若采用活性炭除叶绿素时，要注意在吸附过程中是否会造成紫杉醇的损失。

【讨论思考】

紫杉醇在红豆杉、穗花杉等原植物中含量极低，但市场需求量大，除了直接从天然或人工栽培的植物材料中提取外，还有哪些途径可解决这一资源的短缺问题？

实验 19　苦丁茶中熊果酸的提取、分离与含量测定

【研究背景与意义】

苦丁茶为药食两用中药，药用历史悠久。《本草纲目拾遗》记载“兼能逐风，活血，绝孕如神”。近代药理实验研究表明，苦丁茶具有可降脂减肥、降压、抗生育、消炎杀菌等功效。苦丁茶主要化学成分是黄酮类和皂苷类，其中熊果酸含量较高，活性较强。研究表明，熊果酸具有镇静、抗炎、抗菌、抗溃疡、降低血糖等多种生物学效应，因而被广泛地用作医药和化妆品原料。体内实验证明，熊果酸可以明显增强机体免疫功能。近年来还发现，熊果酸具有抗致癌、抗促癌、诱导 F9 畸胎瘤细胞分化和抗血管生成作用。此外，熊果酸还可作为苦丁茶质量评价指标。

目前称作苦丁茶或作为苦丁茶使用的品种很多，其原植物有 9 科 25 种之多。全国有许多

苦丁茶商品流通，但品种混乱，质量参差不齐。苦丁茶中熊果酸的提取、分离及含量测定对苦丁茶的进一步开发利用及品质评价均有重要意义。

【实验内容或知识点】

熊果酸是存在于天然植物中的一种五环三萜类化合物，高含量为有光泽的棱柱状（无水乙醇）或细毛样针状结晶（稀乙醇），低含量为棕黄色或黄绿色粉末，具特殊的气味。易溶于二氧六环、吡啶，溶于甲醇、乙醇、丁醇、丁酮，略溶于丙酮，微溶于苯、氯仿、乙醚，不溶于水和石油醚。

【设计思路及实验目的】

设计思路：取不同品种的苦丁茶，对其中的熊果酸进行提取、分离，并确定其含量。以此作为苦丁茶进行品种鉴定的依据。

实验目的：了解苦丁茶的来源、分布与功效；熟悉熊果酸的来源、结构、理化性质与生物学活性；掌握熊果酸的提取、分离及含量测定方法。

【主要实验方法及提示】

1. 取不同来源的苦丁茶若干种。
2. 熊果酸提取方法较多，如醇回流提取法、渗漉法、超临界萃取法、超声波法、常温超高压法、沉淀吸附法等，通过资料查阅，设计合理提取、分离优化方案。
3. 参考《中国药典》中熊果酸的测定方法对熊果酸进行定量。
4. 根据熊果酸的含量对不同来源的苦丁茶给出合理评价。

【注意事项】

1. 实验中若用乙醇、乙醚等有机溶剂回流提取时，应规范安全操作，避免着火。
2. 苦丁茶的品种、产地、采收期、加工方法、储存时间等的不同均可能导致其熊果酸含量的变化，实验方案设计中应予考虑。

实验20 植物挥发油的提取与含量测定

【研究背景与意义】

挥发油又称精油，是存在于植物中的一类具有芳香气味、可随水蒸气蒸馏出来而又与水不相混溶的挥发性油状成分的总称。含挥发油的中草药非常多，也多具芳香气，尤以唇形科（薄荷、紫苏、藿香等）、伞形科（茴香、当归、芫荽、白芷、川芎等）、菊科（艾叶、茵陈蒿、苍术、白术、木香等）、芸香科（橙、橘、花椒等）、樟科（樟、肉桂等）、姜科（生姜、姜黄、郁金等）等科更为丰富。

挥发油为一混合物，其组分较为复杂，以萜类成分多见，另外尚含有小分子脂肪族化合物和小分子芳香族化合物。含挥发油的中草药或提取出的挥发油大多具有发汗、理气、止痛、抑菌、矫味等作用。提取植物挥发油不仅对香料食品工业、日用化妆品工业的生产具有实用价值，而且对人类保健也有十分重要的意义。

【实验内容或知识点】

挥发油是由多种化学成分组成的混合物,故多数无确定的沸点与凝固点。在低温时,挥发油中常可有固体物质(为油的组成之一)析出,如薄荷油中析出薄荷醇,桂皮油中析出桂皮醛,樟油中析出樟脑等。此外,大多数挥发油无色或淡黄色;大多数挥发油比水轻,仅少数挥发油比水重,如丁香油、桂皮油等,相对密度一般在 0.850~1.180;难溶于水,能完全溶解于无水乙醇、乙醚、氯仿、脂肪油中;各种挥发油均具一定的旋光性与折光率,折光率是挥发油质量鉴定的重要依据,一般挥发油的折光率在 1.450~1.560。

【设计思路及实验目的】

设计思路:一般情况下,主要通过水蒸气蒸馏法和压榨法制取精油。查阅文献,根据所选材料及其所含挥发油的种类、性质,设计合理提取方法及实验条件;将中草药中所含挥发油随水蒸气共同蒸馏出来,收集在标准测定器中,计算其百分含量。

实验目的:了解挥发油的化学组成、理化性质通性;掌握挥发油的提取方法和含量测定方法;熟悉挥发油的质量鉴定和挥发油中化学成分的定性鉴别。

【主要实验方法及提示】

1. 提取是植物挥发油生产中比较重要的工序,提取工艺是否合理、溶剂选择是否恰当,直接关系到产品的产量和质量,也影响后面工序的进行。常用的提取方法有传统的水蒸气蒸馏法、溶剂提取法、油脂吸收、压榨法等,也有现代的酶反应法、微波辅助提取法、超声波辅助提取法、超临界流体萃取法等。
2. 挥发油含量测定主要原理及常用方法与仪器在中国药典中均有规定。

【注意事项】

1. 提取挥发油完毕时,需待油水完全分离后,再将油放出。
2. 挥发油有重油、轻油之分,使用什么提取器依情况而定。

实验 21 原花青素的提取与精制

【研究背景与意义】

原花青素,是一种有着特殊分子结构的生物类黄酮,在结构上,原花青素是由不同数量的儿茶素或表儿茶素结合而成。最简单的原花青素是儿茶素、表儿茶素或儿茶素与表儿茶素形成的二聚体,此外还有三聚体、四聚体等直至十聚体。按聚合度的大小,通常将 2~5 聚体称为低聚原花青素(简称 OPC),将 5 聚体以上的称为高聚原花青素(简称 PPC)。OPC 是目前国际上公认的清除人体内自由基最有效的天然抗氧化剂。多数为蓝莓叶、葡萄籽等的提取物,其为红棕色粉末,味涩,溶于水和大多有机溶剂。实验证明,OPC 的抗自由基氧化能力是维生素 E 的 50 倍,维生素 C 的 20 倍,并吸收迅速完全,口服 20 min 即可达到最高血液浓度,代谢半衰期达

7 h之久。最新研究表明,蓝莓叶中的提取物——原花青素可阻止丙肝病毒复制。随着对OPC研究的深入,其在医药、食品、日用化学品等领域的应用日益广阔。因此,研究OPC的提取与精制具有重要意义。

【实验内容或知识点】

原花青素的提取方法主要有传统有机溶剂提取、水提取、超临界流体萃取、微波提取、双水相萃取等方法;原花青素的精制方法主要有液相萃取法、柱层析法、固相萃取法、凝胶色谱法、微生物发酵法、高速逆流色谱法、分子烙印技术等。

【设计思路及实验目的】

设计思路:通过查阅资料,建立原花青素的提取与精制工艺,为开发纯天然抗氧化剂提供理论依据;测定所选材料中原花青素的含量。

实验目的:了解原花青素的来源、结构、理化性质及用途;掌握原花青素的提取与精制方法;熟悉原花青素的含量测定方法。

【主要实验方法及提示】

1. 样品提取前一般要经过粉碎,通常较细的粉末有利于提取,但过细时提取率反而会降低。

2. 应结合所选实验材料、具有的实验设备、得率高低等具体实验情况,选取最适宜提取方法,并对提取溶剂、提取温度、固液比、提取次数等进行优化。

3. 原花青素的精制目前常采用的主要是柱层析法,需对柱层析的固定相、流动相、流速等精制工艺进行优化筛选。

【注意事项】

1. 植物材料中原花青素的提取率和材料的状况与提取条件密切相关。植物材料的储存、干燥、粉碎度,提取溶剂、温度等都可能导致原花青素化学结构的变化和提取率的改变,从而改变原花青素的理化性质和生物活性。

2. 当测定原材料中的原花青素含量时,原材料储存时间长,可能会导致测定结果降低。同时样品中的水分含量也会导致测定结果降低。而且干燥条件的不同也会导致提取率的变化,最好是采用冷冻干燥,避免高温。

3. 当植物样品中铁等金属离子含量较大时,原花青素在中性条件下与金属离子发生络合沉淀,沉积在纤维中不利于提取。此时也必须采用酸化溶剂,一方面断裂原花青素与蛋白质、多糖间及本身离子间的氢键和疏水键;另一方面断裂原花青素-金属离子络合键,提高提取率。

实验22 阴香果实花色苷体外抗氧化活性研究

【研究背景与意义】

花色苷类色素是一类为人们所熟悉的天然色素,对大量植物及其制品的色泽起着主要作用。花色苷类色素不仅颜色艳丽，而且具有预防和治疗疾病的功能，因此，国内外对可以作为食用色素和功能食品原料的各种植物花色苷类物质进行了大量研究。目前，花色苷已广泛应用于果酱、果汁、饮料、糖果等食品，花色苷也具有抗氧化、抗过敏、抗辐射、增加机体免疫力等多种生物活性，许多国家已将花色苷用于疾病治疗及保健品和化妆品领域。

阴香(*Cinnamomum burmannii*)又名山玉桂、野玉桂、香胶叶，为属樟科的一种常绿乔木，分布于海南、广东、云南等，是一种用途广泛的经济林木，阴香树的结果率高、果实产量大，果肉富含花色苷，开发潜力大，然而这一宝贵天然资源尚未得以开发而被废弃。本实验研究阴香果实花色苷的体外抗氧化活性，为这一废弃资源的开发利用提供依据。

【实验内容或知识点】

花色苷是自然界中广泛存在于植物的花、果实、种子和叶片中的水溶性天然色素，属黄酮多酚类化合物。花色素又称“花青素”，是指不带有糖苷的母体，接上各种糖基后，则称花色苷，花色苷是花色素的衍生物。花色素是植物中一大类次生代谢产物，存在于细胞液泡中，以糖苷形式存在。自然界呈现万紫千红颜色，均是花色苷所致，而其生理作用取决于母体花色素，但花色苷可提高花色素的溶解性。

花色苷抗氧化的途径主要有：①抑制自由基的产生或直接清除自由基，花色苷清除自由基的功能主要和它分子中的羟基有关，特别是 3-位或 3′-、4′-、5′-位羟基有关；②激活抗氧化酶体系，通过激活过氧化物歧化酶、过氧化氢酶、谷胱甘肽过氧化物酶等来达到抗氧化效果，而抗氧化酶的重要生理功能也源于其对自由基的清除作用；③与诱导氧化的过渡金属络合，可以直接降低 LDL 的氧化程度，也可抑制芬顿反应起到抑制活性氧自由基产生的作用。

【设计思路及实验目的】

设计思路：查阅资料，明确提取、分离阴香果实花色苷的最优方法；重点考查提取物的体外抗氧化活性；结合常用抗氧化活性评价标准及阴香色苷理化性质，合理设计实验方案。

实验目的：了解花色苷的结构、性质、活性及应用；熟悉阴香果实花色苷的提取、分离方法；掌握阴香花色苷抗氧化活性研究方法。

【主要实验方法及提示】

花色苷具抗氧化活性，但是不同植物具有不同结构的花色苷，而不同结构的花色苷具有不同的抗氧化能力，即不同植物品种的花色苷其抗氧化功能是不同的。抗氧化剂的活性包括生物体内与生物体外的活性，本实验重点考查阴香果实花色苷体外抗氧化活性，主要应包括还原力测定、羟基自由基(·OH)的清除效果、抑制亚油酸等过氧化功能、对 1,1-二苯基-2-三硝基苯肼(DPPH)自由基的清除效果等内容。

【注意事项】

花色苷稳定性差，除受其结构影响外，还易受 pH、温度、光、氧、酶、金属离子等多种因素影响，实验过程中应予充分考虑。

实验 23　不同药食两用植物抗氧化能力的比较

【研究背景与意义】

药食两用植物是指既可食用又能作为中药材防病治病的植物。药食两用植物经过多年,甚至数百年、数千年食用而被证实对人体有益无害,适合普通人群长期食用。中国素有"药食同源、药食同理、药食同用"的传统思想和悠久历史,2002 年 2 月 8 日国家卫生和计划生育委员会(原卫生部)公布的《关于进一步规范保健食品原料管理的通知》中,对药食两用植物、可用于保健食品的物品和保健食品禁用物品作出具体规定。国内外文献报道,药食两用植物内富含酚类、类黄酮及单宁等抗氧化成分,是天然抗氧化成分的主要来源,但不同的种类,抗氧化成分的种类及含量不尽相同。对药食两用植物的抗氧化特性进行研究,一方面可为寻找新的抗氧化物质提供参考;另一方面可为其进一步开发利用提供理论依据。

【实验内容或知识点】

药食两用植物内富含的酚类、类黄酮及单宁等是其抗氧化的主要成分。其抗氧化能力的强弱可通过清除 2,2-二苯代苦味酰基自由基(DPPH·)、超氧阴离子自由基(O_2^-·)、羟自由基(HO·)及总抗氧化能力的方法进行测定。

【设计思路及实验目的】

设计思路:选取几种本地民间经常使用的药食两用植物,对其中的有效成分进行初步提取,并进一步测定提取液的抗氧化性能,从而为植物资源的开发利用提供理论依据。

实验目的:了解本地药食两用植物资源的种类及主要功效;掌握药食两用植物中有效成分的提取及抗氧化活性的测定方法。

【主要实验方法及提示】

1. 植物组织的破碎　主要以机械破碎为主(研磨法)。

2. 提取　根据测定成分采取水或乙醇溶液进行有效成分的提取。

3. 抗氧化能力的测定　测定提取液对羟自由基(OH·)、超氧阴离子自由基(O_2^-·)和 2,2-二苯代苦味酰基自由基(DPPH·)等的清除能力及总抗氧化能力进行测定。

【注意事项】

选择不同的药食两用植物时需注意其生长期、可食部分及传统的食用方法。

实验 24　玉米蛋白粉制备抗氧化肽及其抗氧化特性的分析

【研究背景与意义】

随着现代社会的发展,人体内自由基引起机体损伤变性,导致机体各种疾病产生,已经引起人们的重视。抗氧化剂的消费量越来越大，但生产量最大的化学抗氧化剂因其毒性作用正逐步使其受到限制，而一些天然抗氧化剂也受到了原料、价格、颜色及其他一些因素制约。在此背景下，各种原料生产的抗氧化肽以其分子质量小、易吸收、活性强等特点而日益受到人们的重视，其能有效清除体内过剩的活性氧自由基，保护细胞和线粒体的正常结构和功能，防止脂质过氧化的发生，在医药、化妆品、保健品和食品与饲料添加剂等方面有广阔的应用前景。

玉米蛋白粉是玉米淀粉生产中的副产物，大约含有 60% 的蛋白质，但由于其组成复杂、口感粗糙、水溶性差等特点严重限制了它在食品工业中的应用。通过酶解技术水解玉米蛋白粉获得的可溶性寡肽，不仅易被人体吸收，而且具有特殊的抗氧化活性，这为玉米蛋白粉的开发利用提供了新的思路。

【实验内容或知识点】

抗氧化肽是生物活性肽的一种，其生产和来源方式主要包括三个方面：从天然生物体中直接提取、利用生物酶解法从动植物蛋白中获得、化学定向合成。其中生物蛋白酶降解法是获得食品级生物活性肽的常用方法。一方面由于酶解在比较温和的条件下进行，可以很好地保存氨基酸的营养价值，安全性高；另一方面通过控制酶解时间、加酶量、温度条件、pH，实现可控酶解，增加目的肽段的产生，对于多肽实现工业产生具有非常大的价值。特别是将微生物产酶和酶水解工艺同时进行，不仅降低了成本，且微生物产生的端肽酶对肽末端具修饰作用，使制得的肽不但没有苦味，还具有发酵的天然芳香味。

常用的体外抗氧化的测定方法有：总氧自由基的清除法、还原能力法、羟自由基清除法、超氧化自由基清除法和脂质过氧化法等。每种方法的反应原理和反应环境各不相同。

【设计思路及实验目的】

设计思路：首先将玉米蛋白粉进行粉碎处理，然后对其进行热变性处理，选择合适的蛋白酶或产酶微生物在一定条件下进行酶解，进一步将酶解产物采取合适的方法分析其抗氧化性能。最终将玉米蛋白粉开发成具有特殊生理作用的生物活性肽。

实验目的：掌握利用动植物蛋白生产生物活性肽的原理和基本方法；学习抗氧化肽清除 O_2^- · 和 OH · 能力的测定的基本原理与方法。

【主要实验方法及提示】

1. 蛋白质降解产生抗氧化肽的方式主要包括酸碱水解法、酶水解法、发酵法。酸碱水解制备活性肽会对氨基酸产生破坏作用，且水解产物分子组成差异大，生产费用高，因此该法已逐步被淘汰。酶水解法是利用蛋白水解酶在一定条件下催化水解蛋白质，降解成不同链长的小分子多肽，与酸碱水解反应相比，酶水解法具有条件温和、易于控制、专一性较强、副产物少等优点，因此酶解法应用最多。

2. 查阅文献，了解抗氧化钛的抗氧化性及其原理选择合适的方法对其抗氧化性能进行测定。

3. 实验过程包括实验材料的预处理；发酵法或酶解法将蛋白质分解，优化相应的实验条件；对酶解产物的抗氧化性能进行分析，得出结论。

【注意事项】

抗氧化肽是生物活性肽的一种,因此在制备过程要注意条件的控制以保持其活性。

实验 25　天然植物色素提取及其稳定性研究

【研究背景与意义】

天然色素(natural pigment)是由天然资源获得的食用色素,主要是从动物和植物组织及微生物培养中提取,其中植物性着色剂占多数。天然植物色素作为食品着色剂已有悠久的历史,我国古代的《食经》和《齐民要术》等书中就在关于利用天然植物色素给酒和食品着色的记载。作为重要的食品添加剂,它不仅广泛应用于饮料、糖果、糕点、酒类等消闲食品,也应用于医疗保健产品。绝大多数天然植物色素无不良反应,安全性高,已逐渐取代化学合成色素。天然色素的开发与应用已成为各行业科技工作者普遍关注的课题,人们试图从各种动植物资源中获取天然色素,同时探索其生理活性,来缓解并解决由合成色素所带来的各种问题。但是由于天然色素色泽不稳定,严重制约了天然色素代替人工合成色素的进程。因此,对天然色素的提取及稳定性研究具有重要意义。

【实验内容或知识点】

植物色素类(phytochromcs)在中草药中分布很广,主要有脂溶性色素与水溶性色素两类。前者存在于叶绿体,与光合作用有关,如叶绿素;后者存在于液泡中,特别与花朵的颜色有关,如花青素属黄酮类物质。

脂溶性色素主要为叶绿素、叶黄素与胡萝卜素,三者常共存;此外尚有藏红花素、辣椒红素等。除叶绿素外,多为四萜衍生物。这类色素不溶于水,难溶于甲醇,易溶于高浓度乙醇、乙醚、氯仿、苯等有机溶剂。胡萝卜素在乙醇中也不溶。叶绿素等在制备中草药制剂或提取其他有效成分时常需作为杂质去除,以使药物纯化,中草药(特别是叶类、全草类)的乙醇提取液中含有大量叶绿素,可在浓缩液中加水使之沉出,也可通过氧化铝、碳酸钙等吸附剂而除去。

水溶性色素主要为花色苷类,又称花青素,普遍存在于花中。溶于水及乙醇,不溶于乙醚、氯仿等有机溶剂,遇乙酸铅试剂会沉淀,并能被活性炭吸附,其颜色随 pH 的不同而改变。花色苷在制备中草药制剂或提取有效成分时,常作为杂质被去除。

【设计思路及实验目的】

设计思路:选取合适植物材料,通过资料查阅,确定色素提取、分离方法;结合生产工艺或生活实际使用条件选取合理的稳定性考查因子,为解决天然植物色素在生产与使用中的稳定性提供依据。

实验目的:了解天然植物色素的种类、分布与应用;熟悉天然植物色素常见提取分离方法;掌握影响天然植物色素稳定性的常见影响因子及考查方法。

【主要实验方法及提示】

1. 选取植物色素材料主要有以下三类：①人工种植植物，如辣椒、甜菜、姜黄、红花、黑米等；②农产品副产物或废弃物，如高粱壳、橘皮等；③野生植物浆果，如桑椹、茜草、阴香等。

2. 植物色素的提取方法不一，有浸提法、酶反应法、压榨法、熬煮法、超声提取法、微波提取法、超临界流体萃取法、多级或连续浸取技术、高压提取技术、酶法辅助提取技术等，绝大多数天然色素都可采用浸提法提取。

3. 影响天然色素的因素主要有光照、pH、糖类、氧化剂、还原剂、盐类、介质极性等。

【注意事项】

在色素提取过程中应结合所选植物材料的色素性质，尽量选取提取率高、产品质量好、回收率高、操作简便可控的提取方法。

实验 26　植物色素的提取及抑菌作用研究

【研究背景与意义】

天然色素是食品添加剂的一个重要组成部分，它可以改善食品色泽，增加营养并能提高安全性，是食品加工中决定食品质量的关键因素之一，另外在化妆品和医药工业中也有广泛的用途。天然色素来自天然物质，现今主要由植物组织中提取，也包括来自动物和微生物的一些色素。天然色素具有安全、健康的特点，许多还具有一定的营养价值和药理功能。

我国幅员辽阔，地理位置特殊，有寒带、温带、亚热带、热带地区，植物资源丰富，品种多，许多品种产地都比较集中，南北部地区有许多天然色素生产的原料，都可以开发利用。大量的研究表明，天然色素不仅无毒安全，还有非常重要的保健、营养及药理作用。因此，植物色素的开发利用成为近些年来的研究热点。

【实验内容或知识点】

色素的提取主要有下列方法：溶剂提取法、萃取法、酶法、压榨法、粉碎法、组织培养法、微生物发酵法及人工合成法等。目前绝大多数品种的天然色素是采用直接提取方法生产的。研究表明，天然色素不仅无毒安全，还有非常重要的保健、营养及药理作用，特别是其具有的抑菌效果使其作为天然的防腐剂成为可能。

【设计思路及实验目的】

设计思路：选取几种民间常见的植物果实或种皮等，根据其中含有天然色素的种类及色素的基本性质选择合适的提取方法。并尝试用色素提取液对几种微生物，如大肠杆菌、枯草杆菌、青霉和黑曲霉等进行抑制实验，得出抑制效果，从而为植物资源的开发利用提供理论依据。

实验目的：了解植物色素的种类、性质及应用情况；掌握植物色素的提取及抑菌效果的测定方法。

【主要实验方法及提示】

1. 植物色素的提取、分离:根据植物中所含色素的种类、性质确定具体方法。
2. 抑菌效果测定:可采用稀释法或扩散法。

【注意事项】

1. 色素类一般稳定性差,因此无论是提取色素的原料还是色素提取液均不宜放置太久,后者还需密封避光,否则会影响抑菌效果。

2. 色素溶液中主要抑菌成分经常与其他抑菌或增效成分共存,因此在提取时应避免损失其他有效成分。

实验 27 蛋白质不同测定方法的对比

【研究背景与意义】

蛋白质是奶粉营养成分分析必需检测的项目之一,蛋白质含量高低是衡量奶粉质量高低的一个重要指标。目前,凯氏定氮法是国家标准规定的测定奶粉中蛋白质含量的方法。然而,该法测定是奶粉中的粗蛋白(总蛋白),不能够区别蛋白氮和非蛋白氮。因此,一些商人非法向乳或乳制品中添加非蛋白含氮物以提高其中的蛋白质总量。这给人们的身体健康带来严重的危害,特别是在“三聚氰胺”事件发生后,人们对于奶粉质量安全问题更加关注。快速、简单测定奶粉中“真蛋白质”含量,尤为重要。

【实验内容或知识点】

测定蛋白质常用的方法有凯氏定氮法、双缩脲法、考马斯亮蓝法和 Folin-酚法等,但是这些方法易受非蛋白氮、乳糖和脂肪等多种因素的影响,不能准确测出奶粉中蛋白质的含量。本实验内容是在掌握和理解各种蛋白质测定方法原理的基础上将蛋白氮与非蛋白氮分离,最终准确测定“真蛋白质”的含量。

【设计思路及实验目的】

设计思路:可利用蛋白质为大分子物质或其与有机溶剂发生沉淀的特性将蛋白氮与非蛋白氮分离,测定分离后的蛋白氮。

实验目的:掌握各种蛋白质含量的测定方法的原理及实验过程;了解各种蛋白质含量测定方法的优缺点;建立一种快速简便的测定奶粉中真实蛋白质含量的方法。

【主要实验方法及提示】

蛋白质的水溶液是一种比较稳定的亲水胶体,这是因为蛋白质颗粒表面带有很多极性基团,它们与水高度亲和,当蛋白质与水相遇时,就会在蛋白质表面形成水化膜。水化膜的存在使蛋白质颗粒比较稳定地存在于溶液中,而不发生沉淀。当某些物理化学因素破坏了蛋白质表面的水化膜或中和了蛋白质电荷,则蛋白质胶体溶液就不稳定,而出现沉淀现象。本实验可利用蛋白质的这一特性,将蛋白质与非蛋白质分离开来,继而测定其中蛋白质的含量。

【注意事项】

多种物质可造成蛋白质发生沉淀,在选择使用蛋白质沉淀的物质时,要避免造成非蛋白氮含量偏低,而"真蛋白质"含量偏高的现象。

实验 28 植物组织中维生素 C 含量测定方法的比较研究

【研究背景与意义】

维生素 C(V_C)又称 L-抗坏血酸,是高等灵长类动物与其他少数生物的必需营养素。V_C 在大多的生物体可借新陈代谢制造出来,但是人类是最显著的例外,缺乏 V_C 会造成坏血病。在生物体内,V_C 是一种抗氧化剂,保护身体免于自由基的威胁,V_C 同时也是一种辅酶。其广泛的食物来源为各类新鲜蔬果。V_C 可促进骨胶原的生物合成,利于组织创口的更快愈合;促进氨基酸中酪氨酸和色氨酸的代谢,延长机体寿命;改善铁、钙和叶酸的利用;改善脂肪和类脂特别是胆固醇的代谢,预防心血管疾病;促进牙齿和骨骼的生长,防止牙床出血;增强机体对外界环境的抗应激能力和免疫力。准确测定 V_C 的含量,对饮食健康、医疗保健都具有十分重要的意义。

【实验内容或知识点】

V_C 是一种含有 6 个碳原子的酸性多羟基化合物,分子式为 $C_6H_8O_6$,相对分子质量为 176.1。天然存在的抗坏血酸有 L 型和 D 型 2 种,后者无生物活性。V_C 呈无色无臭的片状晶体,易溶于水,不溶于脂溶剂。在酸性环境中稳定,遇空气中氧、热、光、碱性物质,特别是有氧化酶及痕量铜、铁等金属离子存在时,可促进其氧化破坏。氧化酶一般在蔬菜中含量较多,故蔬菜储存过程中 V_C 都有不同程度的流失。但在某些果实中含有的生物类黄酮,能保护其稳定性。

目前研究 V_C 测定方法的报道较多,有关 V_C 的测定方法如荧光法、2,6-二氯靛酚滴定法、2,4-二硝基苯肼法、光度分析法、化学发光法、电化学分析法及色谱法等,各种方法对实际样品的测定均有满意的效果。

【设计思路及实验目的】

设计思路:选取合适的富含 V_C 的新鲜蔬果,通过测定以明确其 V_C 含量;选取三种常见的测定 V_C 含量的方法,通过对所选新鲜果蔬 V_C 含量的测定,综合比较各种测定方法的优缺点及适用范围。

实验目的:了解国内 V_C 含量测定方法及其应用方面的现状及发展态势;掌握三种常见的 V_C 含量测定方法;了解 V_C 的来源、结构、理化性质;了解不同 V_C 含量测定方法的原理及优缺点。

【主要实验方法及提示】

V_C 含量测定方法主要分为以下几类:①滴定法,包括2,6-二氯靛酚滴定法、碘量法、电位滴定法等;②分光光度法,包括2,4-二硝基苯肼法、钼蓝比色法等;③高效液相色谱法,是目前发展较快的一种方法,发展前景较好;④其他方法,如荧光法、薄层扫描法、近红外漫反射光谱分析法等。

【注意事项】

1. 大多数植物组织内含有一种能破坏抗坏血酸的氧化酶,因此,V_C的测定应采用新鲜材料,并尽快实验,否则 V_C 含量会降低。

2. 某些果胶含量高的样品不易过滤,可采用抽滤的方法,也可先离心,再取上清液过滤。

3. V_C易受多种理化因素影响而被破坏,实验过程中应合理保存 V_C样品。

第三部分　分子生物学与基因工程

第5章　综合性实验

实验29　植物总DNA的提取(CATB法)、纯化和检测

【研究背景与意义】

DNA提取是分子生物学研究的基础技术,传统的植物总DNA提取与纯化,主要为十二烷基硫酸钠(SDS)法和十六烷基三甲基溴化铵(CTAB)法。SDS法以阴离子强表面活性剂SDS为提取缓冲液的主要成分,通常配以蛋白酶K和抗氧化剂、螯合剂一起使用,此法较为简易,提取的为全基因组DNA,纯度较高,但过程长,有蛋白质污染的可能。CTAB法中的提取缓冲液重要成分为CTAB,在高盐下能与核酸结合形成可溶、稳定的复合物,而在低盐浓度下则成为可沉淀DNA的表面活性剂。CTAB法是提取植物总DNA的经典方法,简便、快速、效果较好,污染少,产量高,多用于核基因组提取。

近年来出现了以螯合树脂、特异性DNA吸附膜、离子交换纯化柱及磁珠或玻璃粉吸附等技术为基础的DNA提取新方法。目前国内外针对不同材料来源设计开发了多种商品化的DNA提取试剂盒,其操作简单、高效、DNA质量较高,但价格较高、提取量较少。

【实验目的】

学习植物DNA提取的原理和主要方法;掌握CTAB法快速抽提高等植物总DNA;学习DNA的电泳法和分光光度法检测其纯度并理解其原理。

【实验原理】

CTAB是一种阳离子去污剂,植物材料在CTAB的处理下,结合65 ℃水浴使细胞裂解、蛋白质变性、DNA被释放出来。CTAB与核酸形成复合物,此复合物在高盐(>0.7 mmol/L)浓度下可溶,并稳定存在,但在低盐浓度(0.1~0.5 mmol/L NaCl)下CTAB-核酸复合物就因溶解度降低而沉淀,而大部分的蛋白质及多糖等仍溶解于溶液中。经离心弃上清后,CTAB-核酸复合物再用70%~75%乙醇浸泡可洗脱掉CTAB。再经过氯仿/异戊醇(24∶1)抽提去除蛋白质、多糖、色素等来纯化DNA,最后经异丙醇或乙醇等DNA沉淀剂将DNA沉淀分离出来。

琼脂糖凝胶电泳是分离和纯化DNA片段的常用技术。把DNA样品加入到包含电解质的多孔支持介质(琼脂糖凝胶)的样品孔中,并置于静电场上。由于DNA分子的双螺旋骨架两侧带有含负电荷的磷酸根残基,因此在电场中向正极移动。在一定的电场强度下,DNA分子的迁移速度取决于分子筛效应。具有不同的相对分子质量的DNA片段泳动速度不一样,因而可依据DNA分子的大小来使其分离。凝胶电泳不仅可分离不同分子质量的DNA,也可以分离相对

分子质量相同,而构型不同的 DNA 分子。在电泳过程中可以通过示踪染料或相对分子质量标准参照物和样品一起进行电泳而得到检测。相对分子质量标准参照物相对可以提供一个用于确定 DNA 片段大小的标准。在凝胶中加入少量溴化乙锭(ethidium bromide, EB),其分子可插入 DNA 的碱基之间,形成一种络合物,在 254~365 nm 波长紫外光照射下,呈橘红色荧光,因此也可对分离的 DNA 进行检测。

DNA 的纯度检测可利用其碱基具有紫外光吸收性质而采用紫外分光光度计法。核酸在紫外光谱区有一条典型的吸收曲线,其吸收高峰在 260 nm 处,蛋白质在紫外区的吸收高峰在 280 nm 处,所以可根据吸收光谱数据来鉴定核酸的纯度和含量。纯净 DNA 的 A_{260}/A_{280} 值为 1.8,RNA 为 2.0,若比值高于 1.8,说明 DNA 样品中的 RNA 尚未除尽,若比值降低则说明样品中含有酚和蛋白质。纯度较高时根据读出的 A_{260} 值可计算样品的双链 DNA 含量:DNA(mg/mL)= 50 ×A_{260}读数 × 稀释倍数/1000。

【实验试剂与器材】

材料:大蒜或水稻种子。

试剂:

DNA 提取缓冲液:山梨醇 31.85 g、Tris 6.05 g、EDTA 0.84 g 溶于 ddH_2O,调 pH 7.5,定容至 500 mL。

CTAB 缓冲液:NaCl 58.5 g、Tris 12.1 g、CTAB 10 g 溶于 ddH_2O,调 pH 7.5,定容至 500 mL。

氯仿/异戊醇:24∶1。

TE 缓冲液:Tris 0.605 g、EDTA-Na_2 0.186 g 溶于 ddH_2O,调 pH 8.0,定容至 500 mL。

RNase A 溶液(DNA free):RNase A 10 mg,1mol/L Tris-HCl 10 μL,2.5 mol/L NaCl 6 μL,ddH_2O 补足 1 mL。100 ℃水浴 15 min,-20 ℃保存。

10×TBE:Tris 60.5 g、硼酸 27.5 g、EDTA-$Na_2$1.86 g 溶于 ddH_2O,定容至 500 mL。

其他试剂:5% Sarkosyl (十二烷基肌酸钠)、70%乙醇。

仪器:离心机、水浴锅、研钵、微量移液器、紫外分光光度计、试管等。

【实验步骤】

1. 植物 DNA 提取与纯化

(1) 将植物材料(如大蒜、水稻等)浸种 5 h,7~8 ℃处理 4 天,室温暗环境培养约 8 天,剪取黄化苗(可于-20 ℃保存)。

(2) 称取 2 g 黄化苗于预冷研钵中,加液氮,研磨成粉末(可重复 1~2 次以充分研磨)。

(3) 将粉末倒入 50 mL 离心管中,加 7.5 mL 预冷的 DNA 提取缓冲液,振摇混匀。

(4) 加入 7.5 mL CTAB 缓冲液、3 mL 5% Sarkosyl,混匀,65 ℃水浴 30 min。

(5) 冷却后加入 9 mL 苯酚、9 mL 氯仿/异戊醇,混匀,4 ℃,10 000 r/min 离心 10 min。

(6) 取上清,加入 15 mL 氯仿/异戊醇,混匀。4 ℃,10 000 r/min 离心 15 min。

(7) 取上清,加入一倍体积预冷的异丙醇,缓慢翻转离心管混匀,-20 ℃沉淀 2 h。

(8) 用毛细管小心挑出絮状 DNA(勿断),70%乙醇轻轻冲洗,干燥后(最好用真空泵)溶于 1 mL TE 缓冲液。加入 2 μL 10 mg/mL RNaseA,-20 ℃保存。

2. 电泳检测

(1) 制备 1%琼脂糖凝胶(50 mL):称取 0.5 g 琼脂糖置于锥形瓶中,加入 50 mL 1×TBE,瓶口倒扣小烧杯。微波炉加热煮沸 3 次至琼脂糖全部融化,摇匀,即成 1% 琼脂糖凝胶液。

(2) 胶板制备:取电泳槽内的有机玻璃内槽(制胶槽)洗干净、晾干,放入制胶玻璃板。取少量琼脂糖凝胶液将玻璃板与内槽两端边缘封好,形成模子。将内槽置于水平位置,并在固定位置放好梳子。将冷却到 65 ℃左右的琼脂糖凝胶液混匀小心地倒入内槽玻璃板上,使胶液缓慢展开,直到整个玻璃板表面形成均匀胶层。室温下静置直至凝胶完全凝固,垂直轻拔梳子,将凝胶及内槽放入电泳槽中。添加 1×TBE 电泳缓冲液至没过胶板为止。

(3) 加样:在保鲜膜上混合 8.3 μL DNA 样品和 1.7 μL 上样缓冲液,用 10 μL 移液枪分别将样品加入胶板的样品小槽内,每加完一个样品,应更换一个加样头,以防污染,加样时勿碰坏样品孔周围的凝胶面(注意:加样前要先记下加样的顺序)。

(4) 电泳:加样后的凝胶板立即通电进行电泳,电压 60~100V,样品由负极(黑色)向正极(红色)方向移动。电压升高,琼脂糖凝胶的有效分离范围降低。当溴酚蓝移动到距离胶板下沿约 1 cm 处时,停止电泳。

(5) 电泳完毕后,取出凝胶,用含有 0.5 μg/mL 溴化乙锭的 1×TBE 溶液染色约 20 min,再用清水漂洗 10 min。

(6) 观察照相:在紫外灯下观察,DNA 存在则显示出红色荧光条带,采用凝胶成像系统拍照保存。

3. DNA 纯度检测

(1) 将所得的 DNA 溶液用 TE 缓冲液稀释至 5~50 μg/mL DNA 浓度范围。

(2) 用 TE 缓冲液为空白对照,于紫外分光光度计上测定 260 nm、280 nm 吸收值,计算 A_{260} 与 A_{280} 的比值,并换算出核酸的含量。

【注意事项】

1. 尽量取新鲜幼嫩叶片为材料,如太老则酚类物质多,影响 DNA 抽提。
2. 研钵预冻,研磨迅速彻底。
3. 24∶1 的氯仿/异戊醇抽提时动作应轻柔,避免转移时枪头抽打使 DNA 断裂。
4. 若产物的 A_{260}/A_{280} 值大于 1.8,说明仍有 RNA,可使用 RNA 酶处理;若小于 1.8,应再用酚、氯仿抽提,以乙醇沉淀纯化。
5. 所用试剂必需灭菌,戴手套操作。

【思考题】

1. 液氮研磨的原理是什么?
2. 为了获得高质量的植物总 DNA,在分离提取过程中应注意哪些问题?

实验 30 碱裂解法提取质粒 DNA

【研究背景与意义】

质粒是基因工程中最重要的一类载体,它的本质是存在于细胞质中的能够独立于染色体并能自主复制的遗传成分。现代分子生物学从不同的实验目的出发,人们设计了各种不同类型的质粒载体,尤其近年发展很快,新的有特定用途的质粒不断被创建及商品化,为基因工程的研究和应用提供了极大的便利。

因此,质粒DNA的提取成为基因工程操作中一项常规的基础技术。碱裂解法是最常用的提取方法,其优点是收获率高、适于多数的菌株、所得的产物经纯化后可满足多数的DNA重组操作。

【实验目的】

学习并掌握在宿主菌中扩增质粒的理论依据与操作方法;了解大肠杆菌质粒提取的原理和方法;掌握用碱裂解法提取DNA的原理及操作。

【实验原理】

细菌质粒是一类双链、闭环的DNA,大小从1 kb至200 kb以上。各种质粒都是存在于细胞质中、独立于细胞染色体之外的自主复制的遗传成分,通常情况下可持续稳定地处于染色体外的游离状态,但在一定条件下也会可逆地整合到寄主染色体上,随着染色体的复制而复制,并通过细胞分裂传递到后代。

基因工程用质粒都带有选择性标记序列,最常用的选择性标记是对抗生素的抗性基因。如本实验所使用的质粒(pET28a),即带有抗卡那霉素(Kan^r)抗性基因。

一般分离质粒DNA的方法都包括3个步骤:①培养细菌,使质粒DNA大量扩增;②收集和裂解细菌;③分离和纯化质粒DNA。分离制备质粒DNA的方法很多,其中常用的方法有碱裂解法、煮沸法、SDS法、羟基磷灰石层析法等。在实际操作中可以根据宿主菌株类型、质粒分子大小、碱基组成和结构等特点,以及质粒DNA的用途进行选择。本实验选用碱裂解法,采用质粒抽提试剂盒操作。

【实验试剂与器材】

材料:大肠杆菌BL21,含pET28a质粒。

试剂:

LB培养液:分别称取酵母粉5.0 g、蛋白胨10.0 g、NaCl 10.0 g加入800 mL去离子水后搅拌至完全溶解,用5 mol/L NaOH调节培养液的pH至7.0。再加去离子水将溶液定容至1000 mL,高压蒸汽灭菌25 min,冷却后4 ℃保存。

卡那霉素:50 mg/mL,配制后抽滤灭菌,分装,-20 ℃冻存。

Solution Ⅰ(裂解缓冲液):25 mmol/L Tris-HCl(pH 8.0),10 mmol/L EDTA,50 mmol/L葡萄糖。

Solution Ⅱ(变性液):200 mmol/L NaOH,1% SDS,用灭菌去离子水定容至500 mL,充分混匀。室温保存,此溶液保存时间尽量不超过一个月,最好现用现配。

Solution Ⅲ(中和液):3 mol/L乙酸钾(KAc)缓冲液(pH 5.6),5 mol/L冰醋酸。

10×TE缓冲液(pH 8.0):100 mmol/L Tris-HCl,10 mmol/L EDTA。

其他试剂:无水乙醇、70%乙醇、异丙醇、等体积的酚/氯仿/异戊醇。

仪器及耗材:恒温摇床、冷冻台式离心机、恒温水浴锅、涡旋振荡器、移液枪及配套枪头及离心管等、3S 柱离心式质粒抽提试剂盒。

【实验步骤】

1. 质粒在宿主中的培养与扩增

1) 菌种活化　将 50 mL LB 培养基加入到 250 mL 锥形瓶中，加入卡那霉素 50 μL，然后接入一单菌落（携带 pET28a 的大肠杆菌 BL21 菌株），并保持通气良好，于 37 ℃、220 r/min 振荡培养过夜（约 16 h），如有必要可以再转接一次，于 37 ℃、220 r/min 振摇培养 3~4 h。

2) 菌液转接　取灭菌后的试管一支，加入 3 mL LB 培养基和 3 μL 卡那霉素，接种菌液 50 μL，于 37 ℃恒温振荡器中 220 r/min 振摇培养。

3) 菌体收集　培养过夜后，收集所培养的菌体，用于质粒抽提。

2. 质粒 DNA 提取（碱裂解法）

1) 3S 柱离心式质粒抽提试剂盒抽提操作，以试剂盒使用说明为准

(1) 将过夜培养的 1 mL 细菌高速（15 000 r/min）离心 5 min，彻底去除上清。重复 1 次。

(2) 加入 100 μL Solution Ⅰ，用枪头或振荡器充分悬浮细菌。

(3) 加入 200 μL Solution Ⅱ，立即上下颠倒或用手指弹管底，使细菌裂解，室温放置（约 2 min）至溶液变澄清。

(4) 加入 400 μL Solution Ⅲ，立即上下颠倒 5~10 次，使之充分中和，室温放置 2 min[注意：步骤(3)和(4)在冰上操作效果更佳]。

(5) 高速（15 000 r/min）离心 10 min，无需低温离心。

(6) 取出 2 mL 样品收集管和 3S 柱，在管壁标上样品号，将步骤(5)中的上清全部转移到（吸或倒入）3S 柱子里。盖上离心管盖子，室温放置 2 min；用台式离心机室温高速（15 000 r/min）离心 2 min。

(7) 取下 3S 柱，弃去收集管中的废液，将 3S 柱放入同一支收集管中，吸取 700 μL 漂洗液到 3S 柱，高速离心 2 min。

(8) 重复步骤(7)一次。

(9) 取下 3S 柱，弃去收集管中的废液，将 3S 柱放入同一支收集管中，高速离心 5 min。

(10) 将 3S 柱放入干净的 1.5 mL 的离心管（预先写好标签）中，在 3S 柱子膜中央加 50 μL TE 或水，不要盖上离心管盖，室温下放置 2 min；盖上离心管盖，室温高速离心 3 min，弃 3S 管。保留 1.5 mL 离心管，盖好离心管盖，于-20 ℃保存备用。

2) 自制抽提液操作

(1) 吸取培养的菌液 1 mL，转入 1.5 mL 的离心管中，用台式离心机以 12 000 r/min 离心 3 min。弃上清。在管内再次加入菌液 1 mL，离心，弃上清，将离心管倒置，使液体尽可能流尽。

(2) 加 100 μL Solution Ⅰ，重悬细菌沉淀，用枪吹打直至混合均匀。

(3) 加 200 μL Solution Ⅱ，盖紧管口，轻缓上下颠倒离心管以混合内容物。室温静置 5 min（溶液变透明，黏稠）。

(4) 加 150 μL Solution Ⅲ，轻微振荡混合 10 s，置冰上 10 min（溶液出现白色沉淀）。

(5) 12 000 r/min 离心 6 min，取上清液至另一离心管（弃沉淀）。

(6) 加等量的酚/氯仿/异戊醇，旋涡混匀 1 min，12 000 r/min 离心 6 min，取上清液至另一离心管。

(7) 加1倍异丙醇,振荡混匀,静置10 min,12 000 r/min离心6 min。弃上清液,将离心管倒置于吸水纸,将附于管壁的残余液滴除净。

(8) 加200 μL 70%乙醇洗涤沉淀物,台式离心机12 000 r/min离心2 min,弃上清液,将沉淀在室温下晾干(或真空抽干)。

(9) 沉淀加20 μL TE,使质粒DNA充分溶解,-20 ℃保存。

3. 电泳检测

(1) 将所得的质粒DNA取样进行1% 琼脂糖凝胶电泳(步骤同实验29);

(2) 观察电泳区带,拍照,分析。

【注意事项】

1. SDS易产生气泡,不要剧烈搅拌。
2. 操作过程要温和,避免用力过猛、动作过大,尽量在冰上操作。

【思考题】

1. SolutionⅢ的作用是什么?
2. 根据质粒DNA电泳结果分析产物的质量,检讨提取过程的成败,并提出改进措施。
3. 质粒DNA电泳的结果中有可能出现三条泳带,解释原因。

实验31 动物肝脏组织总RNA(Trizol法)提取与鉴定

【研究背景与意义】

RNA是以DNA的一条链为模板,以碱基互补配对原则,转录形成的单链,主要功能是实现遗传信息在蛋白质上的表达。完整RNA的提取和纯化是进行RNA方面的研究工作如Northern杂交、mRNA分离、RT-PCR、定量PCR、cDNA合成及体外翻译等的前提。但由于外界环境及动植物体内普遍存在RNA酶,同时生物体内有大量的蛋白质与脂类等物质。因此,RNA的提取一直都是以获得高纯度和完整的RNA为目标进行的。

【实验目的】

初步掌握TrizoL法提取动物肝脏组织RNA的基本原理和操作方法;掌握RNA琼脂糖凝胶电泳的基本原理和操作方法。

【实验原理】

Trizol是一种新型总RNA抽提试剂,主要成分是苯酚,能迅速破碎细胞,使细胞中核蛋白迅速解聚、释放。细胞裂解后,除RNA以外,还有DNA、蛋白质和细胞碎片,可通过酚、氯仿等有机溶剂处理得到纯化。最后通过比色和凝胶电泳检测其纯度及完整性。

RNA是一类极易降解的分子,为提取得到完整的RNA在提取过程中必须最大限度地抑制内源性及外源性核糖核酸酶对RNA的降解作用。因此,实验过程中常使用RNA酶抑制剂,如

DEPC(焦炭酸二乙酯)是 RNA 酶的强抑制剂。

【实验试剂与器材】

材料:新鲜的动物肝脏组织。

试剂:Trizol 试剂、琼脂糖、GoLdview(核酸染色剂)。

0. 1% DEPC 水:1 mL DEPC 加入到 1000 mL 蒸馏水中混匀,过夜,高压灭菌;氯仿、异丙醇、75% 乙醇(用 DEPC 水配制,现用现配)。

电极缓冲液 5×TBE:54 g Tris 碱、27. 5 g 硼酸、20 mL 0. 5 mol/L EDTA,加去离子水搅拌溶解,将溶液定容至 1 L 后,调节 pH 8. 0,高压灭菌,备用。

器材:研钵、液氮罐、冷冻离心机、涡旋器、电泳系统、紫外分光光度计、移液器、凝胶成像系统等。

【实验步骤】

1. 样品中 RNA 提取

(1) 取新鲜动物肝脏 50~100 mg 在液氮中研磨成粉末后,加入 1 mL Trizol 对组织进行裂解,然后将细胞悬浮液吸入离心管(EP 管)中,于室温静置 5 min。如不能及时提取,则需将样品在液氮中急速冷冻,储存于-80 ℃冰箱。在制备 RNA 时,将储存于冰箱的材料取出,立即加液氮研磨。

(2) 加入 200 μL 氯仿,涡旋混匀后,室温静置 5 min,然后 4 ℃、10 000 r/min 离心 15 min。

(3) 小心吸取上层水相于另一洁净 EP 管中,加入 500 μL 异丙醇,室温静置 10 min,然后 4 ℃、10 000 r/min 离心 10 min。

(4) 弃上清,用 1 mL 75% 乙醇洗涤沉淀物。4 ℃、10 000 r/min 离心 5 min。

(5) 弃上清,室温干燥 15 min,但应避免完全干燥,否则 RNA 难以溶解。

(6) 加入 200 μL DEPC 处理水溶解 RNA,于-20 ℃保存备用。

2. 紫外分光光度法检测 RNA 浓度及纯度

(1) 用 DEPC 处理水校正零点,操作方法见说明书。

(2) 用 DEPC 处理水稀释 RNA 样品,读取 OD_{260}、OD_{280} 值及 OD_{260}/OD_{280} 值;纯 RNA OD_{260}/OD_{280} 值通常为 1. 7~2. 0。如比值低于 1. 7,说明有蛋白质污染,用酚∶氯仿再抽提;如比值高于 2. 0,表明有盐、胍、糖等,可用 LiCL 选择性沉淀 RNA 以除去杂质。

(3) 根据 RNA 样品的紫外吸收 OD 值,可计算出 RNA 的浓度。RNA(mg/mL)= $40\times OD_{260}\times$ 稀释倍数(n)/1000。

3. 琼脂糖凝胶电泳检测

(1) 配制 1. 2% 的琼脂糖凝胶:称取 0. 6 g 琼脂糖,加至 50 mL 0. 5×TBE 电极缓冲液中,微波炉使其加热至溶解,待胶冷却至 60 ℃左右,加入 2. 5 μL GoldView 混匀,制胶。

(2) 将 RNA 样品 4 μL、10×上样缓冲液 1 μL 和 DEPC 水 5 μL 混合,加入到点样孔。

(3) 110 V 恒压电泳 30 min 后,通过凝胶成像系统观察,并分析结果。

【注意事项】

1. RNA 是极易降解的核酸分子,因此提取总 RNA 必须在无 RNA 酶的环境中,操作时戴口罩、手套,使用无 RNA 酶污染的试剂、材料和容器。

2. 所有操作尽量在低温条件下进行,低温条件可降低 RNA 酶活性。

3. 实验中会有一些对人体有害的化学物质(如 DEPC、Trizol 试剂等),避免直接接触。

【思考题】

1. RNA 提取过程中应注意什么?

2. Trizol 试剂在本实验中所起的作用是什么?

实验 32　RT-PCR 及电泳检测

【研究背景与意义】

RT- PCR(reverse transcription-polymerase chain reaction)即反转录 PCR,是将 RNA 的反转录(RT)和 cDNA 的聚合酶链式扩增(PCR)相结合的技术。首先经反转录酶的作用从 RNA 合成 cDNA,再以 cDNA 为模板,扩增合成目的片段。其即可以用于 cDNA 文库的构建,也可以用于真核生物基因的结构、表达和调控的分析。作为转录模板的 RNA 可以是总 RNA、mRNA 或体外转录的 RNA 产物。无论使用何种 RNA,关键是确保 RNA 中无 RNA 酶和基因组 DNA 的污染。

【实验目的】

掌握 RT-PCR 的原理及实验方法;熟悉 PCR 技术的原理和基本实验步骤。

【实验原理】

RT-PCR 是一种将 cDNA 合成与 PCR 技术结合的快速灵敏的检测方法。该方法分为两个步骤进行,第一步是反转录反应,以目的片段 mRNA 为模板,通过反转录酶合成其相应的 cDNA。第二步则是 PCR 反应,以 cDNA 为模板,加入该目的片段的特异性引物和四种脱氧核苷酸,利用 *Taq* DNA 聚合酶进行扩增,得到大量的 DNA 分子。

【实验试剂与器材】

材料:高质量的总 RNA 或 mRNA。

引物及试剂:反转录酶(M-MLV-RTase,含 M-MLV 5×反应缓冲液)、10 mmol/L dNTPs、*Taq* DNA 聚合酶(5 U/μL,含 10×*Taq* DNA 聚合酶反应缓冲液)、RNA 酶抑制剂、Oligo(dT)或随机引物、目的基因的上下游引物、0.1% DEPC 水、琼脂糖、溴化乙锭等。

仪器:PCR 仪、离心机、水平电泳槽、电泳仪、凝胶成像系统、移液器等。

【实验步骤】

1. 反转录反应　在 0.5 μL 微量离心管中,加入提取的总 RNA 1~5 μg,补充适量的 DEPC 水使总体积达 11 μL。继续在管中加入 10 μmol/L Oligo(dT) 1 μL,充分混匀。70 ℃加热 5 min,立即将微量离心管插入冰中。然后加入下列试剂的混合物:

M-MLV 5×反应缓冲液　　4 μL
RNA 酶抑制剂　　1 μL
10 mmol/L dNTPs　　2 μL

混匀，离心。

在上述管中继续加入 M-MLV-RTase 1 μL，总体积 20 μL。在 42 ℃反应 60 min，70 ℃加热 15 min，以终止反应。

2. 目的基因的 PCR 扩增　以上述反转录所得的 cDNA 为模板，对目的基因进行扩增。取 2 支 0.5 μL 微量离心管，分别按表 5.1 加入试剂。

表 5.1　PCR 反应体系

试剂	实验管/μL	对照管/μL
10×*Taq* DNA 聚合酶反应缓冲液	5	5
dNTPs(10 mmol/L)	1	1
上游引物	1	1
下游引物	1	1
模板 cDNA	1	0
$MgCl_2$溶液(25 mmol/L)	3	3
双蒸水	37	38

短暂离心后，各管分别加入 1 μL *Taq* DNA 聚合酶，至每管总体积为 50 μL。

将离心管置于 PCR 仪中，设置如下反应参数：

预变性 94 ℃　　30 s
变性　94 ℃　　30 s
退火　55 ℃　　30 s
延伸　72 ℃　　30 s（1 kb/min）

进行 30 个循环，最后 72 ℃延伸 10 min。

3. 结果分析　1.2% 琼脂糖电泳检测。

【注意事项】

确保实验中 RNA 的纯度和完整性是进行 RT-PCR 的关键。

【思考题】

1. 经 PCR 反应后，琼脂糖凝胶电泳未发现有扩增产物，可能原因是什么？
2. PCR 产物检测过程中发现有非特异性条带，原因可能是什么？

实验 33　大肠杆菌感受态的制备、质粒 DNA 的转化及阳性克隆的筛选

【研究背景与意义】

在自然条件下，很多质粒都可通过细菌接合作用转移到新的宿主内，但在人工构建的质粒

载体中,一般缺乏此种转移所必需的 *mob* 基因,因此不能自行完成从一个细胞到另一个细胞的接合转移。目前已有不少便利而可靠的方法可以实现转化与筛选。但对于原核受体细胞,应用最广泛的是将受体细胞制备成容易接受外源 DNA 的状态——感受态,然后通过短时间热处理使外源 DNA(即重组质粒)进入受体细胞,再利用重组质粒上具有的筛选标记(通常为抗性基因)来进行筛选。此法简单易行,适用性较广,不需其他特殊设备,转化率可以满足基因工程操作需要。

【实验目的】

了解大肠杆菌感受态细胞的制备原理,掌握制备方法;掌握质粒 DNA 转化的基本原理及方法。

【实验原理】

受体细胞经过 $CaCl_2$ 等化学试剂的处理后,细胞膜的通透性发生了暂时性的改变,成为能允许外源 DNA 分子进入的感受态细胞(compenent cell)。目前常用的感受态细胞制备方法有 $CaCl_2$ 法和 RbCl(KCl)法,RbCl(KCl)法制备的感受态细胞转化效率较高,但 $CaCl_2$ 法简便易行,且其转化效率完全可以满足一般实验的要求。制备出的感受态细胞暂时不用时,可加入占总体积15%的无菌甘油于-70 ℃保存(半年),因此 $CaCl_2$ 法使用更广泛。而进入受体细胞的 DNA 分子通过复制、表达实现遗传信息的转移,使受体细胞出现新的遗传性状。

将经过转化后的细胞在筛选培养基中培养,即可筛选出转化子(transformant,即带有异源 DNA 分子的受体细胞)。本项实验是用 pET28a 质粒来转化已制备成感受态的大肠杆菌 TOP10,pET28a 质粒上含有一个抗卡那霉素的抗性基因,转化子细胞能在含有卡那霉素的培养基上生长而非转化子细胞则不能,故而用抗性平板作为筛选培养基,涂布鉴定的方法即可筛选出转化子。

【实验试剂与器材】

材料:大肠杆菌 TOP10,pET28a 质粒(或其他重组质粒 DNA)。

设备器材:超净工作台、冷冻离心机、恒温摇床、冰箱、恒温水浴锅、分光光度计、手动可调式移液枪(1000 μL、100 μL)及相配枪头、1.5 mL 离心管等。

试剂:

LB 液体培养基。

0.05 mol/L $CaCl_2$ 溶液:称取 0.28 g $CaCl_2$(无水,分析纯),溶于 50 mL 重蒸水中,定容至 100 mL,高压灭菌。

含15%甘油的 0.05 mol/L $CaCl_2$:称取 0.28 g $CaCl_2$(无水,分析纯),溶于 50 mL 重蒸水中,加入 15 mL 甘油,定容至 100 mL,高压灭菌。

筛选平板(含卡那霉素):将配好的 LB 固体培养基高压灭菌后冷却至 60 ℃左右,加入卡那霉素储存液,终浓度为 50 μg/mL,摇匀后铺板。

【实验步骤】

1. 大肠杆菌感受态的制备

1) 受体菌的培养　从 LB 平板上挑取新活化的 *E. coli* TOP10 单菌落,接种于 3~5 mL LB

液体培养基中，37 ℃下振荡培养 12 h 左右，直至对数生长后期。将该菌悬液以 1 : 100~1 : 50 的比例接种于 100 mL LB 液体培养基中，37 ℃振荡培养 2~3 h 至 OD_{600} = 0.5 左右。

2）感受态细胞的制备（$CaCl_2$法）

（1）将培养液转入离心管中，冰上放置 10 min，然后于 4 ℃下 3000 *g* 离心 10 min。

（2）弃去上清，用预冷的 0.05 mol/L 的 $CaCl_2$溶液 10 mL 轻轻悬浮细胞，冰上放置 15~30 min 后，4 ℃下 3000 *g* 离心 10 min。

（3）弃去上清，加入 4 mL 预冷含 15% 甘油的 0.05 mol/L 的 $CaCl_2$溶液，轻轻悬浮细胞，冰上放置几分钟，即成感受态细胞悬液。

（4）感受态细胞分装成 200 μL 的小份，储存于-70 ℃（可保存半年）。

2. 质粒 DNA 的转化与阳性克隆筛选

（1）从-70 ℃冰箱中取 200 μL 感受态细胞悬液，室温下使其解冻，解冻后立即置冰上。

（2）在细胞液中加入 pET28a 质粒 DNA 溶液（含量不超过 50 ng，体积不超过 10 μL），轻轻摇匀，冰上放置 30 min。

（3）42 ℃水浴中热击 90 s，热击后迅速置于冰上冷却 3~5 min。

（4）向管中加入 1 mL LB 液体培养基（不含卡那霉素），混匀后 37 ℃振荡培养 1 h，使细菌恢复正常生长状态，并表达质粒编码的抗生素抗性基因（Kan^r）。

（5）将上述菌液摇匀后取 100 μL 涂布于含卡那霉素的筛选平板上，正面向上放置半小时，待菌液完全被培养基吸收后倒置培养皿，37 ℃培养 16~24 h。

（6）同时做两个对照。

对照组 1：以同体积的无菌双蒸水代替 DNA 溶液，其他操作与上面相同。此组正常情况下在含抗生素的 LB 平板上应没有菌落出现。

对照组 2：以同体积的无菌双蒸水代替 DNA 溶液，但涂板时只取 5 μL 菌液涂布于不含抗生素的 LB 平板上，此组正常情况下应产生大量菌落。

3. 计算转化率

（1）统计每个培养皿中的菌落数。

（2）转化后在含抗生素的平板上长出的菌落即为转化子，根据此皿中的菌落数可计算出转化子总数和转化频率，公式如下：

转化子总数=菌落数×稀释倍数×转化反应原液总体积/涂板菌液体积

转化频率（转化子数/每毫克质粒 DNA）= 转化子总数/质粒 DNA 加入量（mg）

感受态细胞总数=对照组 2 菌落数×稀释倍数×菌液总体积/涂板菌液体积

感受态细胞转化效率=转化子总数/感受态细胞总数

【注意事项】

1. 为防止杂菌与杂 DNA 污染，整个操作过程应在无菌条件下进行，所用器皿、试剂均需灭菌，并注意防止被其他试剂、DNA 酶、杂 DNA 所污染。

2. 转化效率与外源 DNA 的浓度在一定范围内呈正比，但当加入的外源 DNA 的量过多或体积过大时，转化效率就会降低。一般情况下，DNA 溶液的体积不应超过感受态细胞体积的 5%。

【思考题】

1. 感受态细胞的制备过程中，最需要注意哪些问题？

2. 解释和分析实验组、对照组1和对照组2的平板生长菌落情况是否正常,如不正常,原因可能是什么?

实验34 根癌农杆菌介导的拟南芥花序浸润转基因

【研究背景与意义】

农杆菌介导法是最早应用、最实用有效,并且具有最多成功实例的植物转基因方法,其操作简单,且具有费用较低、转化效率较高、重复性好、单拷贝整合、基因沉默现象少、转育周期短、转化片段较大等优点,是目前应用最广泛的一种植物转基因技术。

传统的农杆菌介导法依赖于组织培养,需要先诱导外植体形成愈伤组织。因此影响农杆菌转化效率的因素较多,在自然条件下农杆菌只侵染双子叶植物,在人工添加酚类物质时可诱导农杆菌侵染一些单子叶植物,另外植物细胞壁对农杆菌介导转化也有一定影响。在设计农杆菌介导实验时,要考虑农杆菌菌株类型、质粒载体类型及两者间的匹配情况;外植体的基因型、来源和发育状态;培养基成分及某些诱导条件等。

【实验目的】

学习农杆菌介导的植物转基因方法;掌握花序浸润法的基本原理和操作。

【实验原理】

花序浸润法属于非组培植物基因转化方法,农杆菌无需经过植物组织培养或再生,只需将发育的花组织简单地浸泡在农杆菌液中,使用蔗糖和表面活性剂等促使农杆菌转化,大大简化了转化程序,首先在拟南芥中获得了成功,对其他物种的基因转化也有很好的借鉴意义。

本实验采用根癌农杆菌(含具有卡那霉素抗性基因Ti质粒)介导拟南芥花序浸润转化,直接将植物倒过来进行花器官浸泡,不需组织培养和再生植株的过程,收获种子之后利用抗性筛选获得转化苗,方法简单且转化效率较高。

【实验试剂与器材】

材料: 拟南芥(*Arabidopsis thaliana*)种子,根癌农杆菌(含具有卡那霉素抗性基因的Ti质粒)。

试剂:

LB平板:LB固体培养基倒平板前,加入利福平和卡那霉素贮存液,使之终浓度皆为50 mg/L,摇匀后再倒平板。

LB培养基:配制LB液体培养基,灭菌,临用前加入抗生素贮存液,使之含有75 mg/L利福平、100 mg/L链霉素和100 mg/L卡那霉素。

浸润培养基:1/2×MS大量 + 1×MS微量 + 1×MS铁盐 + 1×MS肌醇 + 1×MS维生素 + 0.5 g/L MES + 5%蔗糖,pH为5.7,高压灭菌。

筛选培养基(含卡那霉素):将配好的MS固体培养基高压灭菌,冷却至60 ℃左右,加入卡那霉素储存液,终浓度为50 mg/L,摇匀后铺板。

其他试剂:蔗糖、Silwet L-77、95%乙醇、次氯酸钠漂白剂等。

仪器:人工气候箱、超净工作台、冷冻离心机、恒温摇床、冰箱、移液枪等。

【实验步骤】

1. 植物的培养

(1) 拟南芥种子催芽后移植至种植盆中,放入人工气候箱中进行培养至开花阶段。培养条件为:16 h 光照/8 h 黑暗,光照强度 12 000 Lx,湿度 80%。

(2) 植入盆中后要用数层纱布(或裁剪适当的纱罩、泡沫塑料等)覆盖培养土,并用橡皮带固定好,以保证在翻转培养容器时土壤不会洒落。

(3) 当大多数植株第一个花薹形成后剪去第一个花薹,解除顶端优势,促使多个次生花薹的同步出现,修剪可以反复进行,以在每个植株上获得更多花序。

(4) 植株有较多未开放的花蕾和极少数荚,大多数花序 1~10 cm 高时进行浸润,浸润前浇透水,并要将已经授粉的花和果荚剪除干净,因为它们不可能被转化,可免去后面不必要的筛选。

2. 农杆菌的培养

(1) 取出保种的农杆菌菌液,LB 平板上活化培养。

(2) 从平板上挑取农杆菌单菌落接入 10 mL LB 培养基中(含 75 mg/L 利福平、100 mg/L 链霉素和 100 mg/L 卡那霉素),28 ℃恒温摇床培养,使农杆菌的浓度达到 $OD_{600}=1.8$。

(3) 4 ℃,3000 r/min 离心 15 min,弃上清。

(4) 用浸润培养基重新悬浮农杆菌沉淀,悬浮至 OD_{600} 约 0.8。

(5) 在浸润液中加入蔗糖,使之含有 5.0% 的蔗糖,摇匀。

(6) 在浸润液中加入表面活性剂 Silwet L-77,使之含量为 0.05%(500 μL)。

3. 花序的浸润

(1) 将农杆菌浸润液倒入大口容器中,将植株倒转,使地上组织全部浸没在浸润液中 3~5 s,并轻轻搅动,浸润后植株上应该有一层液体膜。

(2) 浸润后植株放在塑料盘中,小心地用干净的保鲜膜覆盖以保湿,放置在弱光或暗处过夜。

(3) 第二天放回人工气候箱,处理后约 24 h 撤去覆盖,正常浇水和培养植株。

(4) 植株进一步生长 3~5 周,直至角果变褐变干,将植株上半部分剪下,用纸包好,待种子彻底干燥后,收获种子,并将种子用 EP 管在 4 ℃下干燥储存。

4. 转化株的筛选

(1) 种子用95%的乙醇消毒 30~60 s,再用含 0.05% Tween 20 的 50%次氯酸钠漂白剂处理 5 min,然后用无菌水漂洗 4~5 次。

(2) 将消毒后种子悬浮在 0.1%的无菌琼脂糖中,均匀播种于筛选培养基(含 50 mg/L 卡那霉素),4 ℃下处理 2 天,转在 24 ℃连续光照人工气候箱中培养。

(3) 培养的第一周将培养皿和盖子用封口密封,生长过程中过多的水分通过简单的开盖从盖子上抖落下去。

(4) 在筛选培养基上长出绿叶和完好根系的抗卡那霉素苗即可确定为转化株。

待转化株长出 3~5 片成熟叶后,移植至湿润的容器土中生长至成熟,得到抗性植株,用于进一步的分子检测和性状鉴定。

【注意事项】

1. 植物生长状态是重要的影响因素,健康的、生殖能力旺盛的植株有利于转化,过于嫩弱的植株容易受到伤害而难以转化和收获种子,过于老熟则对农杆菌的敏感性降低。

2. 重复浸润可提高转化效率,植株可浸润 2 次或 3 次,但拟南芥植株 2 次浸润不要少于 6 天的间隔,以 7 天为宜。

3. 如果有 Silwet L-77 的毒性问题,可降低使用浓度(0.02%或低至 0.005%)。

4. 浸润后注意保湿,且不能暴露于强光下。

【思考题】

1. 花序浸润法转基因操作的关键点是什么?若转化率不够高,可以从哪些方面改进?

2. 假如要利用农杆菌将某外源基因转入拟南芥,试设计整个实验流程。

实验 35　水稻磷酸酯酶 2A 基因的原核表达及鉴定

【研究背景与意义】

磷酸酯酶 2A 是一种丝/苏氨酸蛋白磷酸酶,由一个催化亚基和两个调节亚基构成。它通过可逆性磷酸化使已磷酸化激活的蛋白质脱磷酸,在信号转导中承担负调节作用。此外,其作用还涉及细胞增殖、分化、生长、凋亡等过程中的多条信号途径。通过基因重组技术将水稻中磷酸酯酶 2A 基因在原核系统中表达,为进一步在蛋白质水平上分析水稻磷酸酯酶 2A 基因与水稻育性关系奠定基础。

【实验目的】

初步掌握基因重组及外源基因在大肠杆菌中诱导表达的方法。

【实验原理】

以水稻总 RNA 的反转录产物 cDNA 扩增出磷酸酯酶 2A 基因的 ORF 片段,并克隆到原核表达载体 pGEX-6p-1 中构建重组质粒 pGEX-6p-1-PP-2A,经限制性内切核酸酶酶切鉴定后,转化*E. coli* M109。并通过 0.4 mmol/L 的 IPTG(异丙基-β-D-硫代吡喃半乳糖苷)诱导,表达出诱导蛋白。表达蛋白经 SDS-PSGE 检测。

【实验试剂与器材】

材料:水稻 cDNA,质粒 pET-32α,大肠杆菌 DH5α 感受态细胞。

试剂:限制性内切核酸酶 *Eco*R Ⅰ和 *Sal* Ⅰ、T4 连接酶、PCR 纯化试剂盒、标准溶菌酶样品、染色液(考马斯亮蓝 R-250 0.2 g、乙醇 42 mL 和无水乙酸 10 mL 混合溶解,定容至 100 mL)、脱色液(无水乙酸 5 mL+乙醇 45 mL+水 50 mL)、上样缓冲液、IPTG。

仪器:PCR 仪、摇床、水平电泳槽、电泳仪、聚丙烯酰胺凝胶电泳系统等。

【实验步骤】

(1) 根据水稻磷酸酯酶 2A 基因,设计 5′端引物(5′-G AAT TCA TGG CAG TAG CTA GCT-3′),3′端引物(5′-G TCG ACT CAG GCG ACG GGA GGC TTC-3′),上、下游引物均包含保护碱基和 *Eco*R Ⅰ 和 *Sal* Ⅰ 酶切位点。以水稻总 RNA 的反转录产物为 cDNA 模板进行 PCR 扩增(PCR 过程见实验 32)。

(2) PCR 产物及质粒 pET-32α,进行 *Eco*R Ⅰ 和 *Sal* Ⅰ 酶切双酶切,体系(30 μL)见表 5.2。

表 5.2 *Eco*R Ⅰ 和 *Sal* Ⅰ 双酶切体系

试剂	实验管 1/μL	实验管 2/μL
ddH_2O	22	22
10×buffer	1	1
PCR 产物	5	0
pET-32α	0	5
*Eco*R Ⅰ	1	1
Sal Ⅰ	1	1

将两管于 37 ℃水浴 3 h,进行 1.2% 琼脂糖凝胶电泳鉴定,然后紫外灯下切取目的条带,用凝胶回收试剂盒(具体操作见说明)回收目的片段和原核表达载体片段。

(3) DNA 连接(连接体系设定为 10 μL),在 0.2 mL 无菌离心管中,加入将酶切后 pET-32α 载体 DNA 5~20 ng 的 PCR 产物和 3~10 倍载体摩尔比的水稻磷酸酯酶 2A 基因 DNA;再加 10×T4 DNA 连接酶缓冲液 1μL 和 T4 DNA 连接酶 0.5 μL,补 ddH_2O 至 10 μL,4 ℃连接过夜。

(4) 从−70 ℃冰箱中取 100 μL 感受态细胞悬液,室温下使其解冻,解冻后立即置冰上。在细胞液中加入连接产物(其中 DNA 含量不超过 50 ng,体积不超过 10 μL),轻轻摇匀,冰上放置 30 min。42 ℃水浴中热击 90 s 或 37 ℃水浴 5 min,热击后迅速置于冰上冷却 3~5 min。向管中加入 1 mL LB 液体培养基,混匀后 37 ℃振荡培养 1 h,使细菌恢复正常生长状态,然后取 50~150 μL 接种含相应抗生素和 X-gal 的固体培养基平板上,37 ℃培养过夜。

筛选并初步鉴定阳性重组子:根据蓝白斑颜色反应初步鉴定重组子(白色菌斑)与非重组子(蓝色菌斑),然后抽取重组子的质粒酶切、电泳,最终确定是否为阳性重组子。

(5) 按如下流程对重组表达载体在大肠杆菌中进行诱导表达:

筛选到的阳性重组子菌株

↓

用 1~5 mL LB 培养基在 37 ℃培养过夜

↓

按 1% 的比例,接种到 100 mL 表达用的培养基中

↓

37 ℃培养至 OD 值为 0.7~0.8(取菌液 1 mL,离心收集细菌,作为未诱导对照)

↓

加 1 mol/L IPTG 50 μL(终浓度为 0.5 nmol/L)

↓

37 ℃,摇床培养一段时间(数小时)

↓

4 ℃离心,收集菌液备用

(6) 取未诱导表达菌和 IPTG 诱导表达菌菌体,分别与上样缓冲液 1∶1 混匀,在 100 ℃沸水中保温 3~5 min,取出,即为细菌总蛋白样品。将总蛋白样品与标准蛋白分别加到 SDS-PAGE 凝胶的不同样品孔中,电泳、固定、染色与脱色。

(7) 根据电泳图谱上标准分子质量蛋白带型与外源基因表达蛋白质带型的位置,分析阳性菌经诱导后是否表达了目的蛋白。

【注意事项】

1. 原核表达系统基因表达产物在宿主的存在形式并不是固定不变的,随培养基组成、诱导培养时间和表达效果的不同而不同。

2. 由于外源基因表达产物的电泳条带可能与宿主蛋白条带重复,因此设立相应的对照是必要的。

【思考题】

1. 外源基因在大肠杆菌中高效表达易形成包涵体,包涵体形成有利于表达产物的纯化,但包涵体是不具有生物活性的产物,如何降低包涵体的形成?

2. 为提高外源基因的表达水平,对表达载体如何进行改进?

3. 把所表达的目标蛋白分泌到细胞外的培养基中可进一步减少蛋白质水解酶的降解,也有利于分离纯化。如何实现目标蛋白的外分泌表达?

实验 36 罗非鱼体内不同组织器官脂蛋白酯酶(LPL)基因表达分析

【研究背景与意义】

脂蛋白脂酶(LPL)是动物体内脂类代谢的关键酶之一。研究表明,大鼠等哺乳动物肝脏 LPL 基因仅在胚胎期表达,出生后即很快被关闭;成体动物肝脏 LPL 基因的再表达,仅见于肝部分切除后再生过程中。而对鱼的研究发现,鱼类成体肝脏脂质普遍含量高,并存在 LPL 活性。因此,进一步了解 LPL 在鱼体内不同组织器官内的表达有助于进一步研究动物体内的脂类代谢,并为营养调控提供理论依据。

【实验目的】

了解动物体内 LPL 的生理作用;掌握 RNA 电泳、Northern 杂交检测的基本原理和操作过程。

【实验原理】

Northern 杂交检测对象为 RNA，在变性条件下将待检 RNA 样品进行琼脂糖凝胶电泳。变性电泳主要有三种：乙二醛变性电泳、甲醛变性电泳和羟甲基汞变性电泳。电泳后 RNA 通过“汉堡包”模型的虹吸作用，从琼脂糖凝胶原位转移到硝酸纤维素滤膜上，然后与探针杂交。

【实验试剂与器材】

材料：500 g 左右罗非鱼 1 条，硝酸纤维素膜。

试剂：甲醛、DEPC、1% 封闭剂、SDS、甲酰胺、50 mmol/L Tris-HCl（pH 7.5）、十二烷基肌氨酸钠（sarcosyl）、柠檬酸钠、3-吗啉基丙磺酸（MOPS）、乙酸钠、EDTA-Na_2。

20×SSC：含 3 mol/L NaCl 和 0.3 mol/L 柠檬酸钠。

10×MOPS（pH 7.0）：含 0.2 mol/L MOPS、80 mmol/L NaAc 和 10 mmol/L EDTA-Na_2。

Northern 杂交液：20×SSC 液 25 mL、10% SDS 液 10 mL、10% sarcosyl 溶液 10 mL、1 mol/L Tris-HCl（pH 7.5）5 mL、封闭剂 1 g 和甲酰胺 50 mL（待以上试剂完全溶解后加入），用双蒸水定容至 100 mL。

仪器：恒温水浴箱、电泳仪、凝胶成像系统、真空泵、交联仪、杂交仪、漩涡振荡器、分光光度计、微量移液器、电炉（或微波炉）、离心管、烧杯、量筒和锥形瓶等。

【实验步骤】

1. 提取 RNA 取罗非鱼肝脏、脂肪、肌肉、脑性腺、心脏、脾脏及鳃等组织，于液氮中研磨，按 Trizol 试剂说明书方法提取各组织总 RNA。

2. RNA 变性电泳 用洗洁精充分清洗电泳槽、胶板及梳子，去离子水冲洗晾干后，加入 3% H_2O_2浸泡 4~6 h，晾干 H_2O_2，再用乙醇浸泡几分钟干燥处理。

（1）含有甲醛的变性胶的制备：称取 1.0 g 琼脂糖在 63 mL DEPC 水中，微波炉加热溶解后稍冷却，加入 20 mL 5×MOPS buffer 和 17 mL 甲醛，混匀后倒胶，室温凝固 0.5 h 以上。胶凝后，以 1×MOPS 作为电泳缓冲液，预电泳 30 min。

（2）RNA 样品的制备：在微量离心管中混匀下列液体，总 RNA（30 μg）5.5 μL，5×MOPS 2.0 μL，37% 甲醛 3.5 μL，甲酰胺 10.0 μL。65 ℃温育 15 min，冰上冷却，稍离心，加 4 μL 6× loading buffer 混匀，上样。在含甲醛 1.0% 的变性胶中电泳，电泳 buffer 为 1×MOPS，电压为 5 V/cm。待溴酚蓝距凝胶前沿 1/3 距离时停止电泳。

3. 转膜 RNA 电泳完毕后，取出凝胶，用 DEPC 水淋洗数次后用于转膜。

（1）将凝胶放入干净培养皿中，用刀片修去多余部分，加入适量吸印缓冲液，室温浸泡 20 min。

（2）建立毛细管转移平台：将一块玻璃搭在培养皿上，用吸印缓冲液浸湿的三张滤纸平铺其上，取出凝胶，背面朝上放在滤纸中央，用刀片切一张长宽比凝胶大 1 mm 的硝酸纤维素膜，用吸印缓冲液浸湿，将膜放于凝胶上。用保鲜膜将凝胶周围封闭。用三张吸印缓冲液浸湿的滤纸放在膜上，切一叠吸水纸放在滤纸上，用重物压住。注意赶走凝胶与滤纸、硝酸纤维素膜之间的气泡以免影响转移效果。

（3）向上转移法进行转膜，转移持续 3~4 h。

(4) 转膜结束后，将硝酸纤维素膜取下置 2×SSC 和 0.1% SDS 中稍加漂洗，保鲜膜包裹，-70 ℃保存。

(5) 胶用 EB 染色，观察转移效果。

(6) 用吸水纸吸取膜上多余的液体后，将膜置于 UV 交联仪中自动交联几分钟。

(7) 将膜在-20 ℃保存。

4. 杂交

(1) 探针的制备(参照相应试剂盒说明书)。

(2) 预杂交和杂交：将 2×SSC 润湿转印膜浸于无菌水中，然后用尼龙膜包裹转印膜置于杂交管内，68 ℃在杂交液(含 1%封闭液、1% SDS、5×SSC、50%甲酰胺、50 mmol/L Tris-HCl 和 1% sarcosyle 溶液)中预杂交 2~6 h；探针预先在沸水中热变性 5 min，迅速置于冰上冷却，然后用杂交液稀释探针(5~25 ng/mL)，加至杂交管内，42 ℃杂交 16 h。

5. 洗膜　用 2×SSC 和 0.1% SDS 于 15 ~25 ℃洗脱 2 次，每次 5 min。再用 0.5×SSC，0.1% SDS 于 65 ~68 ℃洗脱 2 次，每次 15 min。

6. 杂交信号的检测　洗完膜后，用保鲜膜包裹，用分子磷屏成像检测系统检测。

7. 结果分析　根据检测信号的强弱分析不同组织 LPL mRNA 表达情况。

【注意事项】

1. 用于 RNA 电泳、转膜的所有器械、用具均需处理以除去 RNase，从而防样品的降解。
2. 转膜时，注意膜和多孔渗水屏之间不要有气泡。
3. 杂交温度因不同探针而异。
4. 在使用化学发光底物处理之前，膜必须保持湿润，哪怕是轻微的干燥也会产生很高的背景。

【思考题】

1. Northern 杂交实验中探针的标记方法有哪些？
2. 要获得好的杂交结果，需注意哪些因素？

实验 37　限制性内切核酸酶消化及产物鉴定

【研究背景与意义】

限制性内切核酸酶(restriction endonuclease)是一类能识别双链 DNA 分子中特定碱基序列的核酸水解酶，简称限制酶或内切酶。目前商品化的限制性内切核酸酶已有数百种，每种酶都有其特定的核苷酸序列识别特异性，酶的活性需 Mg^{2+} 来激活。不同的酶需要不同的反应条件，并具有不同的识别、切割的特性，据此可将限制性内切核酸酶分为Ⅰ、Ⅱ和Ⅲ三种类型，在基因工程操作中应用最广泛的是Ⅱ型。

Ⅱ型限制性内切核酸酶只需要二价镁离子的激活，大部分所识别的序列是具有反向对称的结构(称为回文结构)，通常在其识别序列内部或一侧切割双链 DNA，多数产生黏性末端，有利

于片段的再连接,如 *Xho* Ⅰ酶和 *Bam*H Ⅰ酶,它们的识别和切割序列分别为

Xho Ⅰ: 5′……C↓TCGAG……3′

3′……TAGCT↑C……5′

*Bam*H Ⅰ: 5′……G↓GATCC……3′

3′……CCTAG↑G……5′

商品酶都保存在50%甘油溶液中,-20 ℃储存,活性通常较高(5 U/μL)。限制性内切核酸酶作用的温度一般为37 ℃,反应体系中以缓冲液(buffer)的形式提供 Mg^{2+}、适当的pH及其他条件。

限制性内切核酸酶不仅是DNA重组中重要的工具,而且还可用于基因组酶切图谱的组建与鉴定、基因的定位与基因分离、DNA分子碱基序列分析等。

【实验目的】

掌握限制性内切核酸酶的特性,了解其用途;学会根据目标DNA的酶切位点选择适当的限制性内切核酸酶;掌握DNA的酶切消化技术及鉴定酶切结果的方法。

【实验原理】

影响限制性内切核酸酶反应的因素很多,DNA纯度、缓冲液、温度条件及限制性内切核酸酶本身都会影响其酶切活性。DNA制品中的污染均能抵制酶切活性,这种抑制可通过增加酶作用单位数、增大反应体积以稀释可能的抵制剂、延长反应时间等方法加以克服。两种不同的限制性内切核酸酶同时切割同一底物时,要采用两种酶都适合的缓冲液。本实验所用的10×buffer K,能提供 *Xho* Ⅰ酶和 *Bam*H Ⅰ酶均适用的缓冲体系。

限制性内切核酸酶对环状质粒DNA产生的酶切片段数与酶切位点一致,因此,在酶切后进行琼脂糖凝胶电泳可鉴定酶切反应的结果:可从电泳的区带数推断酶切位点的数目,从片段迁移率判断酶切片段的大小。用已知分子质量的线状DNA为Marker,通过电泳迁移率的比较,可以粗略地测出分子形状相同的未知DNA片段的相对分子大小。

【实验试剂与器材】

材料:底物DNA(质粒pET28a或重组pET28a)。

试剂:

10×buffer K:200 mmol/L Tris-HCl(pH 8.5),100 mmol/L $MgCl_2$,10 mmol/L DTT,1000 mmol/L KCl。

电泳所需试剂:琼脂糖(agarose)、6×电泳上样缓冲液、电泳缓冲液(10×TBE)、溴化乙锭(EB)溶液、DNA Marker。

其他试剂:限制酶 *Xho* Ⅰ、限制酶 *Bam*H Ⅰ、0.1 mol/L EDTA(pH 8.0)、ddH_2O、TE。

仪器与耗材:水浴锅、高压灭菌锅、电泳仪、凝胶成像分析系统、台式高速离心机、移液枪及枪头、计时器等。

【实验步骤】

1. 双酶切反应

(1) 在离心管内,按顺序加入下列成分:

ddH_2O	20 μL
底物 DNA	4 μL
10 × buffer K	3 μL
Xho Ⅰ酶	1.5 μL
*Bam*H Ⅰ酶	1.5 μL
总体积	30 μL

（2）轻弹管壁，混匀，置于冰浴。

（3）放入 37 ℃恒温水浴中酶切 2 h。

（4）取出加入 2 μL 0.1 mol/L EDTA，混匀，终止酶切反应，置冰箱保存备用。

2. 电泳检测

（1）配制 1% 琼脂糖凝胶，将酶切产物进行电泳，EB 染色，使用凝胶成像系统观察或拍照。

（2）分析鉴定酶切结果。

【注意事项】

1. 加样时将枪头伸入液面以下反复吹吸以使溶液混合，并注意更换枪头，防止溶液的污染，加酶操作尽可能快，减少酶离开冰箱的时间以免活性降低。

2. 若反应体系管壁上挂液，可使用高速离心机使反应液集中。

【思考题】

1. 写出本实验所用的两种内切酶消化产物的末端序列。

2. 酶切消化时间过长或过短对酶切效果有何影响？

实验 38　rDNA-ITS 序列分析及物种鉴定

【研究背景与意义】

DNA 分子作为标记进行特种分类鉴定的手段被广泛应用于属间、种间、品种间的分类鉴定和亲缘关系的研究，成为物种识别中最为热门、发展最快的可靠技术手段。DNA 序列分析法是通过扩增、测定目的基因片段的核苷酸序列，并比较序列间的差异来确定各类群间有鉴别意义的特异性位点，从而达到鉴定的目的。目前主要采用的基本方法有：限制性片段长度多态性（RFLP）、随机扩增多态性（RAPD）、扩增性片段长度多态性（AFLP）、DNA 序列分析、荧光免疫分析（FLA）、酶免疫分析（EIA）等。这类技术灵敏度高、准确可靠、操作简便，对特定物种的检测效果良好，针对性强，但对于未知检材不能进行有针对性的扩增和鉴定，即物种遗传背景不清楚则不能进行。

rRNA 基因序列高度保守，特别是 18S rRNA（原核为 16S rRNA），在进化过程中只有少量碱基发生变化，通过这些变化可推断在进化过程中的亲缘关系，即通过系统发生树的构建作物种鉴定。而内转录间隔区（internal transcribed spacer，ITS）是 rDNA 中介于 18S 和 28S 之间的内转录间隔区，不加入成熟核糖体 rRNA，所以受到的选择压力较小，趋向于较高的进化速率，且长度不大。加上协同进化，使该片段在基因组不同单元间极其一致，因而十分适合进行各种分子操作。因此。利用 18S rDNA 的高保守性结合 ITS 片段的高进化速率而产生的 rDNA-ITS 分析技术应用较为广泛，技术方法也日益成熟。目前已成为国内外基因差异分析、鉴别种间关系的主要手段。

【实验目的】

学习 rDNA-ITS 序列分析技术在物种鉴定上的应用及其原理；掌握特定目的 DNA 片段的扩增技术，了解 DNA 序列分析技术；掌握核酸序列的同源性分析方法（基于 NCBI/Blast 软件的分析）。

【实验原理】

目前用于物种鉴定的目标基因，植物类有叶绿体基因 *r6cL*、*trnK*、*marK* 与 rDNA 18S、ITS、5S RNA 等，动物类有线粒体基因组 *cyt-b*、12S rRNA 基因等。rDNA 以串联重复方式存在，其中 18S、5.8S 和 28S rRNA 基因组成一个转录单元。在形成 rRNA 时，有两段 RNA 被剪切，一是位于 5.8S 和 18S rRNA 之间的 ITS1，即核糖体 RNA 第一内转录间隔区，二是位于 5.8S 和 28S rRNA 之间的 ITS2，称为核糖体 RNA 第二内转录间隔区。由于 18S、5.8S 和 28S rDNA 的高度保守性，据此能方便地设计出上下游引物，PCR 扩增方便易行，从而使 ITS 序列分析成为在序列水平上探讨科内属间及属下种间遗传关系的有效手段。

本实验拟从 NCBI 核苷酸数据库中获得红豆杉属现已确定的 11 个物种的 rDNA ITS 序列，根据引物设计原理，在 rDNA 的 18S 保守区域设计正向引物，反向引用选用植物和真菌的反向通向引物 ITS4，委托生物公司合成引物 DNA。PCR 扩增出 ITS 片段后进行测序，将序列与 NCBI 数据库进行 BLAST 搜索比对，构建系统进化树。

正向引物：5′-GCGGTAGGATCATTGTCG-3′

反向引物：5′-TCCTCCGCTTATTGATATGC-3′

【实验试剂与器材】

材料：红豆杉样品（培养中的愈伤组织块）。

Ezup 柱式植物基因组 DNA 抽提试剂盒：吸附柱、收集管、Buffer PCB、Buffer BD、PW Solution、Wash Solution、TE Buffer（pH 8.0）。

试剂：

Taq PCR Master Mix：2×*Taq* PCR Master Mix、无菌 ddH_2O、$MgCl_2$（25 mmol/L）。

10× buffer K：200 mmol/L Tris-HCl（pH 8.5），100 mmol/L $MgCl_2$，10 mmol/L DTT，1000 mmol/L KCl。

电泳所需试剂：琼脂糖（agarose）、6×电泳上样缓冲液、电泳缓冲液（10×TBE）、溴化乙锭（EB）溶液、DNA Marker。

其他试剂：RNase A 溶液（20 mg/mL）、无水乙醇、异丙醇、β-巯基乙醇、氯仿、液氮、0.1 mol/L EDTA（pH 8.0）、ddH_2O、TE。

仪器与耗材：PCR 仪、水浴锅、高压灭菌锅、台式高速离心机、电泳仪、凝胶成像分析系统、移液枪及枪头等。

【实验步骤】

1. 样品总 DNA 提取

(1) 将 50~100 mg 的新鲜植物组织在液氮中充分研磨成粉末,并转移至 1.5 mL 的离心管中。

(2) 加入 600 μL 65 ℃预热的 Buffer PCB 和 12 μL β-巯基乙醇,振荡混匀,置于 65 ℃水浴 25 min,间或混匀。

(3) 加入等体积的氯仿,充分混匀,12 000 r/min 离心 5 min,吸取上层水相转移到洁净的 1.5 mL 离心管中。

(4) 加入等体积的 Buffer BD,颠倒 3~5 次混匀,再加入等体积的无水乙醇,充分混匀,用移液枪将全部液体吸到吸附柱(外套收集管)中,室温静置 2 min,10 000 r/min 离心 1 min,倒掉收集管中废液。

(5) 将吸附柱放回收集管中,加入 500 μL PW Solution,10 000 r/min 离心 1 min,倒掉收集管中废液。

(6) 将吸附柱放回收集管中,加入 500 μL Wash Solution,10 000 r/min 离心 1 min,倒掉收集管中废液。

(7) 将吸附柱放回收集管中,12 000 r/min 离心 2 min,除去残留乙醇。

(8) 取出吸附柱,放入一个新的 1.5 mL 离心管中,在吸附膜中央加入 50 μL TE Buffer,静置 3 min,12 000 r/min 离心 2 min,弃吸附柱,离心管内为收获的 DNA 溶液。

(9) 用紫外分光光度计检测 DNA 的质量,或取样进行 1%琼脂糖凝胶电泳检测,-20 ℃保存备用。

2. PCR 扩增 ITS 序列

(1) 在 PCR 管中依次加入以下成分(50 μL 体系):

2×*Taq* PCR Master Mix	25 μL
无核酸酶 ddH_2O	19 μL
正向引物(10 μmol/L)	2 μL
反向引物(10 μmol/L)	2 μL
模板 DNA	2 μL

(2) 轻弹管壁,放入离心机离心 30 s,使沾壁的液体集中于管底并充分混匀。

(3) 开启 PCR 仪,设定参数:

94 ℃	5 min
94 ℃	30 s
55 ℃	30 s
72 ℃	30 s (1 kb/min)

进行 30 个循环,最后 72 ℃延伸 10 min。

(4) PCR 产物取样 10 μL 进行电泳:1%琼脂糖凝胶,EB 染色,目的带相对分子质量估计为 1100 bp。

(5) PCR 产物放于-20 ℃冻存,送生物公司测序。

3. ITS 序列比对与系统进化树构建

(1) 测得序列用 DNAsis 软件进行拼接,去除两端不确定的序列。

(2) 输入 NCBI 数据库中,进行 BLASTn 比较搜索,下载同源性序列。

(3) 序列分析:使用 MEGA5. 2 软件进行拼接,ITS4 反向引物序列的反向互补序列与 18S 正向引物序列对齐,如果 2 个序列不一致,则 650 序列之前以正向引物序列为准,之后以反向引物序列为准;合并 2 个序列,即得完整序列。

(4) 系统进化树构建:使用 MEGA5. 2 软件的浏览器直接从 NCBI 网站上下载目前所有红豆杉属及相关属的 18S-rDNA 序列,对序列进行比对,删除两段不一致序列,初步建立一个 NCBI 上红豆杉各种的大进化树。再根据大进化树的情况,挑选各物种典型样本,与本样品进行序列比对,构建一个小的进化树。

(5) 对所得系统进树进行分析,得出物种鉴定结论。

【注意事项】

1. 如无液氮,可在愈伤组织材料中直接加入加热的 Buffer PCB 溶液进行研磨。

2. PCR 操作过程应设置阴阳性对照和空白对照,既验证 PCR 反应的可靠性,又可协助判断扩增系统的可信性。

3. 序列分析比对网址:http://blast.ncbi.nlm.nih.gov/Blast.cgi

【思考题】

1. 对 PCR 产物电泳图谱中各区带进行解析。

2. 经过本实验,你认为 rDNA-ITS 法鉴定物种有何优势?有何不足或局限?

第 6 章　设计性实验

实验 39　不同实验方法提取植物组织中基因组 DNA 效果的比较

【研究背景与意义】

分离提取符合研究目标和要求的 DNA 是现代分子生物学研究基础。虽然 DNA 的制备技术并不困难，但因为植物细胞具有细胞壁，而且往往还有色素、酚类化合物和酶抑制剂多聚糖的存在，所以从植物材料中分离基因组 DNA 往往比从动物和微生物细胞中分离基因组 DNA 要难一些。

植物基因组 DNA 的提取方法国内外有很多报道，除了一般的 SDS 法和 CTAB 法，还有苯酚法、高盐低渗法、氯化铯平衡离心法、凝胶层析法、试剂盒抽提法等。这些方法各有缺点，如需要的样品较多、试剂要求较高、材料还需要额外处理、提取时间较长、纯化过程复杂等，而对于一些含有特殊物质（如多糖、酚类、色素及其他次生物质等）的物种，更需要对现有的方法进行改进才能取得较好的效果。

【实验内容或知识点】

植物基因组 DNA 的提取一般需经历破碎细胞壁、裂解细胞膜、除去多糖和多酚类等次生物质、变性分离蛋白质、沉淀核酸、去除 RNA 和浓缩 DNA 等几个步骤。植物 DNA 的提取方法基本上是成熟的，但对于不同的植物，由于各自的生物化学成分和结构不同，在具体操作上会存在差异。

【设计思路及实验目的】

实验目的：了解植物基因组 DNA 的提取意义；掌握植物组织中 DNA 提取的各种常用方法，并根据实际进行选择实施。

设计思路：

1. 通过查阅文献，了解植物基因组 DNA 的提取方法。

2. 针对所选植物材料的特点，设计几套可行的基因组 DNA 提取方案，理解方案中的原理与步骤。

3. 通过对 DNA 产量、质量和纯度的检测，比较不同方法所得 DNA 的效果。

【主要实验方法及提示】

1. 材料的选择　多糖类杂质通常很难从 DNA 中除去，此类杂质过多会使提取物呈胶状，影响电泳分析；即使是低浓度下也会抑制某些 DNA 修饰酶的活性，干扰后续操作；多糖杂质还会影响吸光度对核酸的定量分析。尽量选取含多糖类物质较少的器官和组织为原材料。

2. 实验方法　提取过程首先要破碎（或消化）细胞壁，释放出细胞内容物。然而许多操作在破壁的同时也会剪切 DNA，因此任何方法都是在 DNA 的完整性和产量这两个方面之间折中考虑的结果。注意方法要温和，适当选用 4 ℃低温条件，并且在破壁过程采用一些含有渗透剂的缓冲液以免过早破坏内膜系统。同时，这一程序通常靠诸如 SDS 或 CTAB 一类的去污剂来完成，去污剂还可以保护 DNA 免受内源核酸酶的降解；适量的 EDTA 可以螯合大多数核酸酶所需的金属辅助因子。

3. DNA 释放 DNA 释放后，对其破坏的程度必须降到最低。因此基因组 DNA 的纯化手段要尽量温和，使用的试剂浓度和作用时间也要仔细衡量。

4. DNA 质量的检测和鉴定 一般多采用得率计算、紫外吸收光谱分析、琼脂糖凝胶电泳检测、PCR 扩增鉴定等方法或作综合分析。

【注意事项】

1. 如果方法中要使用到液氮，注意做好防护，保证安全操作。
2. 操作时注意要轻柔，以防 DNA 链断裂。

实验 40 PCR 技术检测火腿肠中肉类的种属来源

【研究背景与意义】

市场上在肉和肉制品的生产与销售中，利用掺杂掺假、以次充好等手段谋取暴利的事件屡屡出现，其中，以掺杂异种肉等造假行为最为常见。虽然可采用电泳技术、免疫学技术、层析技术和光谱技术等进行检测，但对热加工处理的肉类，由于蛋白质成分或其他免疫原性物质被破坏而无法进行。而 DNA 不同于蛋白质，在各种加工过程中均很稳定。结合 PCR 技术能使微量 DNA 短时间内大量扩增的特点，解决了传统方法由于蛋白质变性而失能的困难，使熟肉、熟肉制品的种类鉴定成为可能。

【实验内容或知识点】

所有组织细胞中均含有大量的线粒体，因此容易获得大量的线粒体 DNA（mtDNA）拷贝。同时，mtDNA 在不同的物种间具有高度的变异性，动植物之间的基因结构也有很大的差异。mtDNA 其具有分子结构简单，相对分子质量小（16.5kb 左右），非编码序列比例小，大部分都具有编码蛋白质的功能，基因内不含内含子；无组织特异性，个体不同组织 mtDNA 高度均一等特点。因此，mtDNA 结合 PCR 技术被广泛地用来鉴定食品中的动物源性。

【设计思路及实验目的】

设计思路：根据目前火腿肠生产中常用的肉类（猪肉、鸡肉），结合动物体内 mtDNA 保守区域，设计相应引物。以火腿肠中 DNA 为模板进行 PCR 扩增，根据扩增结果判断火腿肠中肉类的种属来源。

实验目的：了解生物体内 mtDNA 的基本特点及其生物学意义；掌握肉制品中 DNA 提取的基本方法；掌握引物设计的基本原理及方法；掌握 PCR 扩增的基本原理及方法。

【主要实验方法及提示】

1. 通过查阅相关文献,确定猪肉和鸡肉的特异性线粒体序列的引物。
2. 样品收集及 DNA 提取。
3. PCR 扩增。
4. 琼脂糖凝胶电泳鉴定结果。

【注意事项】

1. 本研究为调查类研究,因此取样时要有针对性。
2. 因为火腿肠中淀粉及脂肪含量相对较高,因此注意 DNA 提取方法的选择。

实验 41　地方土猪氟烷基因发生率的调查

【研究背景与意义】

随着生活水平的提高,人们对猪肉品质的要求也越来越高,猪的肉质问题已引起消费者和养猪生产者的广泛重视。大多数肉质属于数量性状,由多基因控制,并存在主基因效应。氟烷基因又称骨骼肌兰尼定受体基因(*RYR*1)或钙离子释放通道基因(*CRC*),它是控制猪应激综合征(PSS)的主效基因。该基因被定位于猪的 6 号染色体上,其不仅会导致猪应激综合征的发生,还会影响仔猪的生长性状、育肥及母猪的繁殖性能等。

检测表明,不同猪品种中氟烷基因的发生频率不同。国外猪种,如荷兰的皮特兰猪、比利时的长白猪及德国的长白猪等氟烷基因的发生率高达 68% ~ 100%,属于强应激敏感品种;杜洛克、约克夏和汉普夏的阳性率较低,属于应激抵抗品种;而我国地方品种猪仅有少量氟烷基因存在。尽管我国氟烷基因的发生频率较低,但近年来,由于外来猪种的大量引进及外来猪种为父本的杂交改良模式的广泛推广,氟烷基因的阳性率呈上升趋势。因此,开展我国地方品种猪氟烷基因发生率的调查,对保护地方品种及对其进一步开发利用具有重要意义。

【实验内容或知识点】

对氟烷基因的克隆分析发现,氟烷阳性(PH)和氟烷阴性(PN)间有 18 处碱基差异,其中 C1834→T 突变可使受体蛋白的精氨酸(Arg615)转变为半胱氨酸(Cys),引起兰尼受体蛋白的结构和功能发生改变。同时,C1834→T 突变还改变了 *Hha* Ⅰ 的酶切位点(5′-GCG↓C-3′),因此可以通过突变位点来判断猪对应激的敏感性。

【设计思路及实验目的】

设计思路:以基因发生突变而导致蛋白质结构和功能发生改变为出发点,设计包含突变位点在扩增范围内的上下游引物。对包括突变位点在内的氟烷基因特异性片段进行 PCR 扩增,通过限制性内切核酸酶对 PCR 产物进行酶切,根据酶切结果得出地方土猪氟烷敏感基因频率。

实验目的:学习查阅文献,了解氟烷基因对猪肉品质的影响及调查氟烷敏感基因发生率对保护地方品种的重要意义；掌握动物组织内 DNA 的提取方法；掌握 PCR 实验方法及酶切法调查基因突变的基本思路。

【主要实验方法及提示】

1. 样品收集及 DNA 提取　拔取土猪母猪颈部猪毛(含毛囊)或取其血液，提取其中基因组 DNA。

2. 引物的设计及 PCR 扩增　根据文献设计引物，以基因组 DNA 为模板对目的片段扩增。

3. 基因型检测　用相应的限制性内切核酸酶对 PCR 产物进行酶切，通过琼脂糖凝胶电泳结果判断基因型。

【注意事项】

1. 本实验一般取样时间较长，样品应及时消毒并置于-70 ℃保存。
2. 提取猪毛基因组 DNA 注意其中蛋白质的去除。

实验 42　PCR 技术在食品转基因检测中的应用

【研究背景与意义】

转基因食品技术发展迅猛，转基因食品的安全性问题逐渐被人们所重视，如今转基因食品实施了标识制度，此制度能否被严格执行，关键在于是否有准确、可靠的检测技术作为保障。对转基因食品检测主要为是否有外源基因或 DNA、检测是否有外源蛋白质。

PCR 是近年来常用的一种快速、灵敏的检测转基因产品的方法，主要检测是否有特定的外源 DNA，检测速度快、准确性好。现有的商品化转基因产品中绝大多数含有 35S 启动子和 NOS 终止子，故转基因食品的检测一般基于 PCR 技术对 35S 启动子和 NOS 终止子进行筛选。

【实验内容或知识点】

PCR 技术是体外特异性扩增技术，在体外合适的条件下，将靶 DNA 变性成为单链，以此单链 DNA 为模板，以人工设计合成的寡核苷酸为引物，在热稳定的 DNA 聚合酶和 4 种 dNTPs 存在的条件下，经高温变性—低温复性—适温延伸沿 5′至 3′方向特异性地扩增 DNA 片段。PCR 技术以其高超的特异性和灵敏度，广泛地应用于食品检测的各个领域。

转基因食品种类不同，所使用的目的基因也不相同，因此通过检测目的基因来鉴别转基因食品难度较大。然而在含有不同目的基因的转基因食品中往往使用相同的或相似的启动子、终止子或标志基因，这些 DNA 序列具有特异性，且大多来自微生物，非植物本身固有，因此通过 PCR 技术检测样品中是否含有特定启动子、终止子或标志基因序列就可以成为鉴别转基因的依据。

【设计思路及实验目的】

实验目的：学习查阅文献，了解转基因食品的种类；掌握引物设计的原则和基本方法；掌握 PCR 实验方法及鉴别转基因的依据。

设计思路:

1. 查阅文献,了解转基因农作物中常用的一些特异序列,选择靶 DNA 序列。
2. 根据靶序列设计引物,设定 PCR 方案,列出反应体系和循环的参数。
3. 检测 PCR 产物,分析实验结果。

【主要实验方法及提示】

1. 利用计算机软件和网站能帮助设计 PCR 引物。
2. 抽提靶 DNA,通常需要提取的是总 DNA,使用试剂盒抽取更为便利。
3. 进行 PCR 时每个样品需有 2 个平行实验,每次检测必须设立 3 个对照(阳性对照、阴性对照、空白对照)。
4. 聚丙烯酰胺凝胶电泳检测 PCR 产物是可行的,特别在片段较小的情况下。

【注意事项】

1. 在进行 PCR 检测时,常见的问题是假阳性和假阴性现象。

假阳性多数是因为 PCR 的高灵敏性,极微量的目标 DNA 污染,造成扩增条带的出现。因此一定要防止污染,特别要避免 DNA 抽提样品交叉污染、PCR 试剂污染和 PCR 产物的污染。

假阴性的原因主是 DNA 模板、酶、试剂、引物用量低或者含有抑制剂和循环参数不正确。

2. 引物设计是实验成功的关键,不能出现非目的扩增序列,同时靶序列不能太短,否则应重新设计。

实验 43 基于线粒体 CO Ⅰ的 DNA 条形码技术对家禽的种类进行鉴定

【研究背景与意义】

DNA 条形码技术是一项利用 DNA 小片段对物种加以辨识及鉴定的分子生物学技术,这种技术已成为生物物种鉴定的新方向。mtDNA CO Ⅰ(线粒体 DNA 细胞色素 c 氧化酶亚单位Ⅰ)基因被公认为动物界中标准的 DNA 条形码基因。其比核基因具有更多的系统发育信息,且一般情况下 mtDNA CO Ⅰ序列种间遗传变异大于种内遗传变异。此外,对于几乎所有动物种类,在 mtDNA CO Ⅰ基因 5′端都能找到通常序列作为扩增引物。国内外已有不少利用 mtDNA CO Ⅰ序列来鉴定动物物种及进行分类学研究的报道。

运用 mtDNA CO Ⅰ基因对家禽类动物种类进行鉴定,有利于禽类新品种配套系审定和遗传资源鉴定工作,有利于新品种的选育和推广,也有利于食品加工及销售的监督和检验。

【实验内容或知识点】

线粒体 DNA 细胞色素 c 氧化酶亚单位Ⅰ(mtDNA CO Ⅰ)主要被用作系统发育研究或 DNA 条形码研究。CO Ⅰ基因分子进化速率方面超出 12S rDNA 或 16S rDNA 2 倍以上,不仅能区分近亲种,同时又能区分单一物种的不同地理隔离群。由于操作简便快速,便于规范和标准化,基于 CO Ⅰ的 DNA 条码技术已被广泛应用于多个动物类群的鉴定与分离。

COⅠ基因的通用引物能够从大多数动物门类的代表性物种中扩增出 5′端的一段序列。本实验要求学生设计 COⅠ通用引物,对从样品中提取的总 DNA 进行扩增,然后纯化 PCR 产物、测序及序列分析,从而对所检的家禽样品作出品种鉴定。

【设计思路及实验目的】

1. 熟练掌握样品采集和样品 DNA 的提取方法。
2. PCR 扩增线粒体上 COⅠ的目的片段。
3. PCR 产物纯化和测序后,进行序列分析,学会系统聚类树的构建和分析方法。

【主要实验方法及提示】

1. COⅠ常用的通用引物序列可通过文献查询或者从 GenBank 数据库中获取。
2. 除了常规 PCR 方法,还可以运用巢式 PCR 等手段,PCR 产物要进行纯化。
3. 国内外已有动植物鉴定网站可供学习,如国际生命条形码联盟建立的国际生命条形码系统数据库(BOLD),主要由动物 COⅠ序列组成。
4. 序列分析时,可将所有序列进行两两比较并计算其差异,然后根据差异值来确定物种之间的关系。

【注意事项】

1. 线粒体基因为母系遗传,在分析某些杂交品系的时候注意这一点。
2. 有些研究者认为,在线粒体和核基因组之间会存在基因的转移及在基因流动中会出现雄性偏倚;另外由于某些原因,用作动物条形编码的线粒体基因并不会在所有动物物种中都准确地分化。

实验 44　猪瘟病毒 Southern 印迹杂交技术的诊断

【研究背景与意义】

猪瘟病毒是猪瘟的病原,危害猪和野猪。猪瘟是一种高热性、致死性、高度接触性传染病,对养猪业影响很大,对此病的诊断十分重要。利用核酸探针技术以病毒 RNA 基因组为模板制备探针,在 cDNA 合成后进行 Southern 印迹杂交。这种方法特异性强,准确可靠,可用于不同毒株的分离和鉴定。

【实验内容或知识点】

Southern 印迹杂交技术是一种用于检测特定 DNA 片段的方法。它是将凝胶上分离的 DNA 片段转到硝酸纤维素膜上后,再通过同位素标记的单链 DNA 或 RNA 探针的杂交作用检测这些被转移的 DNA 片段。它通常与其他的检测方法结合应用,为特定 DNA 片段的检测提供了快速、准确、灵敏的方法。

【设计思路及实验目的】

设计思路：利用核酸探针技术以病毒 RNA 基因组为模板制备探针，在 cDNA 合成后进行杂交。

实验目的：了解猪瘟病毒的发病症状及控制措施；掌握 Southern 印迹杂交技术的基本原理及操作过程。

【主要实验方法及提示】

1. 样本采集。

2. 制备待测 DNA：包括引物的设计、PCR 扩增及限制性内切核酸酶酶切等。因猪瘟病毒遗传物质为 RNA，可通过 RT-PCR 技术将 RNA 反转录为 cDNA，再进行 PCR 扩增。

3. 琼脂糖凝胶电泳分离待测 DNA 样品及印迹转移：包括通过琼脂糖凝胶电泳将各 DNA 片段分离开来，然后经碱处理凝胶，使 DNA 的片段变性、中和并通过毛细管作用在高盐缓冲液中将单链核酸原位转移。

4. 探针标记及杂交。

5. 放射自显影检测，得出结果。

【注意事项】

因为病毒是专性细胞寄生，需要在活细胞或动物体内才能得到分离。因此，应根据动物临床感染的症状及流行病学资料进行采样。

实验 45　采用 PCR 法对目的基因进行定点突变

【研究背景与意义】

体外定点突变技术是当前生物、医学各领域中的一种重要实验手段，是改造、优化基因的便捷方案，是探索启动子调节位点的有效手段，也是研究蛋白质结构和功能之间复杂关系的有力工具。

基因的定点突变技术，是指使基因或 DNA 片段中的任何一个特定碱基发生可控的取代、插入或缺失突变的过程。PCR 法对基因的定点突变就是应用诱变寡核苷酸为引物，对目标 DNA 进行复制，使寡核苷酸引物成为新合成的 DNA 子链的一部分，而突变由此引入新合成的 DNA 链中。定点突变能迅速、高效地提高 DNA 所表达的目的蛋白的性状及表征，是基因研究的一种非常有用的手段。

【实验内容或知识点】

几乎所有定点突变技术，都需要一个或多个含有突变碱基的诱变寡核苷酸来改变靶序列。PCR 介导的基因定点突变，还可以在任何需要的位置上加上限制性酶切位点；能够把一个自然条件下从未发生的突变精确放置到靶基因的特定位置。在蛋白质工程中定点突变常用于改变基因编码区的氨基酸序列，检验特定氨基酸残基在蛋白质结构、催化活性及其配基结合能力中的应用；能够把蛋白质的功能确定在特异的结构区域内；能够删除蛋白质的非必需活性；能够提高酶的催化活性和改变物理特性。

【设计思路及实验目的】

实验目的：掌握 PCR 介导的定点突变技术的原理与方法；了解该方法在蛋白质工程中的应用。

设计思路：

1. 对拟突变基因序列进行分析，设计突变方案。
2. 根据突变方案设计合成覆盖突变位点的双向引物（合成诱变寡核苷酸），优化 PCR 程序，进行高保真 PCR 反应。
3. 对 PCR 产物进行克隆、筛选，DNA 测序验证突变序列的正确性。

【主要实验方法及提示】

1. 根据不同的突变要求选择合适的 PCR 诱变方案：大引物 PCR 法适于碱基替换突变；重叠延伸法和反向 PCR 除适于碱基替换突变外，还适于片段插入和缺失突变。

2. 突变引物通常为 25～35 bp，突变点一般放在引物中间；无突变引物一般长 20～30 bp。突变体的设计最好是消除或产生一个限制酶的识别位点，以便有效地筛选出突变产物。

3. PCR 扩增 DNA 时会产生一定程度的碱基错配，除预定突变外可能会包含一些非预定突变。可通过限制扩增的循环数、应用具有校正功能的热稳定的 DNA 聚合酶（如 *Pfu* DNA 聚合酶和 *Vent* DNA 聚合酶），将错误降低到最小。

4. *Taq* DNA 聚合酶常在产物的 3′加上非预设的碱基 A，具有校正功能的热稳定 DNA 聚合酶则没有这个问题。

5. 对每套引物和模板，PCR 反应的条件都需要优化。

6. 标准 PCR 不能有效扩增大于 3 kb 的 DNA 片段，需要采用重叠延伸法或加入一定量的 *Pfu* DNA 聚合酶和 *Vent* DNA 聚合酶来解决这个问题。

【注意事项】

1. 所有操作最好在冰上进行。
2. 试剂添加要准确，并防止相互污染。

实验 46　人胰岛素基因的原核表达

【研究背景与意义】

胰岛素是由胰岛 B 细胞受内源性或外源性物质（如葡萄糖、乳糖、核糖、精氨酸、胰高血糖素等）刺激而分泌的一种蛋白质激素。胰岛素是机体内唯一降低血糖的激素，同时促进糖原、脂肪、蛋白质合成。外源性胰岛素主要用以糖尿病治疗。在基因工程重组人胰岛素技术出现前，用于医疗的都是动物胰岛素，虽然与人胰岛素在生物活性上没有太大差别，但由于化学结构的差异，使不少患者产生免疫反应，加上胰脏来源有限，化学方法合成费用高，所以胰岛素医疗供求矛盾突出。随着生物技术的兴起，用基因工程方法生产人胰岛素成为可能，重组人胰岛素逐渐取代动物胰岛素。临床实验表明，人胰岛素的疗效和安全性优于牛或猪等动物胰岛素。

国际上基因工程人胰岛素的主要生产方法是利用大肠杆菌系统和酵母系统表达人胰岛素基因，提高人胰岛素在表达系统的表达量具有重要的现实意义。

【实验内容或知识点】

基因工程生产人胰岛素一般用大肠杆菌表达，且多以胰岛素原（此为胰岛素的前体）的形式存在。胰岛素原由 3 条多肽链组成，分别是 A 链、B 链和 C 链。胰岛素基因组 DNA 是单一拷贝型的基因，具有 3 个外显子和 2 个内含子，因此在克隆时采用以 mRNA 为模板的反转录 PCR 是较便捷的方法。本实验要求设计并分子克隆适宜于原核系统表达的人胰岛素原基因，并将其与适当的载体进行拼接，构建成人胰岛素原核表达载体并进行鉴定。

【设计思路及实验目的】

1. 学会获取人胰岛素原基因序列，设计特定的引物。
2. 以人胰腺 cDNA 为模板，经 PCR 扩增获得目的基因片段。
3. 掌握目的基因与表达载体重组的方法。
4. 学会挑选阳性转化子，诱导表达目的蛋白。
5. 了解产物复性酶切、纯化、检测的方法。

【主要实验方法及提示】

1. PCR 扩增目标序列时，可在引物的两端引入酶切位点，方便其后的限制性内切核酸酶切割出黏性末端，并与质粒在特定位置进行拼接。

2. 完成转化后，通过标记基因筛选阳性转化子，这时可采用电泳、PCR、DNA 测序等方法来鉴定目的基因是否准确克隆、序列是否正确无误。

3. 构建表达体系成功，所得菌体经超声波破碎或溶菌酶处理后进行 SDS-聚丙烯酰胺凝胶电泳（SDS-PAGE），可初步判断目的产物的表达情况（是否被诱导表达，产物的分子质量、表达量、表达形式）。

4. 外源基因的高水平表达不仅涉及宿主、载体和目的基因三者的相互关系，而且与其所处环境的条件也密切相关，因而需要探索适合外源基因表达的培养条件与发酵工艺，才能实现高密度发酵，获得更多的产物。

5. 有时原核表达产物以包涵体的形式存在，纯度较高的包涵体有利于下游纯化工艺，在纯化、复性及酶切过程中可减少杂蛋白的不利影响，得到高收率的重组人胰岛素。但是包涵体要进行收集、洗涤、溶解与复性等工艺的研究。

6. 为了简化下游纯化工艺，可采用融合表达方式，这样能增加目的蛋白的可溶性表达，但往往表达量不够高。

【注意事项】

1. 克隆目的基因 PCR 扩增时，需使用高保真耐热 DNA 聚合酶；用 PCR 手段检测特定序列时,可用一般的 *Taq* DNA 聚合酶。

2. 用原核系统表达真核基因,往往会出现一些意料之外的问题,如密码子偏好性、重组质粒不稳定、产物活性丧失、细菌内毒素不能清除、胞内蛋白酶消化外源基因产物等。

实验 47　罗非鱼溶菌酶基因在大肠杆菌中的诱导表达及产物鉴定

【研究背景与意义】

溶菌酶又称胞壁质酶、*N*-乙酰壁质聚糖水解酶,其化学性质稳定,是一种较耐热的碱性蛋白质。溶菌酶能水解细胞及真菌细胞壁中的 *N*-乙酰氨基葡萄糖(NAM)和 *N*-乙酰胞壁酸(NAG)之间的 β-1,4 糖苷键,具有抗菌消炎、抗病毒、增强机体免疫力等功效。

一些动物和微生物来源的溶菌酶已进入工业化生产,国内企业生产的溶菌酶主要是蛋清溶菌酶。然而从生物材料提取溶菌酶存在固有缺陷,一是受生物材料来源限制,二是生物材料由于取自不同生物体,保鲜程度不一,难以保证不受病毒和其他有害物质污染,因此会造成产品质量不稳定。而利用 DNA 重组技术通过原核表达系统进行生产,则可以克服这一弊病。

【实验内容或知识点】

狭义的原核表达是指利用基因克隆技术,将外源目的基因,通过构建表达载体并导入表达菌株的方法,使其在特定原核生物或细胞内表达。

一个完整的表达系统通常包括配套的表达载体和表达菌株。如果是特殊的诱导表达还包括诱导剂,如果是融合表达还包括纯化系统或者 Tag 检测等。选择表达系统通常要根据实验目的来考虑,如表达量高低、目标蛋白的活性、表达产物的纯化方法等。

【设计思路及实验目的】

设计思路:将罗非鱼体内溶菌酶基因序列克隆至表达载体构成重组子,重组子转化入宿主(大肠杆菌)内,借助宿主内的表达系统将外源基因表达。结合表达载体内的操纵子序列,采取一定的方式(如改变温度或添加化学物质)使外源基因大量转录并高效表达,蛋白质通过 SDS-聚丙烯酰胺电泳进行检测。

实验目的:学习和掌握目的基因在大肠杆菌中诱导表达的原理;学习和掌握 SDS-聚丙烯酰胺凝胶电泳的原理;掌握目的基因在大肠杆菌中的诱导表达和 SDS-聚丙烯酰胺凝胶电泳的操作技术。

【主要实验方法及提示】

1. 首先,根据 Genebank 中罗非鱼溶菌酶 cDNA 序列设计包含可读框在内的上下游引物,以罗非鱼体内总 cDNA 为模板,进行 PCR 扩增。PCR 产物纯化后克隆至载体 pET3a,筛选重组子。

2. 将重组子转化至大肠杆菌 DH5α,根据重组载体的抗性基因进行筛选,挑取单菌落,小量提取质粒进行双酶切鉴定,并进一步测序,验证目的基因的插入方向是否正确。

3. 已鉴定后的重组子转化进入表达宿主菌 *E. coli* BL21(DE3)的感受态细胞,IPTG 进行诱导表达。

4. SDS-PAGE 对产物进行鉴定。

【注意事项】

1. 设计引物时注意一定要在引物上游增加酶切位点及保护碱基。

2. 选择表达载体时,要根据所表达蛋白质的最终应用来考虑,如为方便纯化,可选择融合表达;如为获得天然蛋白,可选择非融合表达。

3. 融合表达时在选择外源 DNA 同载体分子连接反应时,对转录和翻译过程中的密码结构的阅读不能发生干扰。

4. SDS-PAGE 时,注意根据蛋白质分子质量的大小选择合适的聚丙烯酰胺凝胶的浓度,以确保电泳效果。

实验 48　β-地中海贫血的基因诊断——PCR-RFLP 分析

【研究背景与意义】

β-地中海贫血(β-thalassemia,β-地贫)是一种以 β 珠蛋白肽链合成缺陷为特征的遗传性溶血性贫血,为常染色体隐性遗传病。大多数 β-地贫不是基因缺失所致,而是由于 β 珠蛋白基因突变(主要为单碱基置换)引起的 β 珠蛋白多肽链合成减少或不能合成。目前在世界范围发现该基因的单碱基置换达 160 余种,在中国发现的有 21 种,因此其诊断途径也与其他遗传病不同,诊断的主要目的即检出点突变。多重 PCR、PCR 结合限制性片段长度多态性分析(PCR-RFLP)和反向斑点杂交法(PCR-RDB)等技术都能够快速、准确地进行 β-地贫的基因诊断,具有较好的临床应用价值。其中,PCR-RFLP 主要检测引起内切酶切点改变的突变导致的 β-地贫。

β-地中海贫血是一种严重影响人民健康和人口质量的遗传性疾病,在我们广大地域尤其是南方具有较高的发病率。目前尚无根治的方案,防治该病的根本措施是杜绝患儿出生,为此必须在高危人群中做好双亲基因型筛查和胎儿产前基因诊断。

【实验内容或知识点】

PCR-RFLP 技术,是常用的基因检测方法。此法的基本原理是用 PCR 扩增目标 DNA 片段,扩增产物用特异性内切酶消化切割成不同大小片段,再进行凝胶电泳分析。不同等位基因(正常基因与突变基因)的限制酶切位点分布不同,产生不同长度的 DNA 片段条带。此项技术大大提高了目的 DNA 的含量和相对特异性,方法简便,分型时间短。

本实验要求实验者对待测人群进行采血,提取基因组 DNA 样品,用特异 PCR 引物扩增包含突变位点的 β 珠蛋白基因特定的片段,选择酶切位识别序列正好就是突变位置的限制性内切核酸酶对该片段进行酶切。由于突变基因上特定位点碱基的突变,对相应的 PCR 扩增片段进行酶切后获得的片段与正常基因有异,可进行凝胶电泳以检测其多态性。

【设计思路及实验目的】

实验目的:掌握 PCR-RFLP 检测的基本原理和操作过程;了解 PCR-RFLP 分析的应用领域及现实意义。

设计思路:

1. 查询序列,根据突变位点设计 PCR 引物,选择限制性内切核酸酶。
2. 采样,提取基因组 DNA。
3. PCR 扩增。
4. 产物酶切,凝胶电泳鉴定。

【主要实验方法及提示】

1. 取样时一般采集外周血,从中分离细胞及提取基因组 DNA;若是产前诊断,则需要抽取羊水获得胎儿细胞,该操作具有一定的危险性。

2. 用单个限制酶图谱分析就能作出结论的不多见,建议采用数个多态性限制酶位点作为遗传标志进行单体型分析。

3. 限制性酶切并电泳检测片段长度时,要有阴性、阳性对照。

【注意事项】

1. 突变性质不明的 β-地贫不能用此法检出,需要另设检测体系。
2. 样品和试剂不能相互污染。

第四部分　细 胞 工 程

第 7 章　综合性实验

实验 49　大鼠骨髓间充质干细胞的体外分离培养

【研究背景与意义】

骨髓是一个复杂的系统,它由各种造血细胞、造血干细胞和基质组织所组成。骨髓基质组织中含有一类具有多向分化潜能的干细胞,由于它可分化为成骨细胞、脂肪细胞、软骨细胞、肌肉细胞、成纤维细胞、基质细胞等多种间充质组织,因此将它命名为间充质干细胞。骨髓间质干细胞(bone mesenchymal stem cell,BMSC)易于在体外分离、纯化,具有多向分化潜能,有较弱的免疫抗原性,体内植入反应较弱,可在体内外表达多种治疗性的外源目的基因,因而近年来已成为细胞治疗、基因治疗和组织工程领域中研究的热点。

【实验目的】

掌握原代大鼠骨髓间充质干细胞的全骨髓贴壁培养法;掌握大鼠骨髓间充质干细胞的传代培养方法;观察大鼠骨髓间充质干细胞原代培养和传代培养过程中的细胞形态。

【实验原理】

间充质干细胞是一种能贴附于塑料培养板表面的成纤维样细胞,具有很强的自我增殖能力。目前常用于分离骨髓间充质干细胞的方法主要有 4 种:全骨髓贴壁法、密度梯度离心法、流式细胞分离法和免疫磁珠分离法。其中以全骨髓贴壁法和密度梯度离心法最为常用。全骨髓贴壁法是根据骨髓间充质干细胞与造血系细胞贴壁性能不同而对骨髓间充质干细胞进行体外分离纯化的方法。骨髓间充质干细胞贴壁快、生长迅速,培养一段时间后,造血系细胞因不贴壁而死亡或随换液除去。

细胞培养过程中,随着培养时间的延长和细胞不断分裂,细胞之间相互接触而发生接触性抑制,而且营养物不足和代谢物积累,生长速度减慢甚至停止,此时需要重新将细胞接种到新的培养器皿内,加入新鲜培养液再进行培养,这个过程称为细胞传代。传代培养的累积次数就是细胞的代数。悬浮型细胞的传代直接分瓶就可以,而贴壁细胞需经消化后才能分瓶。贴壁细胞的传代一般采用胰蛋白酶处理细胞,胰蛋白酶是一种能够破坏细胞外基质和黏附蛋白的蛋白水解酶,从而使细胞脱离生长表面。

【实验材料、试剂与器材】

试验动物:SD 大鼠。

试剂：间充质干细胞培养液、0. 25% 胰蛋白酶液、PBS 缓冲液、75% 乙醇。

间充质干细胞培养液：L-DMEM 培养基加入 10% 的胎牛血清，并加入双抗（青霉素 100 U/mL，链霉素 100 μg/mL），碳酸氢钠调 pH 为 7. 2~7. 4，0. 22 μm 过滤器除菌，4 ℃保存。

0. 25% 胰蛋白酶液：称取 2. 5 g 胰蛋白酶，0. 4 g EDTA 溶解于约 900 mL PBS 液中，搅拌充分溶解后，4 ℃过夜，调 pH 至 7. 2，定容至 1000 mL，0. 22 μm 过滤器除菌，4 ℃保存。

磷酸盐缓冲液（PBS）：称取 NaCl 50 g，KCL 1. 25 g，$Na_2HPO_4 \cdot 12H_2O$ 18. 1 g，NaH_2PO_4 1. 56 g，溶于约 200 mL 蒸馏水中，用 HCl 调节溶液的 pH 至 7. 4，最后加蒸馏水定容至 250 mL。取 40 mL 25×PBS 稀释 25 倍，即加蒸馏水定容至 1000 mL，高温灭菌，室温或 4 ℃保存。

仪器：CO_2 恒温培养箱、超净工作台、倒置相差显微镜、台式离心机，血细胞计数器、培养皿、培养瓶、吸管、解剖剪、解剖镊、酒精灯、注射器、酒精棉球、记号笔、离心管等。

【实验步骤】

1. 大鼠骨髓间充质干细胞的原代培养

（1）取无特定病原体（SPF）级 3~4 周龄 SD 大鼠，断颈处死，75% 乙醇浸泡 5 min。

（2）超净台无菌条件下用解剖镊和解剖剪分离大鼠双侧股骨，并彻底清除附着其上的肌肉组织，放入盛有 PBS 缓冲液的培养皿中清洗干净。

（3）用剪刀去除两端骨骺，暴露骨髓腔，放入盛有间充质干细胞培养液的培养皿中，用注射器吸取间充质干细胞培养液反复冲洗骨髓腔，将骨髓腔内的骨髓冲出，收集细胞，用吸管反复吹打制成单细胞悬液。

（4）将冲洗液收集于离心管中，1100 r/min 离心 5 min，弃去上清及脂肪层。

（5）用 3 mL 间充质干细胞培养液重悬细胞并计数，以 2×10^5 个/cm^2 的密度接种于 25 cm^2 培养瓶中，用记号笔在培养瓶上标记细胞名称、培养日期、细胞代数 P_0，置于 37 ℃含体积分数为 5% CO_2 及饱和湿度的恒温培养箱中培养。

（6）培养 48 h 后首次换液，去除非贴壁细胞，以后每 3 天换液 1 次，每天在倒置相差显微镜下观察细胞的形态及生长情况。

（7）待细胞达到 80%~90% 融合时，进行传代培养。

2. 大鼠骨髓间充质干细胞的传代培养

（1）待细胞融合达 80%~90% 后，将旧培养液吸出，PBS 缓冲液轻轻洗涤培养物 2 次。

（2）加入 0. 25% 胰蛋白酶液 2 mL，37 ℃培养箱中消化 2~3 min，镜下观察，当 80%~90% 细胞变圆接近脱离瓶壁时，加入 3~4 mL 间充质干细胞培养液进行终止消化，用吸管轻缓反复吹打，使细胞充分脱壁，制成单个细胞悬液。

（3）收集细胞悬液，1100 r/min 离心 4 min，弃上清，加入适量间充质干细胞培养液重悬细胞，按 1∶2 或 1∶3 的比例接种于新的 25 cm^2 培养瓶中进行传代扩增培养。用记号笔在培养瓶上标记细胞名称、培养日期、细胞代数。置于 37 ℃含体积分数为 5% CO_2 及饱和湿度的恒温培养箱中培养，每 3 天换液 1 次。

（4）逐日观察细胞的生长情况，待细胞融合达 80%~90% 后，再用 0. 25% 胰蛋白酶液消化，以上述同样方法进行传代扩增培养。大鼠骨髓间充质干细胞可多次传代。

【注意事项】

1. 除细胞计数可在有菌环境中进行外，其他所有的组织细胞及相关用具均要处于无菌条件。

2. 操作尽量在酒精灯火焰附近进行，耐热物品要经常在火焰上灼烧，但灼烧后需冷却才能进行细胞或组织的相关操作，已经吸取过培养液的吸管不能再灼烧，以免烧焦形成碳膜。

3. 吸取不同溶液的吸管不能混用。

【思考题】

1. 除了骨髓，间充质干细胞还存在于其他组织中吗？
2. 间充质干细胞培养液为何能够终止胰蛋白酶液的消化作用？
3. 为何细胞达到 80% ~90% 融合时进行传代培养？
4. 胰蛋白酶液中加入 EDTA 有何作用？

实验 50　动物细胞生长曲线的测定

【研究背景与意义】

细胞生长曲线是观察细胞生长基本规律的重要方法。一般细胞传代之后，经过短暂的悬浮然后贴壁，随后度过长短不同的潜伏期，即进入大量分裂的指数生长期，在细胞达到饱和密度后，停止生长，进入平顶期，然后退化衰亡。典型的生长曲线可分为生长缓慢的潜伏期、斜率较大的指数生长期、呈平台状的平顶期及退化衰亡 4 个部分。通过测定生长曲线，可以了解培养细胞的增殖生长规律及细胞活力等。生长曲线也常用于测定药物等外来因素对细胞生长的影响。

【实验目的】

掌握 MTT 法测定细胞生长曲线的操作过程；了解 MTT 法测定细胞生长曲线的原理。

【实验原理】

活细胞线粒体中的琥珀酸脱氢酶能使外源性的二苯基四氮唑溴盐（MTT）还原为水不溶性的蓝紫色结晶物，该结晶物沉积在细胞中，二甲基亚砜（DMSO）能溶解细胞中的蓝紫色结晶物，可在酶联免疫检测仪上读取光吸收值（OD 值），在一定范围内，MTT 结晶形成的量即光吸收值（OD 值）与活细胞数量呈线性关系。根据测得的吸光度值（OD 值）可以判断活细胞数量及细胞活力。

【实验材料、试剂与器材】

材料：SD 大鼠骨髓间充质干细胞。

试剂：间充质干细胞培养液、0.25% 胰蛋白酶液、PBS 缓冲液、二甲基亚砜（DMSO）。

MTT 溶液：称取 250 mg MTT，放入小烧杯中，加 50 mL 培养液或平衡盐溶液在电磁力搅拌机上搅拌 30 min，用 0.22 μm 的微孔滤器除菌，分装，4 ℃保存备用，两周内有效。

仪器：CO_2 恒温培养箱、超净工作台、倒置相差显微镜、台式离心机、酶联免疫检测仪、细胞板振荡器、血细胞计数器、96 孔培养板、移液枪、吸管、酒精灯、酒精棉球、记号笔、离心管、枪头等。

【实验步骤】

(1) 取传代培养的生长状态良好的 SD 大鼠骨髓间充质干细胞,待细胞融合达 80% ~90% 后,将旧培养液吸出,PBS 缓冲液轻轻洗涤培养物 2 次。

(2) 加入 0.25%胰蛋白酶液,37 ℃培养箱中消化 2~3 min,当 80% ~90% 细胞变圆接近脱离瓶壁时,加入间充质干细胞培养液进行终止消化,用吸管轻缓反复吹打,使细胞充分脱壁,制成单个细胞悬液。

(3) 收集细胞悬液,1100 r/min 离心 4 min,弃上清,加入适量间充质干细胞培养液重悬细胞,血细胞计数器进行细胞计数后,以 2.0×10^4个/mL 接种于 96 孔培养板,每孔 200 μL 细胞悬液。用记号笔在 96 孔培养板上标记细胞名称、培养日期等信息。置于 37 ℃含体积分数为 5% CO_2及饱和湿度的恒温培养箱中培养。

(4) 每 24 h 取 6 孔培养细胞进行检测,连续检测 7 天。测定前每孔加入 MTT 溶液(5 mg/mL)20 μL,37 ℃培养箱中继续培养 4 h 后,轻轻吸尽上清液,每孔加入 150 μL DMSO,室温振荡 10 min,使结晶物充分溶解,送入酶联免疫检测仪,选择波长为 492 nm,测定各孔光吸收值,记录结果。

(5) 以培养时间(天)为横坐标,吸光度值(A_{492})为纵坐标,绘制细胞生长曲线。

【注意事项】

1. 要设立与实验平行不加细胞只加培养液的空白孔,酶联免疫检测仪检测时以空白孔调零。

2. 3 天后未检测的细胞要换新鲜培养液并保持相同的培养液量。

3. 加入 MTT 溶液培养 4 h 后,尽量吸净培养孔内残余的培养液,以免影响检测结果。

4. MTT 法不能反映细胞的绝对数量,如果想获得细胞数量,需要作细胞数量与 OD 值相互关系的曲线图,在线性关系的范围内可间接测量细胞数量。

【思考题】

1. 还可以用何种方法进行细胞生长曲线的测定?

2. 不同代数的间充质干细胞的生长曲线一致吗?

3. 细胞接种密度对生长曲线的测量有何影响?

实验 51 动物细胞的冻存与复苏

【研究背景与意义】

体外培养的细胞,随着传代次数的增加,细胞各种生物学特征会逐渐发生变化,而且长期传代也会造成资源浪费。因此,在细胞传代过程中,需要适时进行细胞冷冻保存,以保证体外培养细胞的质量,也便于取用。而且适度地保存一定量的细胞,可以防止因正在培养的细胞被污染或其他意外事件而使细胞丢失,起到了细胞保种的作用。除此之外,还可以利用细胞冻存的形式来购买、寄赠、交换和运送某些细胞。

【实验目的】

掌握动物细胞冻存与复苏的方法;了解动物细胞冷冻保存的原理。

【实验原理】

在不加任何保护条件直接冻存细胞时,细胞内外环境中的水会形成冰晶,导致细胞发生严重损伤而死亡。为了有效保存细胞,目前多采用二甲基亚砜(DMSO)或甘油作为细胞冻存的冷冻保护剂,它们分子质量小、溶解度大,能够提高细胞膜对水的通透性,能够稳定渗入细胞,降低溶液冰点,且在浓度为 1 mol/L 左右时对细胞相对无毒,使用的浓度为 5%～15%,常用 10%。

细胞冻存及复苏的基本原则是慢冻快融,这样可以最大限度地保存细胞活力。缓慢冷冻可使细胞内的水分渗出细胞外,减少细胞内冰晶的形成,从而减少由于冰晶形成造成的细胞损伤。标准冷冻速度开始为(-2～-1) ℃/min,当温度低于-25 ℃时可加速,下降率可增至(-10～-5) ℃/min,到-80 ℃之后可直接投入液氮内(-196 ℃),细胞在液氮内可长期保存。复苏细胞应采用快速融化的方法,这样可以保证细胞外结晶在很短的时间内即融化,避免由于缓慢融化形成胞内再结晶对细胞造成损伤。

【实验材料、试剂与器材】

材料:SD 大鼠骨髓间充质干细胞。

试剂:间充质干细胞培养液、L-DMEM 培养基、胎牛血清(FBS)、0.25% 胰蛋白酶液、PBS 缓冲液、二甲基亚砜(DMSO)。

仪器:CO_2恒温培养箱、超净工作台、倒置相差显微镜、台式离心器、血细胞计数器、细胞培养瓶、吸管、细胞冻存管、酒精灯、酒精棉球、记号笔、离心管等。

【实验步骤】

1. 细胞的冻存

(1) 取传代培养的对数生长期的 SD 大鼠骨髓间充质干细胞,将旧培养液吸出,PBS 缓冲液轻轻洗涤培养物 2 次。

(2) 加入 0.25% 胰蛋白酶液,37 ℃培养箱中消化 2～3 min,当 80%～90% 细胞变圆接近脱离瓶壁时,加入间充质干细胞培养液进行终止消化,用吸管轻缓反复吹打,使细胞充分脱壁,制成单个细胞悬液。

(3) 收集细胞悬液,1100 r/min 离心 4 min,弃上清,加入细胞冻存液(60% L-DMEM+30% FBS+10% DMSO)重悬细胞,充分混匀后用血细胞计数器进行细胞计数,将细胞密度调整为 5.0×10^6个/mL。

(4) 取加入细胞冻存液的细胞悬液 1～1.5 mL 移入 2 mL 细胞冻存管,旋紧管盖,用记号笔在冻存管上标记细胞名称、细胞代数、冻存日期等信息。

(5) 将冻存管置于 4 ℃,30 min,再放入-20 ℃,1.5～2 h,移入-80 ℃低温冰箱 12～48 h,最

后移入液氮(−196 ℃)冻存。

2. 细胞的复苏

(1) 从液氮罐中取出冻存管,迅速投入 40~42 ℃恒温水浴锅中,并不断摇动冻存管使其在 1 min 内迅速解冻。

(2) 待完全溶化后取出冻存管,用 75% 乙醇擦拭消毒冻存管外壁,打开管盖,用吸管将解冻的细胞悬液转至 10 mL 离心管内,并加入适量间充质干细胞培养液。

(3) 混匀后 1100 r/min 离心 4 min,弃去上清液以减少冷冻保护剂对细胞的毒性作用,加入适量间充质干细胞培养液重悬细胞,接种入细胞培养瓶,用记号笔在培养瓶上标记细胞名称、细胞代数、培养日期等信息。

(4) 将细胞置于 37 ℃含体积分数为 5% CO_2及饱和湿度的恒温培养箱中培养,12 h 后进行换液以去除死亡的非贴壁细胞,以后每 3 天换液 1 次。待细胞达到 80% ~90% 融合时,进行传代培养。

【注意事项】

1. 冻存液中的 DMSO 在室温下易损伤细胞,所以细胞冻存时加入冻存液后需立即放入 4 ℃冰箱中,细胞复苏时要尽快离心除去冻存液。

2. 细胞复苏时,液氮罐中取出冻存管后,检查盖子是否有松动,若盖子松动则弃去此样品。

【思考题】

1. 冻存细胞为何取对数生长期的细胞?

2. 细胞经过冻存后,会有很多的细胞死亡,如何测定细胞的存活率?

实验 52 大鼠骨髓间充质干细胞表面标志的检测和成骨诱导分化

【研究背景与意义】

骨髓间充质干细胞(bone mesenchymal stem cell,BMSC)是存在骨髓中具有高度自我更新能力和多向分化潜能的成体干细胞。大量研究表明,体外培养的 BMSC 在合适的诱导条件下,可分化为成骨细胞、成软骨细胞、脂肪细胞、成肌细胞和神经元样细胞等多种细胞。对于分离培养的细胞必须经过科学鉴定才能最终确认是否是 BMSC,BMSC 缺乏特异性的干细胞分子标志,对其进行鉴定存在一定难度。目前,主要通过形态学及生长特征、表面 CD 表型和多向分化潜能三个方面进行综合判断。

【实验目的】

掌握用荧光染料标记细胞表面抗原的操作过程;掌握大鼠骨髓间充质干细胞成骨分化的诱导及成骨鉴定方法;了解流式细胞术及成骨鉴定中茜素红 S 反应的原理。

【实验原理】

BMSC 缺乏特异性的干细胞分子标志,但具有一组表面抗原表型,既有间充质细胞的表面抗原表达，又有内皮细胞、上皮细胞的表面抗原表达，表达整合素家族 CD29 和黏附分子 CD44、CD90、CD105、CD166 等，但不表达造血细胞的表面标志，如 CD34、CD45、CD14 等。BMSC 在体外特定的培养条件下，可分化成软骨、骨、脂肪等多种细胞类型，即具有多向分化潜能。在培养过程中通过细胞表面 CD 表型组合的检测，多向分化潜能的检测，加之形态学上形成成纤维细胞样贴壁生长的细胞集落的生长特性，可确定培养细胞为 BMSC。

流式细胞仪可进行细胞表面标志的分析，用单克隆抗体结合荧光染料，通过抗原抗体反应将荧光染料结合到细胞上，在流式细胞仪中激光束的照射下，产生荧光信号，荧光信号的强弱反映了所测细胞表面抗原的强度。

BMSC 具有多向分化潜能，体外培养体系中加入地塞米松、β-甘油磷酸钠、维生素 C 或 BMP-2 可诱导 BMSC 向成骨细胞分化。BMSC 向成骨细胞分化后会有钙结节的产生，一般采用茜素红 S 进行钙结节的染色以确定成骨分化的发生。茜素红 S 属于一种蒽醌类的衍生物，是茜素磺酸钠盐，它能与碳酸钙或磷酸钙中的钙盐结合形成橘红色复合物。

【实验材料、试剂与器材】

材料：SD 大鼠骨髓间充质干细胞。

试剂：间充质干细胞培养液，成骨诱导液，0.25% 胰蛋白酶液，PBS 缓冲液，兔抗大鼠单克隆抗体 CD29-PE、CD90-PE、CD34-FITC、CD45-FITC，茜素红 S 染液。

成骨诱导液：在间充质干细胞培养液中加入终浓度为 0.1 μmol/L 地塞米松、10 mmol/L β-甘油磷酸钠和 50 μg/mL 维生素 C，0.22 μm 过滤器除菌，4 ℃保存。

茜素红 S 染液：茜素红 S 2 g 溶解于 100 mL 蒸馏水中，用 10% 氢氧化氨调 pH 至 4.2，室温保存。

仪器：CO_2 恒温培养箱、超净工作台、倒置相差显微镜、台式离心机、流式细胞仪、移液枪、血细胞计数器、细胞培养 6 孔板、吸管、酒精灯、酒精棉球、记号笔、离心管、EP 管、枪头等。

【实验步骤】

1. 大鼠骨髓间充质干细胞表面标志的检测

(1) 取第 3 代或第 4 代的细胞，待细胞融合达 80% ~ 90% 后，将旧培养液吸出，PBS 缓冲液轻轻洗涤培养物 2 次。

(2) 加入 0.25% 胰蛋白酶液，37 ℃培养箱中消化 2 ~ 3 min，当 80% ~ 90% 细胞变圆接近脱离瓶壁时，加入间充质干细胞培养液进行终止消化，用吸管轻缓反复吹打，使细胞充分脱壁，制成单个细胞悬液。

(3) 收集细胞悬液，1100 r/min 离心 4 min，弃上清，加入适量 PBS 并吹打数次制成单细胞悬液，血细胞计数器进行细胞计数，将细胞密度调整为 1.0×10^6 个/mL，装入 1.5 mL 的 EP 管中，每管 1 mL，1100 r/min 离心 4 min，弃上清。

(4) 每管加入 100 μL PBS，轻轻吹打成细胞悬液，分别加入兔抗大鼠单克隆抗体 CD29-PE、CD90-PE、CD34-FITC、CD45-FITC 各 1 μL（0.5 ~ 1 μg/10^6 细胞），充分吹打混匀。同时每管样品设立同型阴性对照。

(5) 37 ℃避光孵育 20 min 后，每管加入 1 mL PBS，1100 r/min 离心 4 min，弃上清，再重复洗 2 遍，以除去未结合抗体。

(6) 0.5 mL PBS 重悬细胞,流式细胞仪进行检测分析。

2. 大鼠骨髓间充质干细胞成骨诱导分化

(1) 取第 4~6 代长势良好的大鼠 BMSC,接种至 6 孔板中,待细胞融合达 50%时,吸去孔内培养液,PBS 洗涤 3 次。

(2) 每孔加入 2 mL 成骨细胞诱导液(OS)(含 10^{-7} mol/L 地塞米松,10 mmol/L β-甘油磷酸钠,50 μg/mL 维生素 C),置于 37 ℃含体积分数为 5% CO_2及饱和湿度的恒温培养箱中培养,用记号笔在培养板上标记细胞名称、诱导日期等信息。每 3 天换液 1 次,每日镜下观察细胞形态的变化和生长情况。

(3) 取上述诱导分化 18 天的细胞,吸去成骨细胞诱导液,PBS 洗涤 3 次,每孔加入 2 mL 茜素红 S 染液染 10~15 min,用吸管吸去多余的染液,PBS 洗涤 3 次,显微镜下观察结果。

【注意事项】

1. 荧光标记检测细胞表面标志时,加入荧光抗体后的孵育和洗涤要避光操作。
2. 成骨诱导分化时取未诱导的 BMSC 作为平行阴性对照。

【思考题】

1. 流式细胞仪的工作原理是什么?
2. 大鼠骨髓间充质干细胞表面标志检测时,为何每管样品要设立同型阴性对照?

实验 53 利用脂质体转染技术对 HeLa 细胞中重组 GFP 进行观察

【研究背景与意义】

转基因技术在研究基因功能及疾病基因治疗等方面都有很大的意义。将基因导入真核细胞的载体有病毒载体和非病毒载体两类。病毒介导的转染效率最高,但病毒载体的安全性局限了它的推广应用。非病毒载体具有低免疫性,因此可以进行多次注射和大量生产,它们在临床的基因治疗上具有很大的应用潜力。阳离子脂质体是目前转染效率最高,且毒性最小的非病毒基因载体之一。绿色荧光蛋白(green fluorescent protein,GFP)是常用的报告基因,通过转基因方法转入细胞内,在体内实验可以作为示踪剂,在体外细胞共培养体系中,可以观察细胞的变化。

【实验目的】

掌握脂质体转染技术转染动物细胞的方法;了解脂质体转染的原理及 GFP 的基本知识;掌握海拉(HeLa)细胞中重组 GFP 的表达方法。

【实验原理】

在非病毒介导的基因转染系统中,常用的转基因方法有脂质体法、磷酸钙沉淀法和电穿孔法。脂质体是磷脂分散在水中时形成的脂质双分子层,又称为人工生物膜。相对于电穿孔法和磷酸钙沉淀法,脂质体介导转染法简便易行,成本适中,具有较高的转染率和较小的细胞毒性。

目前用于基因转染的脂质体基本为阳离子脂质体。阳离子脂质体表面带正电荷,能与核酸的磷酸根通过静电作用将DNA分子包裹入内,形成DNA-脂复合体。也能被表面带负电荷的细胞膜吸附,再通过膜的融合或细胞的内吞作用,将DNA传递进入细胞,形成包涵体或进入溶酶体。其中部分DNA能从包涵体内释放,并进入细胞质中,再进一步进入核内转录、表达。

绿色荧光蛋白是从多管水母体内发现的,它可以在蓝光或紫外光激发下发射绿光。它不仅本身稳定,不需要任何反应底物和辅助因子,且无种属限制,可在多种生物细胞中表达发出稳定荧光。GFP分子质量小,对细胞没有毒性。由于它稳定的结构和光物理性质,又易于在细胞内表达,近些年作为标记物已经被广泛地应用于生命科学领域。

【实验材料、试剂与器材】

材料: HeLa细胞、GFP真核表达质粒。

试剂:0.25%胰蛋白酶液、PBS缓冲液、Lipofectamine™ 2000、Opti-MEM培养基、RPMI1640培养基、胎牛血清。

仪器:CO_2恒温培养箱、超净工作台、倒置相差显微镜、荧光显微镜、台式离心机、移液枪、血细胞计数器、细胞培养6孔板、吸管、酒精灯、酒精棉球、记号笔、离心管、枪头等。

【实验步骤】

(1) HeLa细胞培养于添加体积分数为10%胎牛血清的RPMI1640培养基中,当细胞达80%~90%融合时,0.25%胰蛋白酶液消化细胞并计数,按1×10^6个/孔的细胞密度接种于6孔板,每孔2 mL HeLa细胞培养液。

(2) 用记号笔在培养板上标记细胞名称、培养日期等信息,37 ℃、5% CO_2的恒温培养箱中培养。第二天细胞融合率达到90%~95%时,进行基因转染。

(3) 取4 μg的GFP真核表达质粒加入250 μL Opti-MEM培养基中,轻轻混匀,另取10 μL Lipofectamine 2000加入250 μL Opti-MEM培养基中,室温放置5 min。

(4) 将含Lipofectamine 2000与质粒DNA的Opti-MEM培养基混合,室温放置20 min,以形成质粒DNA-Lipofectamine 2000混合物。

(5) 将质粒DNA-Lipofectamine 2000混合物加入培养的HeLa细胞中,并轻轻摇动细胞板使混合液与孔中的培养液混匀。37 ℃、5% CO_2的恒温培养箱中培养,4~6 h后将细胞换液。

(6) 转染细胞24~48 h后,荧光显微镜下观察GFP的表达情况。

【注意事项】

1. 细胞转染时要使用不含抗生素的培养基。

2. 实验步骤中质粒DNA与Lipofectamine 2000的用量指的是转染6孔板中1个孔的细胞的用量,同时转几个孔时按需加倍。

【思考题】

1. 为何细胞融合率达到90%~95%时,进行基因转染?

2. 如何进行转染率的检测?影响转染率的因素有哪些?

实验 54 鸡红细胞与 HeLa 细胞的融合实验

【研究背景与意义】

细胞融合（cell fusion），即在自然条件下或用人工方法（生物的、物理的、化学的）使两个或两个以上的细胞合并形成一个细胞的过程。细胞融合可以把亲缘关系较远，甚至毫无亲缘关系的生物体细胞融合在一起，为远缘细胞杂交架起了桥梁，是改变细胞遗传物质的有利手段，扩大了遗传物质的重组范围。目前，细胞融合这一技术已成为研究细胞遗传、细胞免疫、肿瘤和培育生物新品种的重要手段。1974 年，加拿大学者高国楠发明了细胞的聚乙二醇（polyethylene glycol，PEG）化学融合法，其原理是 PEG 能诱导细胞膜磷脂分子发生结构重排，相互接触的细胞在细胞膜恢复过程中借助磷脂分子的亲和作用和表面张力实现融合。该方法对实验条件要求极低、试剂易得、操作简单，成为应用最广泛的细胞融合方法。

【实验目的】

了解利用化学方法（PEG 法）诱导细胞融合的基本原理；掌握细胞融合技术。

【实验原理】

目前细胞融合的主要方法有病毒法、化学方法（PEG 法）和电融合 3 种。应用最广泛的是 PEG 法，因为它容易获得、操作简便，且融合效果稳定。PEG 是一种线性的多聚体，具有较强的吸水性，以及凝集、沉淀蛋白质的作用。其融合原理为聚乙二醇可与水分子借氢键结合，在高浓度的 PEG 溶液中，自由水消失，导致细胞脱水而发生质膜结构的变化，引起细胞融合。综合融合率、毒性和黏度三方面的因素，一般选用相对分子质量为 4000，浓度为 50% PEG 进行融合，为提高融合率可适当添加二甲亚砜。

在特殊诱导物的作用下，细胞膜发生一系列变化使 2 个或多个细胞发生融合，进而细胞质发生融合。其融合结果是产生两类多核细胞，一类细胞中含有来自同一种亲本的核，称为同核体（homocaryon）；另一类细胞中含有来自不同亲本的核，称为异核体（heterocaryon）。

【实验材料、试剂与器材】

材料：新鲜鸡全血、HeLa 细胞。

试剂：PEG（相对分子质量为 4000）、0.25% 胰蛋白酶-0.02% EDTA 消化液、胎牛血清、0.2% 次甲基蓝染液等。

Hank's 液：NaCl 8.00 g、KCl 0.40 g、$CaCl_2$ 0.14 g、$MgSO_4 \cdot 7H_2O$ 0.20 g、$Na_2HPO_4 \cdot H_2O$ 0.06 g、KH_2PO_4 0.06 g、$NaHCO_3$ 0.35 g、葡萄糖 1.00 g、酚红 0.02 g 加水至 1 L，用 $NaHCO_3$ 调 pH 至 7.2~7.4。

仪器：显微镜、CO_2 恒温培养箱、离心机、离心管、恒温水浴锅、无菌注射器、刻度离心管、试管夹、载玻片、盖玻片、肝素抗凝管、吸管等。

【实验步骤】

1. 50% PEG的配制 取5 g PEG放入刻度离心管内,用试管夹夹住,在沸水浴中加热使其熔化,待冷却至60 ℃左右,加入等体积热的Hank's液,配成50% PEG,于37 ℃水浴锅内保温。

2. 鸡红细胞的制备 用注射器在鸡翅下取新鲜血液2 mL于肝素抗凝管中,静置30 min,弃血浆,加Hank's液混匀,1500 r/min离心5 min,再用Hank's液调节鸡红细胞浓度为10^7个/mL。

3. HeLa细胞的制备 按常规方法接种、培养HeLa细胞,待细胞长满90%左右时,用0.25%胰蛋白酶-0.02% EDTA消化液消化HeLa细胞5 min,加入适量胎牛血清终止消化。用吸管反复吹落细胞,将其转移至离心管中,以1500 r/min离心5 min,弃上清,用Hank's液调节HeLa细胞浓度为10^6个/mL。

4. 细胞融合

(1) 取上述制备的鸡红细胞和HeLa细胞悬液各5 mL,混合后取1 mL作为对照组,其余以1500 r/min离心5 min,用吸管弃上清,用手指轻弹底壁使细胞松散,置37 ℃水浴锅中。

(2) 缓慢逐滴加入37 ℃预热的50% PEG溶液0.5 mL,于1 min内滴完并边加边轻轻混匀,待PEG全部加入后于37 ℃水浴温浴5 min、10 min、15 min、20 min、30 min。

(3) 缓慢滴加10 mL Hank's液轻轻吸打混匀以终止PEG的作用,在37 ℃水浴静置5 min后以1500 r/min离心5 min,去上清,加1 mL Hank's液混匀。

5. 镜检 取不同时间融合后的细胞悬液和对照组细胞悬液各1滴滴置载玻片上制成临时涂片,迅速干燥并用甲醇固定10 min,取出后晾干,以0.2%次甲基蓝染液染色,水洗,干燥,盖上盖玻片后在显微镜下观察。

6. 细胞融合率的计算 在显微镜视野内,计数其中已发生融合的细胞核、未融合细胞核,计算融合细胞核数占细胞核总数之百分比即融合率,且进行多视野测定再加以平均统计。

公式如下:

$$融合率=融合细胞核数/总细胞核数\times 100\%$$

【注意事项】

该实验细胞融合必须在37 ℃水浴中进行。

【思考题】

1. 细胞融合时应注意哪些细节?
2. 该实验细胞融合的最佳时间及融合率分别是多少?

实验55 小鼠精子的采集、运动能力检测及体外获能

【研究背景与意义】

哺乳动物精子包括头部和尾部两个主要部分,头部主要由细胞核和顶体构成;尾部可分为

颈段、中断、主段和末段，由轴丝构成，是精子运动的装备。哺乳动物精子在睾丸曲细精管内生成，精子的形成依次要经历以下几个阶段，包括精原细胞的增殖、初级精母细胞、次级精母细胞、精子细胞、精子。但这时的精子却没有运动能力，只有经过附睾运行，并且在附睾中停留一段时间后精子才能达到形态和功能上的成熟，成熟后的精子才具有前向运动能力。但要想精子具备受精能力，还需在雌性生殖道或体外培养液中停留一段时间获能。随着体外受精-胚胎移植的研究不断深入，精子的采集、运动能力及体外获能等对受精率、优胚率、种植率及妊娠率的影响逐渐成为辅助生殖领域研究的热点。

【实验目的】

学习与掌握小鼠精子的采集方法，认识精子的正常结构；掌握精子运动能力检测的方法；了解精子体外获能的条件及其检测方法。

【实验原理】

精子发生的全过程是在精巢(testis)内进行的。精母细胞经过一次复制和两次减数分裂形成单倍体的精子细胞，并经过变态形成精子(sperm)。所生成的精子需要在附睾内发生一系列形态、生理生化方面的变化才能成熟，并具备向前运动的能力，这种向前运动能力的获得是精子受精能力的重要指标。

精子获能是精子获得穿透卵子透明带能力的生理过程，是精子在受精前必须经历的重要阶段。在这一过程中精子离开精液，经宫颈管进入子宫腔及输卵管腔，精子顶体表面的糖蛋白被生殖道分泌物中的α、β淀粉酶降解，同时顶体膜结构中胆固醇与卵磷脂比例和膜电位发生变化，降低顶体膜稳定性，使精子具有真正的受精能力。因此可通过考马斯亮蓝染色法检测精子顶体反应率来检测精子的获能情况。

【实验材料、试剂与器材】

试验动物：12周左右的雄性昆明小白鼠。

试剂：75%乙醇、100 mmol/L乙酸铵(pH 9.0)、8%多聚甲醛。

PBS缓冲液(pH 7.2~7.4)：NaCl 10 g、KCl 0.25 g、Na_2HPO_4 1.44 g、$KH_2PO4 \cdot 2H_2O$ 0.25 g加双蒸水至1000 mL，滤器灭菌。

精子操作与获能液CZB培养基：NaCl 8.16 g、KCl 0.48 g、$CaCl_2 \cdot 2H_2O$ 0.17 g、$MgSO_4 \cdot 7H_2O$ 0.12 g、$Na_2HPO_4 \cdot H_2O$ 0.06 g、KH_2PO_4 0.12 g、$NaHCO_3$ 2.51 g、1%酚红1 mL、青霉素0.06 g、链霉素0.05 g、60%乳酸钠3.13 mL、丙酮酸钠0.03 g、EDTA · Na_2 1.14 g，加双蒸水至1 L，0.22 μm过滤灭菌。

考马斯亮蓝染色液：溶解1.1 g考马斯亮蓝G-250于250 mL甲醇、50 mL乙酸和200 mL水中，混匀后室温避光保存备用。

仪器：解剖蜡盆、棉球、眼科剪、体视显微镜、培养皿、移液枪、离心机、离心管、眼科镊、胶头滴管、血细胞计数器、载玻片、盖玻片、中性树胶、恒温水浴锅、隔水式恒温培养箱、光学显微镜等。

【实验步骤】

1. 精子的采集 颈部脱臼法迅速处死小鼠，将小鼠置于解剖蜡盆上，使小鼠仰卧。在超净工作台内，用 75% 酒精棉球消毒腹部开口部位被毛及皮肤，打开腹腔。用眼科剪剪掉双侧睾丸、附睾和输精管，置于含 PBS 的培养皿中，并剪去周围的系膜及脂肪，用 PBS 冲洗干净。随后将附睾及输精管放在另一含 1 mL 精子培养液的培养皿中，将其剪成几段，在体视显微镜下，用眼科镊轻轻挤压附睾和输精管，将精子挤入培养液中，去掉附睾和输精管。用胶头滴管将含精子的培养液移到离心管中。

2. 精子运动能力检测 用胶头滴管吸取少量精液，放于血细胞计数器的计数室与盖玻片接触处，使精液自然流入计数室中。在光学显微镜下，按照血细胞计数法计数中间 5 个中方格的精子数，计数值为 X。计算时，先计数死精子的 X_1 值，然后将血细胞计数器置于搪瓷盘中，在 50 ℃水浴锅中水浴 10 min 杀死精子，计数总精子数 X_2 值，$(X_2-X_1)/X_2$ 为精子运动能力。计数时每份精子用三个计数器重复计数三次，取平均值。

3. 精子的体外获能 将收集的精子于精子获能液中 37 ℃，5% CO_2 及饱和湿度培养箱孵育，分别于 0 min、60 min 和 90 min 检测精子顶体的发生率。

4. 精子获能的检测 诱导精子顶体反应完成后，在培养液中加入等体积的 8% 的多聚甲醛，室温固定 10 min，1500 *g* 离心 10 min，去除上清液；用 100 mmol/L 乙酸铵（pH 9.0）洗精子，1500 *g* 离心 10 min，去除上清液，重复一次；最后用 50 μL 100 mmol/L 乙酸铵（pH 9.0）重悬精子，将精子重悬液滴在载玻片上，室温晾干；将考马斯亮蓝染色液滴在载玻片上，染色 2 min，用蒸馏水轻轻洗去载玻片上多余的染色液，晾干后中性树胶封片，显微镜下观察。精子顶体反应检测的方法：精子获能成功，发生了顶体反应，顶体区无深蓝色；未获能的精子，顶体边缘光滑完整，呈深蓝色。在光学显微镜下计数 200 个精子，观察其中发生顶体反应的精子个数，计算发生顶体反应精子的比例，从而确定不同培养时间精子发生获能的比例。

【注意事项】

在精子挤入培养液过程中需轻轻挤压，小心谨慎。

【思考题】

1. 小鼠精子采集方法还有哪些？
2. 为什么要检测精子运动能力？还有哪些方法检测精子运动能力？

实验 56 鸡蛋的人工孵化和胚胎发育过程观察

【研究背景与意义】

鸡的卵子在输卵管的漏斗部与精子受精形成受精卵，受精卵在向输卵管下移时被输卵管分泌的蛋白、壳膜及子宫分泌形成的蛋壳等包裹，同时进行卵裂。到受精蛋产出体外时已分裂成原肠期。排出体外后，由于体外温度低于胚胎发育的临界温度，胚胎发育暂时停止。鸡胚就是鸡的受精卵，人类最早认识胚胎发育是从观察鸡胚的发育开始。在早期哺乳动物发育研究中，欲获得哺乳动物胚胎或进行发育观察难度都很大，而鸡胚的获得和观察就容易得多。因此，鸡胚是研究动物发育的重要模型，已被大量用于发育生物学的研究。此外，人工孵化技术是现代养鸡业中的一项新型实用技术。它既可提高受精蛋孵化率,又提高了生产效率,有利于生产控制和免疫工作的开展,为养鸡场大批育雏创造了条件。

【实验目的】

熟悉鸡蛋人工孵化的基本管理技术;了解鸡胚胎发育的过程。

【实验原理】

孵化是鸡类特有的繁殖方式,在适宜的外界环境中,通过孵化能够使受精鸡蛋(种蛋)生长发育成雏鸡。人工孵化就是模拟母鸡孵化小鸡的原理,以人工的方法,满足胚胎发育所需各个时期生理条件,使之得到良好的生长发育。温度、湿度、通风换气、翻蛋、凉蛋等外界条件是保证胚胎正常发育、成功孵化的关键因素。本实验学习鸡蛋的人工孵化,并观察鸡胚发育的一般过程。

【实验材料、试剂与器材】

材料:受精鸡蛋。
试剂:75%生理盐水、高锰酸钾-甲醛[高锰酸钾溶液(15 g/L)、甲醛溶液(30 mL/L)]。
仪器:孵化箱、照蛋器、温湿度计、体视显微镜、培养皿、储物箱、镊子。

【实验步骤】

1. 孵化箱使用前准备 在孵蛋前几天将孵化箱擦洗干净,并用高锰酸钾-甲醛熏蒸 1 h。将温度调节到 37.8 ℃,湿度调节到 60%~65%,待温湿度稳定 2~3 天后即可使用。

2. 受精蛋选择、消毒和入孵 将破蛋、坏蛋、畸形蛋(过扁或过圆)、蛋表面有粪便的鸡蛋挑出来,保证受精蛋大小均匀、品质良好,置于蛋盘中,使鸡蛋大头朝上,小头朝下。上盘后在储物箱中同样用高锰酸钾-甲醛熏蒸 20~30 min。将消毒过的蛋置于已调节好温度和湿度的孵化箱中开始孵化。孵化温度及湿度按表 7.1 进行。

表 7.1 鸡蛋孵化温湿度表

胚龄/天	温度/℃	湿度/%
1~7	37.8	60~65
8~18	37.8	50~55
18~21	37.3	65~75

3. 翻蛋 孵育时,为了防止胚胎与蛋壳粘连,需随时进行翻蛋。1~7 天每小时翻蛋1 次,8~14 天每 2 小时翻蛋 1 次,14 天末到 15 天初停止翻蛋,每次翻蛋角度为 90°。

4. 检蛋 为保证孵育成功,还应经常检查胚胎发育情况,通常在孵化第 5~6 天、10~11 天和 16~17 天进行检查(光线较暗时)。检查时将鸡蛋放置在照蛋器孔上,慢慢转动观察胚胎发育情况,并及时剔除死精蛋、死胚胎等。

5. 凉蛋 当入孵 10 天时开始凉蛋,开始每天凉蛋 2 次,后期可增加到 3 次。凉蛋时将孵化机停机,打开孵化箱门将单盘抽出一半进行凉蛋,待蛋温达到 33 ℃时停止凉蛋继续开机孵化。

6. 落盘 当鸡孵化到18~19天时，将胚蛋从孵化盘中转移到出雏盘中再继续孵化。孵化温度与湿度参考表7.1。

7. 出雏 当开始出鸡时，用适量的高锰酸钾-甲醛置于出雏机中进行消毒。待大部分鸡出壳，有5%的颈后绒毛未干时开始捡鸡，清点好只数。计算孵化率，公式如下：

孵化率(%)=出雏数/受精蛋数×100%

8. 鸡胚观察 取孵育5~6天和16~17天的鸡蛋，轻轻摇动后放在纸蛋盒里，大头在上小头在下。用镊子尖端在蛋的大头轻轻敲打出一小孔，并慢慢剥去蛋壳，将鸡胚置于盛有生理盐水的培养皿中观察。

【注意事项】

在孵化过程中通过照蛋及时将死精蛋、死胚胎等剔除。

【思考题】

1. 孵化过程应注意什么？
2. 孵化率的影响因素有哪些？

实验57 植物细胞原生质体化与细胞壁再生

【研究背景与意义】

原生质体是指植物细胞去掉细胞壁的裸露部分，由于没有细胞壁，它为作物遗传改良和植物细胞的研究提供了极为有利的实验材料。原体质体在培养条件下，除具有再生细胞壁、进行连续的细胞分裂并再生成完整植株的能力，还能摄取外源大分子、细胞器及细菌、病毒，因此是进行遗传操作、基因转移的好材料。此外，通过同种和异种植物的原生质体融合，可产生异核体，实现体细胞杂交，培育出新品种。原生质体的这些特性与植物细胞的全能性结合在一起，在细胞遗传工程中开辟了一个理论和应用研究的崭新领域。

【实验目的】

掌握原生质体分离和培养的基本操作技术和方法；观察原生质体再生壁和细胞分裂过程。

【实验原理】

植物原生质体是去除细胞壁后裸露的细胞，原生质体可从培养的单细胞、愈伤组织和植物器官（常用叶、下胚轴等）获得。一般认为从叶肉组织中分离原生质体是比较理想的，其优点是来源方便、供应及时，而且遗传性较为一致。

去除植物细胞壁的方法有物理方法和酶解法，较早是利用机械法制备，自1960年英国科学家Cocking第一次用酶法大量制备原生质体后，酶解法成为分离原生质体的常用手段。酶液通常需要保持较高的渗透压，以使原生质体在分离前细胞处于质壁分离状态，分离后不致膨胀破裂。渗透剂常使用甘露醇、山梨醇、葡萄糖或蔗糖。酶液中还应含一定量的钙离子，来稳定原生质膜。游离出来的原生质体可用过筛法或离心法收集。

在适宜的培养条件下，分离的原生质体又可重新合成新的细胞壁，经过细胞分裂再生成完整的植株。原生质体培养的条件和对营养的要求与组织、细胞培养相似，但需要特别注意培养基中需添加渗透压稳定剂，另外培养基中添加生长素、细胞分裂素也是必需的。

【实验材料】

材料：油菜、菠菜或烟草的新鲜叶片。

试剂：70%乙醇、次氯酸钠洗液、甘露醇等。

洗涤液：甘露醇 0.6 mol/L、$CaCl_2 \cdot 2H_2O$ 3.5 mmol/L、KH_2PO_4 0.7 mmol/L，pH 5.6 高压灭菌。

酶液：2%纤维素酶、1%果胶酶溶于洗涤液中，过滤除菌。

原生质体培养基：DPD 培养基，pH 5.8，过滤除菌。

FDA 染液：FDA（荧光素双乙酸酯）用丙酮配置成 2 mg/mL 溶液，在 4 ℃冰箱中保存。

仪器：超净工作台、倒置显微镜、300 目尼龙网、10 mL 离心管、剪刀、镊子、吸管、小培养皿、血细胞计数器、载玻片、盖玻片、擦镜纸等。

【实验步骤】

1. 植物原生质体的制备

（1）取生长旺盛植株的叶片，用自来水洗净。

（2）移入超净工作台，70%乙醇浸洗 30 s，再用 0.3% 次氯酸钠灭菌 15 min，无菌水洗 4~5 次。

（3）用尖镊子小心地撕去叶片下表皮，将叶片剪成 1 cm^2 小块，放于小培养皿中。

（4）加入酶液，25 ℃酶解 3~4 h（其间可吸取酶液于载玻片上，于显微镜下检查原生质体分离情况）。

（5）将酶解液用 300 目尼龙网过滤到小烧杯中，弃去残渣。

（6）将滤液装入 10 mL 离心管（有刻度、带盖）中，600 r/min 低速离心 5 min 后，小心地吸去上层酶液。

（7）在沉淀中加入洗涤液，小心地将原生质体悬浮起来，充分混匀，再一次离心，反复操作洗涤 2~3 次。

（8）最后一次洗涤后加入适量的 DPD 培养基，小心地将原生质体悬浮混匀。

（9）用血细胞计数器计数，再加入相应量的培养基，调整原生质体悬液的密度为 10^5 个/mL。

2. 原生质体鉴定与活力测定

（1）取原生质体悬液样品，放入低渗溶液中，在显微镜下观察吸水胀破过程，若胀破后无明显残迹为原生质体，若仍带有部分细胞壁，胀破碎裂后会留下半圆形的细胞壁。

（2）再取数滴原生质体样品于载玻片上，用 FDA 染液染色 10 min，活的细胞中 FDA 经酯酶分解为荧光素积累于细胞中，在紫外光照射下，能发出绿色荧光。如果是死细胞，则不会发出绿色荧光。

3. 原生质体培养与细胞壁再生

（1）用吸管将原生质体悬液转入无菌洁净的培养皿中，控制液体的厚度在 1 mm 左右，封口膜封住培养皿，26 ℃恒温培养，培养 10 天左右，用倒置显微镜统计原生质体再生分裂的频率。

(2) 细胞壁的形成：原生质体培养后经过一段时间会再生出细胞壁，原生质体在培养初期仍然为圆球形，随着培养时间的延长，逐渐变为椭圆形，此时表明已经开始再生细胞壁。

(3) 当大部分原生质体再生了细胞壁并有部分发育成愈伤组织后（约 15 天），添加含 0.2 mol/L 甘露醇的新鲜培养基。

(4) 愈伤组织继续培养，或用于其他实验项目。

【注意事项】

1. 原生质体培养的密度是影响培养成功与否的重要因素，起始密度一般为 10^4 ~ 10^5个/mL。

2. 不同物种原生质体培养再生细胞壁所需时间不一样，从几小时到几天。简单的鉴别壁的再生的方法是用荧光增白剂（calcofluor white），专染纤维素，在荧光灯下发出荧光。

【思考题】

1. 纤维素酶、果胶酶分别具有什么作用？为何本实验的混合酶液中没有选用半纤维素酶和蜗牛酶？

2. FDA 法测定原生质体活力的原理是什么？

实验 58　植物愈伤组织的诱导与分化

【研究背景与意义】

在自然状态下，当植物体的一部分受到机械损伤、昆虫咬伤或风雪等自然灾害的袭击后，能够在伤口处形成一团愈伤组织，起到修复和保护作用。在离体培养条件下，许多植物的外植体也会出现类似情况，在外植体切口处及其附近形成愈伤组织，所不同的是离体培养条件下产生的愈伤组织细胞具有再分化的潜力，即细胞能够分裂、增殖和分化出不同形态、执行不同功能的组织和器官。

愈伤组织培养技术是植物组织培养中一项很重要的技术，绝大多数植物在培养时都要先经过愈伤组织阶段，再进行形态发生过程。主要应用于研究植物生长发育及分化机制、遗传变异规律。还可用于大规模工厂化生产有用化合物或作为原生质体培养材料来源等。

【实验目的】

熟悉植物愈伤组织诱导、继代、器官分化的原理；掌握培养基的配制、灭菌等基本实验操作技术。

【实验原理】

植物组织培养是将植物的器官组织以至单个细胞，应用无菌操作方法，使其在人工条件下，能够分裂、增殖、分化发育成一完整植株的过程。植物的组织在人工培养条件下，原来已经分化停止生长的细胞，可以重新分裂，形成没有组织结构的细胞团，即愈伤组织，这一过程称为“脱分化作用”。而已经“脱分化”的愈伤组织,在一定条件下,又能重新分化形成输导系统及根、芽等组织和器官,这一过程称为“再分化作用”。植物激素在“再分化”过程中起着重要作用,生长素和细胞分裂素的比例,决定了根和芽的分化。

【实验材料、试剂与器材】

材料:胡萝卜。

试剂:氯酸钠(或 $HgCl_2$)、MS 培养基全部试剂、植物激素及生长调节物质、无水乙醇、工业乙醇等。

仪器:培养皿及培养架、光照培养箱、超净工作台、高压灭菌锅、解剖刀、弯头镊子、剪刀、烧杯等。

【实验步骤】

(1) 无菌器皿、用具的准备:将解剖刀及镊子放入 95% 的乙醇中浸泡片刻,用干棉球蘸取 95% 的乙醇擦拭盘子、解剖刀及镊子,将乙醇挤在盘子上,然后引燃火,使盘子、解剖刀及镊子灼烧后冷却。

(2) 用 70% ~ 75% 的酒精棉擦拭双手和操作台面,进行常规的无菌操作准备。将植物体用自来水冲洗后,用酒精棉擦拭欲取材部位表面,或于 70% 乙醇中浸沾数秒钟。

(3) 将材料放入已灭菌的 100 mL 烧杯(或试剂瓶)中,加入 10% 的次氯酸钠溶液,浸泡 5 min。

(4) 弃次氯酸钠浸泡液,再加入 10% 的次氯酸钠溶液,浸泡 10 min。

(5) 弃次氯酸钠浸泡液,用无菌水浸泡漂洗 3 ~ 4 次,每次 1 ~ 2 min,用无菌镊子搅动。

(6) 将已灭菌的植物材料置于灼烧后冷却的金属盘中,按无菌操作要求剥去外皮,用解剖刀切成 5 mm 厚的薄片,弃去两头的两片,取中间部分的薄片,用镊子将其接种在愈伤组织诱导培养基上,注意圆片的切口朝向培养基,每瓶 4 ~ 6 片,均匀分散。

(7) 将瓶口和瓶盖在酒精灯火焰上方稍停后,拧紧瓶盖。

(8) 在培养瓶下部的培养基高度位置作记号。

(9) 将接种后的锥形瓶,培养于 25 ℃光照条件下(烟草可用弱光),20 天左右外植体逐渐膨大形成愈伤组织,愈伤组织的形成标志着接种的外植体已脱离分化状态,开始重新恢复分生能力。

【注意事项】

1. 提前预习实验,实验过程中要保持安静,不浪费试剂。
2. 所有的溶液都要及时标记好日期、名称、浓度等。

【思考题】

1. 以大组总瓶数为样本总数,每瓶为样本个体,统计愈伤组织诱导培养的出愈率、污染率和其他现象。并简述本人的培养结果或现象。

2. 你如何认识无菌操作对植物组织培养的重要性?你认为在具体操作时还应注意哪些事项?

第 8 章　设计性实验

实验 59　小鼠胚胎干细胞的体外培养与鉴定

【研究背景与意义】

胚胎干细胞(embryonic stem cell,ESC)来源于胚胎早期的囊胚内细胞团或原始生殖细胞,是一种具有全能性和无限增殖能力的细胞。生物体如何由一个受精卵分化发育为多种复杂的组织、器官、系统乃至完整的个体,一直是生命科学研究的热点。胚胎干细胞体外诱导分化研究可揭示哺乳动物的发育分子机制及其影响因素,为疾病治疗提供有用的线索;胚胎干细胞也是疾病细胞移植治疗的重要种子细胞。此外,在新药的研究和筛选、人类遗传学、基因工程等各方面均有重要的应用价值。

【实验内容或知识点】

小鼠胚胎干细胞的体外培养常用小鼠胚胎成纤维细胞作为饲养层进行培养,也有的直接将小鼠胚胎干细胞接种到铺有明胶的培养板中进行体外培养。体外培养时,细胞排列紧密,呈集落状生长。细胞克隆形态多样,多数呈岛状或巢状。细胞克隆和周围存在明显界限,但形成的克隆细胞彼此界限不清。胚胎干细胞具有与早期胚胎细胞相似的形态结构,细胞核大,有一个或几个核仁,细胞质少。

培养的小鼠胚胎干细胞具有正常的核型,并表达 Oct-4、SSEA-1 等胚胎干细胞特异性标志物。小鼠胚胎干细胞在体内外均具有向三胚层分化的能力,将小鼠胚胎干细胞对 SCID 鼠进行皮下注射,可生成三胚层分化的瘤样物体,体外小鼠胚胎干细胞通过胚体培养,可分化形成三胚层来源的细胞。

【设计思路及实验目的】

1. 通过查阅资料,掌握小鼠胚胎干细胞的体外培养方法。
2. 设计实验方案,掌握小鼠胚胎干细胞鉴定的内容和方法。

【主要实验方法及提示】

1. 丝裂霉素 C 或 γ 射线照射法处理小鼠胚胎成纤维细胞。
2. 免疫荧光或免疫组化染色检测细胞标志物。

【注意事项】

饲养层要在小鼠胚胎干细胞复苏或传代前的 1~2 天接种好,并保持良好的生长状态。

实验 60　小鼠胚胎干细胞向心肌细胞的体外诱导分化

【研究背景与意义】

胚胎干细胞具有全能性和无限增殖的能力,为治疗许多难治性疾病提供了细胞来源和研究工具。但是将胚胎干细胞直接移植受体往往会导致肿瘤的形成,而把胚胎干细胞分化成特定类型的细胞,不仅解决了细胞来源短缺的问题,而且使供体细胞对不同疾病的治疗更具针对性及靶向性。

心肌缺血和心肌细胞损害导致心力衰竭是各种晚期心脏病的共性问题,改善心肌缺血和修复心肌是治疗心脏疾病的重要目标。胚胎干细胞可诱导分化为心肌细胞,如何提高干细胞向心肌细胞的分化率,获得大量心肌细胞是当前需要解决的关键问题之一。

【实验内容或知识点】

胚胎干细胞是具有分化为 3 个胚层的各种类型组织细胞潜能的全能干细胞。迄今为止,多种动物乃至人类的胚胎干细胞都已成功诱导分化成心肌细胞。经典的心肌细胞诱导方法是将胚胎干细胞形成拟胚体(embryoid body, EB),再通过诱导分化获得心肌细胞。

胚胎干细胞向心肌细胞诱导后,显微镜下可观察到自发节律性收缩,分化的心肌细胞表达心肌特异性蛋白如 cTnT、Desmin 和 Actin 等。

【设计思路及实验目的】

1. 通过查阅资料,掌握小鼠胚胎干细胞向心肌细胞的体外诱导方法,了解目前胚胎干细胞体外向心肌细胞诱导分化的研究进展和存在的主要问题。
2. 设计实验方案,掌握小鼠胚胎干细胞向心肌细胞成功诱导分化的鉴定方法。

【主要实验方法及提示】

1. 悬滴培养法形成拟胚体。
2. 显微镜下观察诱导分化过程中细胞的形态学变化。
3. 免疫荧光或免疫细胞化学染色检测心肌细胞特异表达蛋白质。
4. RT-PCR 或 Western-blot 检测心肌细胞特异表达基因或蛋白质。

实验 61　细胞凋亡的诱导及其检测

【研究背景与意义】

细胞凋亡(apoptosis)是通过细胞内固有的生理、生化反应或某种酶的活化而导致的细胞死亡。它是一种受基因调节的自主控制过程,所以也称细胞程序性死亡或编程性细胞死亡(programmed cell death,PCD)。细胞凋亡与细胞坏死不同,细胞凋亡不是一件被动的过程,而是主动过程,它涉及一系列基因的激活、表达及调控等的作用。它并不是病理条件下,自体损伤的一种现象,而是为更好地适应生存环境而主动争取的一种死亡过程。

不适当的细胞凋亡(要么太少或太多)是影响人类健康的一个因素,其中包括神经退行性疾病、缺血性脑损伤、自身免疫性疾病和许多类型的癌症。这种调节细胞生命与死亡的能力被认为是其对身体健康具有极大的伤害潜力。因此,研究细胞凋亡机制不仅对于生命现象的认识具有一定理论意义,而且对于认识一些恶性疾病的病理机制和制订治疗方案有重大的应用价值。

【实验内容或知识点】

凋亡细胞的主要特征表现为染色质凝集、质膜出芽、核裂解及凋亡小体的形成。细胞凋亡的诱导因素主要有物理因素、化学因素及生物因素。物理因素包括射线、高渗等;化学因素有H_2O_2、NaCl 等盐溶液;生物因素有细胞生长因子、激素等。诱导细胞凋亡时,一些内源性核酸内切酶被激活,将细胞核的核 DNA 的断裂发生在核小体之间,在整个凋亡过程中,线粒体基本保持完好,细胞的内容物没有泄露,不会引起周围组织的炎症反应。如果将细胞的基因组 DNA 进行琼脂糖凝胶电泳,可以发现断裂 DNA 在电泳后呈现 180~200 bp(即核小体 DNA 长度)整倍数的阶梯状电泳条带。而正常细胞 DNA 显示基因组条带;坏死细胞由于 DNA 随机断裂为长度不一的片段,电泳表现为从大到小连续分布的弥散状条带。

【设计思路及实验目的】

1. 通过实验了解细胞凋亡的一般过程和生理生化特征,了解诱导细胞凋亡的因素。
2. 学习和了解细胞凋亡检测的常规手段,掌握利用琼脂凝胶电泳法鉴定细胞凋亡的方法。

【主要实验方法及提示】

1. 细胞培养及其收集。
2. 不同方法(如紫外线、H_2O_2)进行诱导细胞凋亡。
3. 收集细胞并提取 DNA。
4. 将 DNA 进行琼脂糖凝胶电泳并观察。

【注意事项】

注意根据不同处理情况下的死亡率和凋亡率,找出诱导细胞凋亡效率较高的方法。

实验 62 小鼠卵母细胞体外受精及受精卵的体外培养

【研究背景与意义】

受精是指雌雄生殖细胞经过增殖、生长和成熟的发生过程后,从各自的性腺中排出,成熟的精子与卵子相遇并融合为合子的过程。在受精过程中,成熟的精子与卵子是关键。哺乳动物的精子从精巢中生成并经过附睾及输精管的成熟,以及在雌性生殖道内经过获能才具备受精的能力。而哺乳动物的卵子发生在卵巢的卵泡内，在促性腺激素的刺激下，初级卵母细胞经过两次减数分裂最终形成成熟的卵子，并排到输卵管等待受精。

体外受精（*in vitro* fertilization，IVF）包括卵子的成熟培养、精子获能、受精和胚胎早期培养等几个连续过程。哺乳动物体外受精研究已有100多年，它的发展和成熟不仅为研究动物配子的成熟、受精机制和早期胚胎发育控制等带来方便，也为现代生物工程技术，如细胞核移植、胚胎早期性别鉴定、转基因等提供丰富的实验材料和基本技术保证，是实现动物生产工厂化所需动物胚胎来源的有效途径。但目前，体外受精效率却很低，卵母细胞体外成熟（*in vitro* maturation，IVM）受精后发育至桑椹胚和囊胚的比例仅有30%～40%。因而体外受精技术一方面具有广阔的发展和应用前景，另一方面仍有许多悬而未决的问题需进一步研究。

【实验内容或知识点】

体外受精是模拟体内受精过程进行的，而体外受精的关键问题是获得足够的成熟卵子，以及精子体外获能。利用促性腺激素处理，使卵巢有更多的卵泡同时发育，排出更多的卵可供受精。而精子体外获能可通过在培养液中添加诱导精子体外获能的有效成分来完成体外获能，如牛血清白蛋白、钙离子等。而受精卵在发育过程中会发生胚胎发育阻滞现象，为了使胚胎能够继续发育到晚期阶段，可以使用模拟输卵管液和子宫液成分的培养液进行培养。

【设计思路及实验目的】

1. 学习与掌握小鼠超数排卵的原理和技术，以及卵母细胞的采集方法。
2. 学习小鼠精子收集与体外获能的方法。
3. 掌握哺乳动物受精过程。
4. 了解早期胚胎发育过程。

【主要实验方法及提示】

1. 从附睾尾及输精管采集精子，并进行体外获能。
2. 利用促性腺激素刺激小鼠超数排卵并收集卵母细胞。
3. 将获能精子与卵母细胞共孵育进行体外受精。
4. 利用微滴培养法或4孔板培养法培养受精卵。

【注意事项】

1. 小鼠超数排卵处理应选择在小鼠发情周期的后期，即黄体消退时期。此外需注意时间安排，利于后续卵母细胞采集。

2. 筛选高活力的精子用于体外受精以利于提高体外受精的概率。

实验63 聚乙二醇诱导细胞融合最适条件的探究

【研究背景与意义】

细胞融合（cell fusion），即在自然条件下或用人工方法（生物的、物理的、化学的）使两个或两个以上的细胞合并形成一个细胞的过程。基本过程包括细胞融合形成异核体(heterokaryon)、异核体通过细胞有丝分裂进行核融合,最终形成单核的杂种细胞。细胞融合技术不仅可用于生物学的基础理论研究,而且在单克隆抗体的制备、免疫作用、核质关系、新品种的培养等方面具有重要的应用意义。

目前诱导细胞融合的方法有三种:生物方法(病毒)、化学方法(聚乙二醇 PEG)、物理方法(离心、震动、电刺激)。PEG 介导细胞融合的方法具有简单、易操作的优点,是细胞融合技术应用最广泛的技术之一。

【实验内容或知识点】

自发细胞融合在自然现象中并不多见,在动物种间细胞杂交中,用聚乙二醇(PEG)介导细胞融合是最常用也是最简单的方法。PEG 具有亲水性,可以改变细胞的膜结构,从而发挥助融的作用。

PEG 诱导细胞融合涉及的因素较多,如 PEG 质量分数、融合细胞的比例及融合细胞的时间等。本实验拟从细胞融合率的大小对其进行比较,以探究 PEG 介导细胞融合的最适反应条件。

【设计思路及实验目的】

1. 通过查阅资料,了解 PEG 介导细胞融合的原理。
2. 正确设计实验方案,掌握 PEG 介导细胞融合的方法。
3. 学会利用统计学方法对实验结果进行分析。

【主要实验方法及提示】

1. 根据不同来源细胞的特点进行细胞的准备。
2. 探索不同浓度 PEG、不同融合细胞的比例及不同融合时间对细胞融合率的影响。
3. 利用相关性分析筛选细胞融合最适条件。

【注意事项】

细胞融合时应严格控制 37 ℃水浴保温的条件。

实验 64　红豆杉细胞悬浮培养与次生代谢产物诱导

【研究背景与意义】

植物的次生代谢产物如生物碱、香豆素、芳香类物质、类固醇及萜类等是药物、香料、色素、农药及食品添加剂的重要来源,由于高等植物细胞的次生代谢产物含量很低,且有些产物不能或难以通过化学合成途径得到,因此,人们期望能够充分利用植物细胞工程,从而得到目标化合物。

利用红豆杉(*Taxus chinensis*)细胞培养来生产其次生代谢产物——抗癌新药紫杉醇(taxol),是近十年来推动此领域快速发展的热点和动力。伴随着特效抗癌药物紫杉醇被美国食品药物管理局(FDA)批准应用于临床,植物细胞工程的研究进入了新的发展时期。现在,Phyton 公司已在 75 000 L 反应器中利用红豆杉细胞培养生产紫杉醇。

【实验内容或知识点】

红豆杉细胞悬浮培养生产紫杉醇,核心的问题是诱导其大量表达并积累次生代谢产物以提高紫杉醇的产量。植物次生代谢产物合成的多代谢途径使得人们通过不同的方法来刺激代谢途径以增加次生产物的合成量。紫杉醇及相关物质在红豆杉属植物中的积累被认为是一种对外界环境刺激发生的生物响应。为了增强这一过程,可通过温度、光线、pH、培养时间、气体交换等环境因子的合理配置来促进,更重要的提高产量的方法是,在紫杉醇生物合成过程中加入某些诱导子。

目前常用的红豆杉细胞产紫杉醇诱导子有水杨酸、硝酸银、甲基苯莉酮酸酯(MJA)或二氢甲基苯莉酮酸酯(HMJA),以及真菌诱导子等,将它们单独或组合使用,可有效地增加红豆杉悬浮细胞培养中紫杉醇的积累。

【设计思路及实验目的】

设计思路:通过植物细胞和组织培养技术,获得红豆杉植株的愈伤组织,进行继代培养;建立红豆杉细胞悬浮培养体系;通过查阅文献,了解各种诱导子在红豆杉细胞产紫杉醇中的作用及其机制,选取适当的诱导子,通过实验确定诱导子种类和搭配、诱导剂量、诱导时机、相应的培养条件、产物检测及收获方法等;检测紫杉醇的含量,确定最佳诱导组合。

实验目的:了解植物细胞培养的意义;掌握植物细胞培养技术。

【主要实验方法及提示】

1. 以红豆杉幼茎、形成层或树皮诱导愈伤组织的效果较好,诱导率也高,其他的外植体诱导能力较差或根本诱导不到愈伤组织。以紫杉醇含量高的外植体作为诱导材料,可获得紫杉醇产量较高的细胞系。

2. 从愈伤组织到悬浮细胞体系,往往要经过长期的继代和扩大培养,在此过程中可结合细胞筛选技术,根据细胞团生长的情况对培养物进行挑选,以获得符合理想的悬浮系材料。

3. 红豆杉细胞培养过程中常常发生褐变现象,需要选择合适外植体、培养基及适宜的激素组合来防止和减轻褐变,还可添加一些抗褐变剂。

4. 诱导子通常在红豆杉细胞指数生长期末期时加入,对紫杉醇合成的促进作用最大。

5. 对于影响植物细胞培养物的生物量的增长和次生代谢产物的积累因素的变化,可因某一因素的调整而影响其他因素,所以在培养过程中要不断地加以平衡和研究。

【注意事项】

在长期的悬浮培养过程中,红豆杉细胞变得较为脆弱、细胞壁薄、剪切耐受力低、易受外界环境影响。因此必须严格维持稳定的培养条件,所有涉及细胞的操作必须温和,并严防污染。

实验65　人工种子的设计与构建

【研究背景与意义】

种子是植物传种续代之本，是人类衣食之源。1978年，Murashige提出大规模、高速度无性繁殖技术的设想，第一次报道了“人工种子”的概念。人工种子又称为人造种子，它是细胞工程中最年轻的一项新兴技术，是在植物离体培养技术基础上发展起来的。人工种子为模拟天然种子的基本结构，将人工胚包裹在含有养分的人工胚乳中，然后再利用人工种子包装以防止机械损伤，从而形成具有一定硬度、在适宜条件下能够发芽出苗的颗粒体。人工种子具有不受季节限制、繁殖快、省时省地、具有相对的遗传稳定性、能固定杂交优势、保护品种的优良性状、能获得无病毒植株等优点，且体积小、成本低、运输保存方便。

自从人工种子设想被提出后，美、日、法等国相继开展了人工种子的研究，并在胡萝卜、苜蓿、芹菜、花椰菜和莴苣等植物上获得了初步的成功。我国把此项研究列为“国家高技术研究发展计划(863计划)”，对黄连、云杉、西洋参和铁皮石斛等十几种材料也进行了系统的研究。人工种子目前应用较少，尚处于初试阶段，但随着一些技术难点的突破，人工种子将会实现工业化生产，给农业带来根本性的变革。

【实验内容或知识点】

人工种子由体细胞胚、人工胚乳和人工种皮三部分组成。人工种子内的人工胚是由体细胞培养或组织培养所获得的胚状体或类似物，是离体培养而来的，而非受精卵发育而来，因而人们可以通过基因工程技术使人工种子具有优良的特性。人工胚乳是人工配制的能供胚良好生长的培养基，含有胚生长所需的各种养分。

对任何合适的植物繁殖体进行适当的包被，都有可能构建成人工种子。本实验要求经过植物细胞(组织)培养和诱导，产生同步化的具备萌发活性的体细胞胚，选择适当的材料，设计人工胚乳和人工种皮对其进行包埋，构建完整的人工种子。

【设计思路及实验目的】

设计思路：通过文献查阅，选择合适的繁殖体作为种源；根据繁殖体的特点设计人工种子的包埋方法，构建人工胚乳和人工种皮；并设定相配套的人工种子的储藏与萌发方法对种子进行检测。

实验目的：了解人工种子的构造原理及现实意义；掌握人工种胚的诱导与同步化技术。

【主要实验方法及提示】

1. 植物体细胞胚发生的方式有两种：一种是直接发生，即体细胞胚直接从原外植体不经愈伤组织阶段发育而成，其来源细胞可以是外植体表皮、亚表皮、合子胚等；另一种是间接发生，即体细胞胚是从愈伤组织、原生质体、花粉等产生，也可通过细胞悬浮培养由单细胞产生。体细胞胚的质量直接关系到人工种子的质量，体细胞胚质量包括形态学上基本无变异、胚发生比较同步或比较整齐并能得到较高频率的正常植株。

2. 体细胞胚的同步化是人工种子出芽整齐一致的保证，因此必须对体细胞胚进行同步化控制、筛选及纯化，其方法目的有手工选择、过筛选择、渗透压分选、低温处理等物理方法，以及饥饿法、阻断与解除法、有丝分裂阻止法等化学方法。

3. 人工胚乳的筛选和包埋实质上是筛选出适合于人工种胚萌发的培养基配方，最后将筛选出的培养基添加到包埋介质中。鱼雷胚或子叶胚是较好的体细胞胚包埋时期。

【注意事项】

1. 包埋之后，繁殖体缺氧是一个有待解决的问题，考虑降低繁殖体的呼吸强度或添加有机氧成分。

2. 防腐也是关键之一，必须使人工种子具备相当的防腐剂抗菌能力，添加的防腐剂必须保证无害。

实验 66　离体植物细胞对外界刺激的响应

【研究背景与意义】

植物细胞（组织）离体培养是全能性能够体现的前提，在特定环境下，只有脱离植株整体，经过一个脱离原状态过程，其全能性才能通过脱分化和再分化过程重新表现出来。植物细胞离体培养开始于 19 世纪后半叶，在适宜环境条件下，离体植物细胞能分化发育成几乎所有的细胞群，具有独立发育成为新个体的潜能，体现出全能性。目前，植物细胞离体培养技术已被广泛应用于植物基因工程育种、单倍体育种、多倍体育种、远缘杂交育种、无性变异系建立和珍贵物种快速繁殖等众多领域。

明确植物离体培养的影响因素和调控网络，将有助于更好地研究和利用植物细胞，有助于获得安全型转基因植物，在基因工程、细胞工程中具有潜在应用前景。

【实验内容或知识点】

离体植物组织体细胞表现为复杂的无性繁殖过程，依次经历外源植物激素信号应答、已分化细胞的脱分化、静止细胞的再分裂，以及特定组织、器官原基或分生组织的形成等，是细胞在多种外界因素刺激下协调、有序表达和互作的结果，不但受培养基中植物激素和营养成分的影响，也与外植体的生理状态关系密切。

不同植物和同种植物不同外植体细胞（组织）培养中，受到各种外界环境的影响和刺激，此时细胞内多种基因的表达调控也会有相应的响应，表现为不同的性状。离体条件下植物细胞的生长、分化和再生的环境因素比较容易控制，因此是研究植物细胞发育问题的主要实验系统。

本实验考察外源激素、营养条件、培养环境、不良胁迫等外界因素对离体植物细胞的刺激，尤其是对生长和分化过程的影响，以提高植物组织培养的再生率和遗传转化率。

【设计思路及实验目的】

设计思路：查阅文献，筛选外界刺激的类型和条件，了解外源激素、营养条件、培养环境、不良胁迫等外界因素对植物细胞的作用与可能导致的变化，可以考虑单因素或几个因素适当的组合；考察离体植物细胞对外界刺激的响应，并作趋势判断或统计学分析。

实验目的：熟悉植物细胞离体培养的方法和操作，掌握不同时期的细胞生理状态和培养方法。

【主要实验方法及提示】

1. 对所选取的不同植株材料或不同外植体材料进行培养，直至状态稳定，有些还需要对离体培养材料进行前期处理，每组至少3个重复。

2. 检测离体植物细胞的响应水平，可以考虑的参数包括：生长状态、生长量、生长速率、活性检测值、分化的方向、变异的范围、组织含水量、质体的变化、膜透性、特定产物的积累值等，此外还可以采用显微观察等方法。选择时根据需要查阅文献，确定与所受外界刺激关系较密切的相关指标。

3. 数据处理与分析，除了绘制能体现某些趋势的图、表之外，还可使用一些统计软件进行分析，差异显著性水平一般定为$P<0.05$。

【注意事项】

1. 外界因子的刺激过大，可能导致植物细胞产生不可逆的损伤。

2. 植物细胞培养的周期较长，整个实验阶段都要注意保持无菌的操作和环境，以及培养条件的稳定、培养基的更换、继代的间隔和无损操作等问题。

实验67　植物快速无性繁殖方案探索

【研究背景与意义】

利用离体培养技术，将来自优良植株的茎尖、腋芽、叶片、鳞片等器官、组织和细胞进行离体培养，在短期内获得大量遗传性一致的植株，这一技术称为植物快速无性繁殖技术。无性快速繁殖由于是建立在体细胞系（克隆，clone）的基础上，一方面可以在短时间内大量繁殖、培育无病毒植株；另一方面，也为育种开辟了一条既保持生物种性，又高效快速繁殖良种后代的新途径；此外，使植物产品的工厂化生产成为可能。因此，该技术在生产实践上有广阔的应用前景。

【实验内容或知识点】

细胞具有全能性，是指已分化的细胞仍然具有发育成完整生物体的潜能。在无菌条件下，把植物的器官或组织片段切下来，接种在适当的人工培养基上进行离体培养，这些器官或组织经过脱分化和再分化的过程，逐渐产生植物的各种组织和器官，进而发育成一棵完整的植株，这就是组织培养技术。

【设计思路及实验目的】

理解掌握关于组织培养、新陈代谢类型、细胞工程的基本原理和方法及基本过程；了解各类植物在组培快速繁殖的形态发育类型，根据不同植物的形态发生类型设计培养方案，探索提高快繁殖的途径。

【主要实验方法及提示】

1. 植物材料的预处理：处理的目的是获得比较清洁的材料，并改变母株、外植体的生理状态，有利于其体外生长和分化。

2. 组织培养的一般技术的掌握，包括培养基的配制、培养基的分装、培养基灭菌、接种室和接种箱的灭菌、操作者的消毒、外植体的消毒、接种和培养。

3. 植物愈伤组织继代培养，诱导芽分化，诱导根分化，直至培养出试管苗。

【注意事项】

污染是影响试管苗质量好坏的关键之一。污染会导致早期培养的失败、增殖效率降低、生长减慢、玻璃苗增加、生长不均匀等。污染来源于两个方面：一是植物材料表面带有的细菌、真菌等微生物，这些微生物是由于表面消毒不完全而带入培养过程，或者是由植物材料内部的微生物随着材料带入培养过程；二是在无菌操作过程中由外界带入培养过程中。

实验 68　水稻单倍体培养

【研究背景与意义】

单倍体(haploid)指具有配子染色体数目的个体。单倍体包括一倍单倍体(monohaploid)和多倍单倍体(polyhaploid)，前者起源于二倍体物种，后者起源于多倍体。单倍体培养是将单倍体个体接种到人工培养基上培养，并获得再生单倍体植株，包括花药培养、小孢子培养、未受精子房及卵细胞培养等。单倍体培养在育种学有着广泛的应用，包括缩短育种年限，单倍体可以加倍形成纯合二倍体；提高选择效率，加倍后纯合二倍体其等位基因相同，没有显隐性基因相互遮盖；获得纯雄株等特殊育种材料；选育自交系。

【实验内容或知识点】

水稻单倍体可以通过花药培养、花粉培养、胚珠或子房培养(未受精)等途径来获得。单倍体育种：通过花药、花粉培养获得单倍体，然后进行染色体加倍，经过选择、鉴定选育出新品种的途径。花药培养：是将花粉发育至一定阶段的花药接种到人工培养基上进行培养，以形成花粉胚或愈伤组织进而分化成植株的过程。花粉培养：是将花粉从花药中分离出来，接种到人工培养基上进行培养，以形成花粉胚或愈伤组织进而分化成植株的过程。花药和花粉培养基本流程：选择合适的供体植株预处理花药(物理或生理逆境)，收集具胚性小孢子的花药或离心收集胚性小孢子培养(充足的营养、合适的温度、光照等培养条件)形成胚状体转移至固化培养基上“萌发”形成小植株。

【设计思路及实验目的】

设计思路：通过查阅文献了解水稻单倍体的概念及培养单倍体的意义；了解水稻单倍体的

获得方式,即可以使用水稻花药培养方式获得水稻单倍体,并掌握其组织培养过程中的具体技术细节及注意事项。

实验目的:了解花药培养和花粉培养的区别;了解水稻花药最佳接种时期;掌握水稻花药培养的大致过程。

【主要实验方法及提示】

1. 使用水稻花药培养方式获得水稻单倍体,其中最关键的步骤就是对外植体花粉发育时期的检测,以决定是否适用于组织培养。通过查阅文献掌握通过外部形态观察和压片染色法对花粉发育时期进行检测。

2. 获取花药外植体进行组织培养。在培养前,花药要进行一系列的消毒灭菌,培养形成愈伤组织,诱导发芽长根,形成幼苗。

【注意事项】

1. 必须注意整个操作过程中不应使花药受到损伤,若受到损伤,则应淘汰,因为损伤常常会刺激花粉壁形成二倍体的愈伤组织。

2. 应当选取主穗的花蕾,因为一级侧枝的花蕾发育良好,数量大,发育同步。

第五部分　酶　工　程

第 9 章　综合性实验

实验 69　影响酶活力的因素——正交试验法

【研究背景与意义】

大多数酶是具有四级结构的蛋白质大分子，外界的许多物理和化学因素都会对蛋白质分子的结构和构象产生一定的影响，从而影响酶的活性。影响酶活性的主要因素包括温度、pH 和抑制剂等。

温度的影响：一般来说，在一定范围内，酶的活性随温度升高而增高，超过一定的温度界限，酶活性即下降。酶活性最高时的温度即为酶的最适温度。因为适当地升温可促进分子的运动，提高底物与酶活性位点的结合速度和频率；但如果超过一定的温度界限，酶蛋白肽链间氢键、离子键或其他更弱的作用力就会被破坏，导致蛋白质变性，从而很快地降低了酶的活性。人体中大多数酶的最适温度为 35~40℃，某些生长在温泉中的细菌所含的酶的最适温度高达 70 ℃。

pH 的影响：酶对 pH 的变化极为敏感，每一种酶只有在一定的 pH 范围内才具有较高的活性，而且有一个最适 pH。动物体内酶的最适 pH 为 6~8，但不同酶的最适 pH 差别很大。例如，胃蛋白酶的最适 pH 为 1.8，而胰蛋白酶的最适 pH 为 8.1。pH 对酶活性的影响主要是因为 pH 会影响酶或底物的解离，也会影响底物的极性基团。

酶的抑制剂：有些化合物可以选择性地抑制酶的活性，称为酶的抑制剂。如果抑制剂以共价键与酶相结合，这种抑制往往是不可逆的；如果抑制剂以更弱的键与酶结合，则其抑制作用是可逆的。

【实验目的】

初步掌握正交法（正交试验设计法）的使用；运用正交法测定底物浓度、酶浓度、温度和 pH 这 4 种因素对酶活力的影响。

【实验原理】

酶的催化作用是在一定条件下进行的，它受多种因素的影响，如酶浓度、底物浓度、温度、抑制剂和激活剂等都能影响酶催化的反应速度。通常在其他因素恒定的条件下，通过某一因素在一系列变化条件下的酶活力测定求得该因素的影响，这是单因素试验方法。对于多因素的试验可以通过正交试验设计法（简称正交法）来完成。正交法是借助于正交表，简化表格计算，正确分析结果，找到实验的最佳条件、分清因素的主次，这样就可以通过比较少的实验次数达到好的实验效果。

本实验运用正交法测定底物浓度、酶浓度、温度、pH 这 4 个因素对酶活性的影响,并求得在什么样的底物浓度、酶浓度、温度和 pH 时酶的活力最大。

【实验材料、试剂与器材】

材料:牛血清白蛋白、牛胰蛋白酶。

试剂:0.1 mol/L NaH_2PO_4溶液、尿素、1 mol/L NaOH 溶液、1 mol/L pH 分别为 7、8、9 的巴比妥缓冲液、15% 三氯乙酸溶液。

牛血清白蛋白:20 mL 蒸馏水中加入牛血清白蛋白 2.2 g、尿素 36 g、1 mol/L NaOH 溶液 8 mL,室温放置 1 h,使蛋白质变性。如有不溶物,可过滤除去。再加 0.2 mol/L NaH_2PO_4溶液至 110 mL 及尿素 4 g,调节溶液 pH 达 7.6 左右。

蛋白酶液:3 mg 牛胰蛋白酶冷冻干粉,溶于 10 mL 蒸馏水。

Folin-酚甲试剂:①4% 碳酸钠溶液;②0.2% 氢氧化钠溶液;③1% 硫酸铜溶液;④2% 酒石酸钾钠溶液。临用前将①与④试剂等体积配制碳酸钠氢氧化钠溶液;②与④试剂等体积配制成硫酸铜-酒石酸钾钠溶液。然后把这两种试剂按 50∶1 的比例混匀,即成 Folin-酚甲试剂。此试剂临用前配制,一天内有效。

Folin-酚乙试剂:向 2 L 容积的磨口回流瓶中加入 100 g 钨酸钠($NaWO_4 \cdot 2H_2O$),25 g 钼酸钠($NaMoO_4 \cdot H_2O$)及 700 mL 蒸馏水,再加入 85% 磷酸 50 mL 及浓盐酸 100 mL,充分混合后,接上回流冷凝管,以小火回流 10 h(烧瓶内加小玻璃珠数颗,以防止溶液沸溢)。回流结束后再加入 150 g 硫酸锂(Li_2SO_4)、50 mL 蒸馏水及液溴数滴,然后开口继续沸腾 15 min,以驱除过量的溴,冷却后溶液呈鲜黄色(如仍呈绿色,须再重复滴加溴水的步骤),冷却后加蒸馏水定容至 1000 mL,过滤,即成 Folin-酚乙试剂,滤液置于棕色试剂瓶中,可在冰箱内长期保存。若此储存液使用过久,颜色由黄变绿,可加几滴液溴,煮沸数分钟,恢复原色仍能继续使用。

Folin-酚乙试剂储存液在使用前使酸度最终为 1 mol/L。可用标准 NaOH 溶液(1 mol/L 左右),以酚酞作指示剂,当溶液颜色由红→紫色→紫→灰墨绿时即为滴定终点。该试剂储存液的酸度应为 2 mol/L 左右,将之稀释至相当于 1 mol/L 酸度便可使用。

仪器:试管及试管架、恒温水浴箱、分光光度计、吸量管、小漏斗及滤纸、pH 计等。

【实验步骤】

1. 确定实验因素和水平 本实验取 4 个因素,即底物浓度[S]、酶浓度[E]、温度、pH。每个因素选 3 个水平(水平即在因素的允许变化范围内,要进行实验的"点")。实验因素和选用水平见表 9.1。

表 9.1 因素水平表

实验号	[S]	[E]	温度/℃	pH
1	0.5	0.8	50	7
2	0.2	0.5	37	9
3	0.8	0.2	60	8

作因素、水平表时,各因素的水平最好不要按大小顺序排列。

按一般方法,如对 4 个因素 3 个水平的各种搭配都要考虑,共需做 34×81 次实验,而用正交表只需做 9 次实验。

2. 选择合适的正交表 合适的正交表,是指要考察的因素的自由度总和,应该不大于所选正交表的总自由度。

正交表 $L_n(t^q)$ 见表 9.2。L-正交,表的代号;*n*-处理数(实验次数);*t*-水平数;*q*-因素数。

表 9.2 正交表 $L_9(3^4)$

水平 / 因素 / 实验号	1	2	3	4
1	1	1	1	1
2	1	2	2	2
3	1	3	3	3
4	2	1	2	3
5	2	2	3	1
6	2	3	1	2
7	3	1	3	2
8	3	2	1	3
9	3	3	2	1

3. 实验安排 实验安排设计见表 9.3。

表 9.3 实验安排表

试剂 / 实验号	2	4	9	1	6	8	3	5	7
2% 血红蛋白/mL	0.5	0.2	0.8	0.5	0.2	0.8	0.5	0.2	0.8
缓冲溶液	pH 9 2 mL	pH 8 2 mL	pH 7 2 mL	pH 7 1.7 mL	pH 9 2.6 mL	pH 8 1.7 mL	pH 8 2.3 mL	pH 7 2.3 mL	pH 9 1.4 mL
	37 ℃预热 5 min			50 ℃预热 5 min			60 ℃预热 5 min		
酶液/mL	0.5	0.8	0.2	0.8	0.2	0.5	0.2	0.5	0.8
	37 ℃反应 5 min			50 ℃反应 5 min			60 ℃反应 5 min		

各管均加入 15% 三氯乙酸溶液 2 mL 终止反应。另取试管一支作非酶对照,即加 2% 血红蛋白液 0.5 mL,缓冲液 2.0 mL。先加 15% 三氯乙酸溶液 2 mL,摇匀放置 10 min 后再加入酶液 0.5 mL。将上述酶促和非酶对照反应液室温放置 15 min,过滤。滤液保留,用于测定酶活力。酶活力测定:取滤液 0.5 mL,加入 Folin-酚甲试剂 4 mL,混匀室温放置 10 min,再加 Folin-酚乙试剂 0.5 mL,迅速混匀,于 30 ℃保温 30 min 后,在 680 nm 处测光吸收值。

4. 实验结果及分析(表 9.4)

表 9.4　实验结果分析表

因素 实验号	1 [S]		2 [E]		3 温度/℃		4 pH		实验结果 A_{680}
1	1	0.5	1	0.8	1	50	1	7	
2	1	0.5	2	0.5	2	37	2	9	
3	1	0.5	3	0.2	3	60	3	8	
4	2	0.2	1	0.8	2	37	3	8	
5	2	0.2	2	0.5	3	60	1	7	
6	2	0.2	3	0.2	1	50	2	9	
7	3	0.8	1	0.8	3	60	2	9	
8	3	0.8	2	0.5	1	50	3	8	
9	3	0.8	3	0.2	2	37	1	7	
Ⅰ(一水平实验结果总和)									
Ⅱ(二水平实验结果总和)									
Ⅲ(三水平实验结果总和)									
Ⅰ/3									
Ⅱ/3									
Ⅲ/3									
极差									

实验做好后,把 9 个数据填入表 9.4 实验结果栏内,按表中数据计算出各因素的一水平实验结果总和、二水平实验结果总和、三水平实验结果总和,再取平均值(各自被 3 除),然后计算极差。极差是指这一列中最好与最坏之差,从极差的大小就可以看出哪个因素对酶活力影响最大,哪个影响最小,找出在什么条件下酶活力最高。最后作一直观分析的结论。

以 A 值(Ⅰ/3,Ⅱ/3,Ⅲ/3)为纵坐标,因素的水平数为横坐标作图。

【注意事项】

1. 实验设计中要设置空白对照组。
2. 在检测单一变量对酶活性的影响时,其他因素要保持恒定。

【思考题】

1. 酶的特性有哪些?
2. 影响酶活性和酶促反应速度的因素有哪些?

实验 70　胰蛋白酶米氏常数的测定

【研究背景与意义】

K_m定义:K_m等于酶促反应速度达到最大反应速度一半时所对应的底物浓度。K_m的意义:K_m

是酶的特性常数之一，不同的酶 K_m 不同；同一种酶与不同底物反应，K_m 也不同。K_m 可近似地反映酶与底物的亲和力大小：K_m 大，表明亲和力小；K_m 小，表明亲和力大。测定 K_m 是酶学研究的一个重要方法。大多数纯酶的 K_m 在 0.01～100 mmol/L。

米氏方程：

$$v = \frac{V[S]}{K_m + [S]}$$

式中，v 为反应初速度（微摩尔浓度变化/min）；V 为最大反应速度（微摩尔浓度变化/min）；[S]为底物浓度（mol/L）；K_m 为米氏常数（mol/L）。

此方程表明，当已知 K_m 及 V 时，酶反应速度与底物浓度之间的定量关系。

【实验目的】

了解底物浓度对酶促反应的影响；掌握测定米氏常数 K_m 的原理和方法。

【实验原理】

Lineweaver-Burk 作图法（双倒数作图法）是用实验方法测 K_m 最常用的简便方法。

实验时可选择不同的[S]，测对应的 v；求出两者的倒数，以 $1/v$ 对 $1/[S]$ 作图，得到一个斜率为 K_m/V 的直线。将直线外推与横坐标轴相交，其截距为 $-1/K_m$，由此求出 K_m。

公式：

$$\frac{1}{v} = \frac{K_m + [S]}{V[S]} = \frac{K_m}{V}\frac{1}{[S]} + \frac{1}{V}$$

本实验以胰蛋白酶消化酪蛋白为例。蛋白酶催化蛋白质中碱性氨基酸（L-精氨酸和 L-赖氨酸）的羧基所形成的肽键水解，水解时有自由氨基生成，可用甲醛滴定法判断自由氨基增加的数量而跟踪反应，求得初速度。

【实验材料、试剂与仪器】

材料：酪蛋白溶液。

试剂：中性甲醛溶液、酚酞溶液、0.1 mol/L NaOH 溶液、胰蛋白酶溶液。

仪器：50 mL 锥形瓶（×12）、150 mL 锥形瓶（×4）、移液管、量筒 100 mL、碱式滴定管及滴定台和恒温水浴锅等。

【实验步骤】

（1）50 mL 锥形瓶 4 个，每个加入甲醛 5 mL 及酚酞 1 滴，用 0.1 mol/L 标准 NaOH 滴定至微红色。该组 4 个瓶中的溶液颜色应当一致，编号。

（2）150 mL 反应锥形瓶中加入 37 ℃预热 10 min 的酪蛋白溶液，胰蛋白酶液，立即混匀，同时计时。

取出 0、2 min、4 min 和 6 min 时的反应液各 10 mL 加入步骤 1 中编号的含有甲醛的锥形瓶中，加入酚酞 10 滴。用 0.1 mol/L 标准 NaOH 滴定至微弱而持续的微红色。接近终点时，按耗去的 NaOH 毫升数，每 1 mL 加酚酞 1 滴，再继续滴定至终点，记下耗去的 0.1 mol/L 标准 NaOH 毫升数。

(3) 初速度 v 的测定:以滴定度(耗去的 0.1 mol/L 标准 NaOH 毫升数)对时间作图,得一直线,其斜率即为初速度 v。

(4) 分别以 40 g/L、30 g/L、20 g/L 和 10 g/L 的酪蛋白溶液为底物,进行步骤(2)~(3)操作,分别测出 v_{40}、v_{30}、v_{20}和 v_{10}。

(5) 用双倒数法,以 $1/v$ 对 $1/[S]$作图,求出 V 和 K_m。

【注意事项】

1. 实验表明,反应速度只在最初一段时间内保持恒定,随着反应时间的延长,酶促反应速度逐渐下降。原因有多种,如底物浓度降低、产物浓度增加而对酶产生抑制作用并加速逆反应的进行,酶在一定 pH 及温度下部分失活等。因此,研究酶的活力以酶促反应的初速度为准。

2. 本实验是一个定量测定方法,为获得准确的实验结果,应尽量减少实验操作中带来的误差。因此配制各种底物溶液时应用同一母液进行稀释,保证底物浓度的准确性。各种试剂的加量也应准确,并严格控制准确的酶促反应时间。

【思考题】

1. 试述底物浓度对酶促反应速度的影响。
2. 试述在何种条件下,测定酶的 K_m可以作为鉴定酶的一种手段。
3. 米氏方程中的 K_m的实际应用是什么?

实验 71　蔗糖酶的制备、各级分活性及蛋白质含量的测定

【研究背景与意义】

蔗糖酶(invertase)(β-D-呋喃果糖苷水解酶)(fructofuranoside fructohydrolase)(EC 3.2.1.26)又称“转化酶”,属于糖苷酶之一,可特异地催化非还原糖中的 β-D-呋喃果糖苷键水解。其既能催化蔗糖水解生成葡萄糖和果糖,也能催化棉子糖水解,生成蜜二糖和果糖。但其主要作用是将蔗糖转化为 D-果糖和 D-葡萄糖,同时改变其旋光性。水解的最适宜 pH 为4~5.5,最适宜温度随糖浓度而有差别,低浓度时为 55 ℃,高浓度时为 60~70 ℃。水解速度也受糖浓度的影响,糖浓度为 5%~8% 时水解速率最高,当浓度增加到 70% 时,水解速率就降低至原来的 1/4。此外,蔗糖酶对银离子、硝酸根敏感,容易失活。该酶广泛存在于动植物和微生物中,工业用酶主要从酵母中得到,多用于食品加工,用以转化蔗糖,以增加甜味。

【实验目的】

学习 Folin-酚法测定蛋白质含量的原理和方法;掌握酶活力测定的基本原理和方法;学习酶的比活力的计算。

【实验原理】

蔗糖酶制备的原理：酵母中的蔗糖酶以两种形式存在于酵母细胞膜的外侧和内侧。在细胞膜外细胞壁中的称为外蔗糖酶，其活力占蔗糖酶活力的大部分，是含有50%糖成分的糖蛋白。在细胞膜内侧细胞质中的称为内蔗糖酶，含有少量的糖。两种酶的蛋白质部分均为双亚基二聚体，两种形式的酶的氨基酸组成不同，外蔗糖酶每个亚基比内蔗糖酶多两个氨基酸，Ser和Met，它们的分子质量也不同，外蔗糖酶约为27 kDa（或22 kDa，与酵母的来源有关），内蔗糖酶约为13.5 kDa。两种酶底物的专一性和动力学性质仍十分相似，因此，本实验未区分内蔗糖酶与外蔗糖酶，而且由于内蔗糖酶含量很少，极难提取，本实验采用研磨水抽提，提取纯化的主要是外蔗糖酶。

蔗糖酶活性测定原理：为了评价分离纯化出的蔗糖酶，必须测定各级分酶活性和比活。酸性条件下，蔗糖酶催化蔗糖水解生成一分子葡萄糖和一分子果糖。用测定生成还原糖（葡萄糖和果糖）的量来测定蔗糖水解的速度。蔗糖酶的活力单位指在一定条件下反应5 min，每产生1 mg葡萄糖所需的酶量。蔗糖酶是一种蛋白质，在蛋白质浓度一定时，酶活力是随酶纯度的提高而升高。比活力为每毫克蛋白质的活力单位数（活力单位/mg蛋白质）。蔗糖酶特异性催化非还原糖中的α-呋喃果糖苷键水解，具有相对专一性，能催化蔗糖水解生成D-果糖和D-葡萄糖，也能水解棉子糖生成蜜二糖和果糖。3,5-二硝基水杨酸与还原糖在强碱性溶液中沸水浴生成棕红色氨基化合物，在540 nm处有最大吸收，在一定范围内颜色深浅与还原糖浓度呈正比。实际应用是1 mL酶液所产生葡萄糖的量定为1 mL酶液的活力。酶的比活力，每毫克酶蛋白质所具有的酶活力。

【实验试剂与器材】

材料：酵母。

试剂：3,5-二硝基水杨酸试剂、标准葡萄糖溶液、0.2 mol/L蔗糖、0.2 mol/L pH为4.5的乙酸溶液、标准牛血清蛋白溶液、考马斯亮蓝G-250试剂。

仪器：分光光度计、水浴锅、试管、保鲜膜及秒表等。

【实验步骤】

1. 制备蔗糖酶

1）研磨水抽提（级分Ⅰ）　机械破碎，提取水溶性蛋白成分。

（1）称10 g酵母和约5 g二氧化硅，放入冰中预冷的研钵中缓慢加入预冷的去离子水30 mL，每次加2 mL，边加边研磨；研磨30 min以上，直至酵母细胞大部分研碎。

（2）将混合物4 ℃、10 000 r/min离心15 min。测上清体积，用1 mol/L乙酸调节pH至5.0。

（3）留出1.5 mL测酶活力和蛋白质含量（冰上），余做下一步。

2）热抽提（级分Ⅱ）　去除部分热变性蛋白杂质。

（1）将级分Ⅰ 50 ℃水浴 30 min，不断轻摇。此时可以开始作葡萄糖标准曲线。

（2）冰浴迅速冷却 3～5 min，4 ℃、10 000 r/min 离心 15 min。将上清转入小烧杯，置于冰上。

（3）留出 1.5 mL 测酶活力和蛋白质含量（冰上），余做下一步。

3）乙醇抽提（级分Ⅲ）　有机溶剂沉淀浓缩蔗糖酶等量分装在两个 1.5 mL 的 EP 管中，4 ℃保存，作为下两次实验中的酶，酶分离提纯的总目标是提高回收率及纯度，保持较高的酶比活力（低温操作）。

（1）向烧杯中的级分Ⅱ加入等体积 95% 乙醇，搅拌，冰浴 10 min。

（2）4 ℃、10 000 r/min 离心 15 min。

（3）弃去上清，倒置于抽纸上沥干，沉淀等量分装于两个 1.5 mL 的 EP 管中，4 ℃保存，作为下两次实验中的酶（级分Ⅲ）。

2. 各级分Ⅰ、Ⅱ、Ⅲ蔗糖酶活力测定（3,5-二硝基水杨酸法）

1）酶液的稀释　用 0.2 mol/L，pH 4.5 乙酸缓冲液稀释各级分酶液至测定酶活合适的稀释倍数。Ⅰ为 1000～10 000 倍；Ⅱ为 1000～10 000 倍；Ⅲ为 100～1000 倍（以上倍数仅供参考）。

2）葡萄糖标准曲线的制作　见表 9.5。

表 9.5　葡萄糖标准曲线的制作

试剂	管号					
	1	2	3	4	5	6
1 mg/mL 标准葡萄糖液/mL	0.0	0.2	0.4	0.6	0.8	1.0
pH 4.5 乙酸缓冲液/mL	2.0	1.8	1.6	1.4	1.2	1.0
水杨酸溶液/mL	0.5	0.5	0.5	0.5	0.5	0.5
0.1 mol/L NaOH/mL	2.5	2.5	2.5	2.5	2.5	2.5
	混匀，于沸水浴中煮 10 min，流水冷却 3 min					
A_{540}						

以 A_{540} 为纵坐标，以葡萄糖浓度为横坐标，绘制葡萄糖浓度的标准曲线。

3）酶活力的测定　如表 9.6 所示，对级分Ⅰ、级分Ⅱ和级分Ⅲ的酶活测定分别设置对照Ⅰ、Ⅱ和Ⅲ。首先，除对照组外，其余各组反应体系中分别加入 1 mL 不同级分的酶稀释液、0.5 mL 乙酸缓冲液和 0.5 mL 蔗糖溶液，立即混匀，放入 25 ℃水浴反应 5 min，然后所有组（包含对照组）都加入 2.5 mL 0.1 mol/L NaOH 溶液终止反应。对照组在加入 NaOH 之后，分别再补加 1 mL 不同级分的酶稀释液。

各组酶活力测定体系最终加入 0.5 mL 二硝基水杨酸溶液，保鲜膜封口，沸水浴煮 10 min，取出后自来水冷却 3 min，以标准曲线制作中的管 1 调零点，在 540 nm 下测定各组的光吸收值（A_{540}）。以各级分测定管的光吸收值减去对照管的光吸收值，以此值从标准曲线上求得相应的葡萄糖浓度，即为各级分每毫升酶稀释溶液的活力。

表 9.6 酶活力测定实验方案

试剂	各组名称			
	对照Ⅰ、Ⅱ、Ⅲ	级分Ⅰ	级分Ⅱ	级分Ⅲ
pH 4.5 酶稀释液/mL	0.0	1.0	1.0	1.0
pH 4.5 乙酸缓冲液/mL	0.5	0.5	0.5	0.5
pH 4.5 0.2 mol/L 蔗糖液/mL	0.5	0.5	0.5	0.5
	加入蔗糖,立即摇匀计时,室温(25 ℃)准确反应 5 min			
0.1 moL/L NaOH/mL	2.5	2.5	2.5	2.5
	各组加入 NaOH 混匀后,对照组Ⅰ、Ⅱ、Ⅲ分别补加级分Ⅰ、Ⅱ、Ⅲ酶稀释液 1 mL			
二硝基水杨酸试剂/mL	0.5	0.5	0.5	0.5
	沸水浴煮沸 10 min,流水冷却 3 min			
	以标准曲线制作中的 1 号管调仪器零点,测定以上各组的光吸收值			
A_{540}				

3. 各级分蛋白质含量的测定 采用考马斯亮蓝法测定各级分蛋白质含量。

各级分要仔细寻找和试测出合适的稀释倍数。下列稀释倍数仅供参考:

Ⅰ为 10~50 倍;Ⅱ为 10~50 倍;Ⅲ为 10~50 倍

确定了稀释倍数后,每个级分取 3 个不同体积的样进行测定,然后取平均值,计算出各级分蛋白质浓度。

对照:0.5 mL 水+5 mL 考马斯亮蓝溶液,混匀后室温放置 5 min 以上。

样品:将级分Ⅰ和级分Ⅱ分别稀释 100 倍或者 50 倍,取稀释后的酶液 0.4 mL,加入 0.1 mL 水,混匀后加入 5 mL 考马斯亮蓝溶液,混匀后室温放置 5 min 以上。

对照作为参比,测定级分Ⅰ和级分Ⅱ的 A_{595}。

参照以前实验课中的考马斯亮蓝方法中的蛋白质浓度标准曲线,计算出级分Ⅰ和级分Ⅱ中的蛋白质含量。

【注意事项】

1. 酶活力测定时,要控制好反应时间,各管的酶反应时间一定要一致,否则会影响整体结果。
2. 加各反应试剂的体积一定要准确,否则也会影响最终结果。
3. 分光光度计的使用:测样时光吸收值 A 应尽量在 0.100~0.700,并小于标准曲线的最大值,否则,应缩小或加大样品的稀释倍数。
4. 比色杯的使用:①洗净(洗净的标准是透明、无痕迹、不挂水珠)后,置小烧杯内用蒸馏水浸没;②如样液有外溢,先用滤纸条吸干(不要擦);再用镜头纸向一个方向擦至透明。

【思考题】

1. 简述比活力的概念和酶纯化过程中测定比活力的含义。
2. 比较级分Ⅰ和级分Ⅱ的比活力,试分析级分Ⅱ比活力高的原因。

实验72　糖化酶反应动力学性质的测定

【研究背景与意义】

糖化酶,全名葡萄糖淀粉酶(glucoamylase,EC 3.2.1.3),又名淀粉葡萄糖苷(amylo-glucosidase)或γ-淀粉酶(γ-amylase),是一种含有甘露糖、葡萄糖、半乳糖和糖醛酸的糖蛋白,分子质量为60~1000 kDa。因发酵工业中大量用作淀粉糖化剂,习惯上简称糖化酶。糖化酶除用于以葡萄糖作发酵培养基的各种抗生素、有机酸、氨基酸、维生素的发酵外,还大量用于生产各种规格的葡萄糖。凡对淀粉、糊精必须进行酶水解的工业上,均可适用。

【实验目的】

学习次碘酸钠法测定糖化酶活力的原理,并掌握次碘酸钠法测定糖化酶活力的方法;通过学习 Lineweaver-Burk 双倒数作图法(1/[S]与 $1/v$ 作图),求得糖化酶的 K_m 和 V_{max} 值(采用国家行业标准 QB 1805.2—1993 测定糖化酶的酶活)。

【实验原理】

糖化酶有催化淀粉水解的作用,能从淀粉分子非还原性末端开始,分解α-1,4 葡萄糖苷键,生成葡萄糖。葡萄糖分子中含有醛基,能被次碘酸钠氧化,过量的次碘酸钠酸化后析出碘,再用硫代硫酸钠标准溶液滴定,计算出酶活力。

反应过程方程式:

$$(C_6H_{12}O_6)_n \longrightarrow nC_6H_{12}O_6$$

$$I_2+2NaOH = NaIO+NaI+H_2O$$

$$C_6H_{12}O_6+NaIO = C_6H_{12}O_7+NaI$$

总反应式:

$$I_2+C_6H_{12}O_6+2NaOH = C_6H_{12}O_7+2NaI+H_2O$$

$C_6H_{12}O_6$作用完后,未作用的 NaIO 继续以下反应:

$$3NaIO = NaIO_3+2NaI$$

$$NaIO_3+5NaI+3H_2SO_4 = 3I_2+3Na_2SO_4+3H_2O$$

$$I_2+2Na_2S_2O_3 = Na_2S_4O_6+2NaI$$

总反应式:

$$NaIO+H_2SO_4+2Na_2S_2O_3 = Na_2SO_4+Na_2S_4O_6+H_2O$$

由以上反应可以看出一分子葡萄糖与一分子 NaIO 作用,而一分子 I_2 产生一分子 NaIO,而两分子硫代硫酸钠可以滴定一分子 NaIO,根据此比例关系可以求算出未与葡萄糖反应的过量 NaIO 含量,从而得出生成葡萄糖的量。

制作酶反应时间与产物生成量之间的关系曲线,从中确定酶催化反应初速度相对稳定的时间范围及酶活性所需要的合适的反应时间,然后在酶反应的最适条件下以不同的底物浓度与固定量的酶进行反应,测得酶反应初速度 v,最后通过 1/[S]与 $1/v$ 作图,即 Lineweaver-Burk 双倒数作图法，求得糖化酶的 K_m 和 V_{max} 值。

【实验试剂与仪器】

试剂：乙酸-乙酸钠缓冲溶液（pH 4.6）、硫代硫酸钠标准溶液（0.05 mol/L）、20% NaOH 溶液、0.1 mol/L NaOH 溶液、2 mol/L H_2SO_4 溶液、0.1 mol/L 的标准碘液和 2% 可溶性淀粉溶液。

仪器：恒温水浴锅（40±0.2）℃、秒表、具塞比色管（9 支）、移液管、棕色酸式滴定管、碘量瓶（9 个）等。

【实验步骤】

1. 制订实验方案　测得产物生产量与酶反应时间的关系，确定糖化酶反应初速率相对稳定的时间范围及最佳反应条件。

（1）于 9 支具塞比色管中分别加入可溶性淀粉溶液 5 mL 及缓冲液 1 mL，摇匀后于 40 ℃恒温水浴中预热 5 min。

（2）在 1~8 管（样品）中加入酶样 0.4 mL，立即摇匀，在 40 ℃恒温水浴中按时间（1 min、3 min、5 min、7 min、10 min、15 min、30 min、45 min）进行酶反应。当反应时间到时，立即加入 20% 的 NaOH 溶液 0.04 mL，并将管取出迅速冷却。9 号管中（空白）中先加入 20% 的 NaOH 溶液 0.04 mL，冷却后补加待测酶样 0.4 mL。

（3）吸取上述反应液与空白液 1.0 mL，分别置于碘量瓶中，准确加入 0.1 mol/L 的标准碘液 2.0 mL，再加 0.1 mol/L NaOH 溶液 3.00 mL 摇匀，密塞，于暗处反应 15 min，取出，加 2 mol/L H_2SO_4 溶液 0.4 mL，立即用 $Na_2S_2O_3$ 溶液滴定，直到蓝色刚好消失为其终点。

注：①碘量瓶密塞方法为加入反应物后，盖紧塞子，塞子外加上适量水作密封，防止碘挥发，静置反应一定时间后，慢慢打开塞子，让密封水沿瓶塞流入锥形瓶，再用水将瓶口及塞子上的碘液洗入瓶中。②滴定过程颜色变化很快，从紫蓝色变成无色只是半滴的体积变化，务必缓慢滴定。

（4）计算

$$X=[I-(V_0-V)\times C\div 2]\times 10^{-3}\times 180.16\div L$$

式中，X 为产物葡萄糖的含量（g/mL）；I 为加入反应液中总碘量（0.1 mol/L×2.0 mL）；V_0 为空白消耗的 $Na_2S_2O_3$ 标准溶液的体积（mL）；V 为样品消耗的 $Na_2S_2O_3$ 标准溶液的体积（mL）；C 为 $Na_2S_2O_3$ 标准溶液的浓度（0.05 mol/L）；180.16 为葡萄糖的相对分子质量；L 为吸取的反应液的体积（0.1 mL）。

（5）以时间 t 为横坐标，产物生产量 X 为纵坐标，作图。从图中确定酶反应初速度相对稳定及酶反应的最佳时间点。

2. 测定酶反应 K_m 和 V_{max} 值　本实验通过 1/[S] 与 $1/v$ 作图，即 Lineweaver-Burk 双倒数作图法，求得糖化酶的 K_m 和 V_{max} 值，即在通过实验确定的最佳反应时间 t 下以不同的底物浓度与固定量的酶进行反应，测得反应初始速度，最后通过 1/[S] 与 $1/v$ 作图，即 Lineweaver-Burk 双倒数作图。取试管 6 支，按 1~6 编号，并设 6 号管为空白。按表 9.7 加入不同体积的可溶性淀粉，并补加缓冲液到 6 mL。

表 9.7　不同[S]反应体系的加样顺序表

	管号					
	1	2	3	4	5	6
可溶性淀粉溶液/mL	3.8	4.1	4.5	5.0	5.7	5.0
缓冲溶液/mL	2.2	1.9	1.5	1.0	0.3	1.0
合计/mL	6.0	6.0	6.0	6.0	6.0	6.0

摇匀后于40 ℃恒温水浴中预热5 min。在1~5管(样品)中加入酶样0.4 mL,立即摇匀,在40 ℃恒温水浴中反应 t 分钟进行酶反应。当反应时间到时,立即加入20%的NaOH溶液0.04 mL摇匀,将样品管取出迅速冷却,6号管(空白)中先加入20%的NaOH溶液0.04 mL,冷却后补加待测酶样0.4 mL。

吸取上述反应液与空白液1.0 mL,分别置于碘量瓶中,准确加入0.1 mol/L标准碘液2.0 mL,再加0.1 mol/L NaOH溶液3.00 mL摇匀,密塞,于暗处反应15 min取出,加2 mol/L H_2SO_4溶液0.4 mL,立即用$Na_2S_2O_3$溶液滴定,直到蓝色刚好消失为其终点。产物的变化量与时间之商即为反应速度。

【注意事项】

1. 酶促反应是一种比较灵敏的反应,除了要设置参照外,还要有重复实验,确保数据的可重复性和准确性。
2. 保温时间要准确,加入酶的量也要准确。

【思考题】

1. 什么是Lineweaver-Burk双倒数作图法?其测定酶的动力学的原理是什么?其中的[S]和测定时间各要注意什么问题?
2. 除了Lineweaver-Burk双倒数作图法,还有什么测定酶的动力学的方法?各有什么优、缺点?

实验73　猪胰蛋白酶的制备及活力测定

【研究背景与意义】

胰蛋白酶(EC 3.4.21.4)是属于丝氨酸蛋白酶家族的消化酶。胰蛋白酶在胰腺中合成并以非活性的酶原形式分泌到消化道中,在消化道中酶原通过除去部分肽链转变成活性酶形式。胰蛋白酶在医药、轻工业及科学研究方面具有广泛的应用价值,据统计,胰蛋白酶的年消耗量占酶制品世界市场的3%。从动物胰脏中提取胰蛋白酶时,一般是用稀酸溶液将胰腺细胞中含有的酶原提取出来,然后再根据等电点沉淀的原理,调节pH以沉淀除去大量的酸性杂蛋白质及非蛋白质杂质。

【实验目的】

掌握等电点沉淀、盐析及离子交换层析原理及操作;熟悉胰蛋白酶分离纯化的一般过程及其结晶的基本方法;了解胰蛋白酶活力测定的原理,掌握具体测定方法。

【实验原理】

胰蛋白酶是以无活性的酶原形式存在于动物胰脏中,在 Ca^{2+} 的存在下,被肠激酶或有活性的胰蛋白酶自身激活,从肽链 N 端赖氨酸和异亮氨酸残基之间的肽键断开,失去一段六肽,分子构象发生一定改变后转变为有活性的胰蛋白酶。胰蛋白酶原的相对分子质量约为 24 000,其等电点约为 8. 9,胰蛋白酶的相对分子质量与其酶原接近(23 300),其等电点约为 10. 8,最适 pH 7. 6~8. 0,在 pH 为 3 时最稳定,低于此 pH 时,胰蛋白酶易变性,在 pH>5 时易自溶。Ca^{2+} 对胰蛋白酶有稳定作用。

从动物胰脏中提取胰蛋白酶时,一般是用稀酸溶液将胰腺细胞中含有的酶原提取出来,然后根据等电点沉淀的原理除去大量的酸性杂蛋白质及非蛋白质杂质,再以硫酸铵分级盐析将胰蛋白酶原等(包括大量糜蛋白酶原和弹性蛋白酶原)沉淀析出。经溶解后,以极少量活性胰蛋白酶激活,使其酶原转变为有活性的胰蛋白酶(糜蛋白酶和弹性蛋白酶同时也被激活),被激活的酶溶液再以盐析分级的方法除去糜蛋白酶及弹性蛋白酶等组分。收集含胰蛋白酶的级分,并用结晶法进一步分离纯化。一般经过 2~3 次结晶后,可获得相当纯的胰蛋白酶。

胰蛋白酶能催化蛋白质的水解,对于由碱性氨基酸(精氨酸、赖氨酸)的羧基与其他氨基酸的氨基所形成的键具有高度的专一性。此外还能催化由碱性氨基酸和羧基形成的酰胺键或酯键,其高度专一性仍表现为对碱性氨基酸一端的选择。因此可利用含有这些键的酰胺或酯类化合物作为底物来测定胰蛋白酶的活力。本实验以酪蛋白为底物的方法来测定胰蛋白酶活力,胰蛋白酶催化酪蛋白生成不被三氯乙酸沉淀的小分子肽及氨基酸。在一定浓度范围内酶的水解滤液在波长 280 nm 处光吸收的增值与胰蛋白酶的活力单位呈正比。测定中以标准酪氨酸溶液的光吸收值作对照,根据酶活力蛋白的定义,确定样品中胰蛋白酶的活性。活力单位的定义:在一定条件下每分钟酶水解滤液光吸收的增值与 1 μmol 酪氨酸在 280 nm 处光吸收值相同时的酶量为一个蛋白酶活力单位(U)。

【实验试剂与器材】

材料:新鲜或冰冻猪胰脏。

试剂:10% (*V/V*) HAc 溶液、2. 5 mol/L H_2SO_4、5 mol/L NaOH、2 mol/L HCl、0. 001 mol/L HCl、0. 4 mol/L pH 9. 0 硼酸缓冲液、8% 三氯乙酸。

pH 2. 5 乙酸酸化水:在酸度计监测下,向蒸馏水中加入乙酸,使 pH 达 2. 5。

0. 8 mol/L,pH 9. 0 硼酸缓冲液:取 20 mL 0. 8 mol/L 硼酸溶液,加 80 mL 0. 2 mol/L 四硼酸钠溶液,混合后,用 pH 计检查校正。

0. 2 mol/L pH 8. 0 硼酸缓冲液:取 70 mL 0. 2 mol/L 硼酸溶液,加 30 mL 0. 5 mol/L 四硼酸钠溶液,混合后,用 pH 计校正。

10 mg/mL 酪蛋白溶液:取酪蛋白 1 g,加 13 mL 0. 5 mol/L NaOH 溶液,0. 1 mol/L Tris-HCl 缓冲液(pH 8. 0)40 mL,置 85 ℃水浴加热至溶解,放至室温后,加上述缓冲液 40 mL,用 1 mol/L HCl 小心调 pH 为 8. 0,用缓冲液定容至 100 mL。

仪器:组织捣碎机、高速冷冻离心机、磁力搅拌器、透析袋、分析天平、蛋白质柱层析系统、恒温水浴锅、电泳仪、电泳槽、计时器、pH 计、凝胶成像仪、核酸蛋白质分析仪等。

【实验步骤】

1. 猪胰蛋白酶的分离纯化

1）粗猪胰蛋白酶的提取　取猪胰脏，除去脂肪和结缔组织，切碎，称重约 50 g。加入 2 倍体积预冷的乙酸酸化水（pH 4.0~4.5），用组织捣碎机捣碎，于 10~15 ℃搅拌提取 24 h，用 4 层纱布过滤，得乳白色滤液（收集约 1.5 mL，作为留样 1，测蛋白质含量）。用 2.5 mol/L H_2SO_4 调 pH 至 2.5~3.0，放置 3~4 h 后用折叠滤纸过滤得黄色透明滤液，加入固体硫酸铵（预先研细），使溶液达 75% 饱和度（每升滤液加 492 g），放置过夜后抽滤（挤压干），滤饼分次加入 10 倍体积（按饼重计）冷的蒸馏水，使滤饼溶解，得胰蛋白酶原溶液（收集约 1.5 mL，作为留样 2，测蛋白质含量）。

2）酶原的活化　将研细的固体无水氯化钙慢慢加入酶原溶液中，边加边搅拌均匀，使溶液中 Ca^{2+} 与 SO_4^{2-} 结合后最终含有 0.1 mol/L $CaCl_2$。加入极少量猪胰蛋白酶（2~5 mg），轻轻搅拌均匀。用 5 mol/L NaOH 调 pH 为 8.0。于 25 ℃下活化 8~10 h。2 h 取样一次，测定酶活性增加的情况（收集约 1.5 mL，作为留样 3，测蛋白质含量）。

3）胰蛋白酶的提取　活化完成后，用 2.5 mol/L H_2SO_4 调 pH 至 2.5~3.0，抽滤除去 $CaSO_4$ 沉淀，弃去滤饼，收集滤液。量取滤液体积，按 242 g/L 加入细粉状固体硫酸铵，使溶液达到 40% 饱和度，放置数小时后，抽滤，弃去滤饼，再按 250 g/L 加入研细的硫酸铵达到 75% 饱和度，静置过夜。抽滤，滤饼即为胰蛋白酶（收集约 1.5mL，作为留样 4，测蛋白质含量）。

4）胰蛋白酶结晶　按每克滤饼溶于 1.0 mL pH 9.0 的 0.4 mol/L 硼酸缓冲液的量计加入缓冲液，小心搅拌溶解，取样后，用 2 mol/L NaOH 调 pH 至 8.0，注意要小心调节，偏酸不易结晶，偏碱易失活，存放于冰箱。放置数小时后，应出现大量絮状物，溶液逐渐变稠呈胶态，再加入总体积的 1/5~1/4 的 pH 8.0 的 0.2 mol/L 硼酸缓冲液，使胶态分散，必要时加入少许胰蛋白酶晶体。放置 2~5 天可得到大量胰蛋白酶结晶，每天观察，核对 pH 是否为 8.0 并及时调整。用显微镜观察，待结晶析出完全时，抽滤，母液回收，一次结晶的胰蛋白酶产物再进行重结晶。用约 1 倍的 0.025 mol/L HCl，使上述结晶分散，加入 1.0~1.5 倍体积的 pH 9.0 的 0.8 mol/L 硼酸缓冲液，至结晶酶全部溶解，取样后，用 2 mol/L NaOH 调溶液 pH 至 8.0（体积过大，很难结晶），冰箱放置 1~2 天，可将大量结晶抽滤得第二次结晶产物（母液回收），冰冻干燥后得重结晶的猪胰蛋白酶（溶解结晶蛋白酶，作为留样 5，测蛋白质含量）。

2. 蛋白质含量的测定　蛋白质含量测定采用紫外吸收法。用核酸蛋白质分析仪分别测定蛋白质样品在 280 nm、260 nm 处的吸收值，以缓冲液为空白对照，按式(9-1)计算蛋白质质量浓度 C(mg/mL)：

$$\text{蛋白质质量浓度} = n \times (1.45A_{280} - 0.74A_{260}) \tag{9-1}$$

式中，A_{280}为蛋白质溶液在 280 nm 测得的吸光度；A_{260}为蛋白质溶液在 260 nm 测得的吸光度；n 为稀释倍数。

3. 酶活力的测定

1）取 3 支试管按 1~3 编号　NO.1 体系：样品管酶液 1 mL（用 0.1 mol/L Tris-HCl、pH

8.0 缓冲液稀释至合适的浓度,酶液与缓冲液的量为 1 mL,可根据具体情况来调节酶液的浓度,一般粗胰蛋白酶为 10~80 μg/mL,纯化胰蛋白酶为 6~20 μg/mL)。精确加入 37 ℃预热的 10 mg/mL 酪蛋白溶液 1 mL,混匀,立即置于 37 ℃水浴中,准确反应 10 min。加入 8%三氯乙酸 3 mL,迅速摇匀,终止反应。3000 r/min 离心 5 min,取上清,测 A_{280}。

NO.2 体系:对照管 37 ℃预热的 10 mg/mL 酪蛋白溶液 1 mL,8%三氯乙酸 3 mL,摇匀,加入酶液(与体系 NO.1 浓度相同)1 mL,37 ℃,10 min 取出,终止反应。3000 r/min 离心 10 min,取上清,测 A_{280}。

NO.3 体系:空白管分别加入 3 mL 8%三氯乙酸和 2 mL 0.1 mol/L Tris-HCl、pH 8.0 缓冲液,3000 r/min 离心 5 min,取上清,测 A_{280}。

2) 胰蛋白酶活力的计算

$$\text{胰蛋白酶活力单位数} = \frac{\Delta A_{280}}{t} \tag{9-2}$$

$$\text{比活力} = \text{酶活力单位/毫克蛋白质} = \frac{\Delta A_{280}}{C \times V \times t} \tag{9-3}$$

式中,ΔA_{280}为样品管 A_{280}与对照管 A_{280}之差;C 为每个样品管中酶液的浓度(mg/mL);V 为每个样品管中酶液体积(mL);t 为反应时间(min)。

4. 纯化效果测定 各阶段(粗酶液——留样 1,硫酸铵沉淀粗提后酶原液——留样 2,胰蛋白酶原激活后样品——留样 3,进一步硫酸铵盐析纯化蛋白酶——留样 4,蛋白酶结晶溶解液——留样 5)的纯化效果用 12%的 SDS-PAGE 分析,考马斯亮蓝 R-250 染色。

【注意事项】

1. 胰脏必须是刚屠宰的新鲜组织或立即低温存放的,否则可能因组织自溶而导致实验失败。

2. 胰蛋白酶原在室温(14~20 ℃)条件下 8~12 h 可完全激活,激活时间过长,因酶本身自溶会使比活降低。

3. 要想获得胰蛋白酶结晶,在进行结晶时应十分细心地按规定条件操作,切勿粗心大意,前几步的分离纯化效果越好,则培养结晶也越容易,因此每一步操作都要严格进行。酶蛋白溶液过稀难形成结晶,过浓则易形成无定形沉淀析出,因此,必须恰到好处,一般来说待结晶的溶液开始时应略呈微浑浊状态。

4. 过酸或过碱都会影响结晶的形成及酶活力变化,必须严格控制 pH。

5. 第一次结晶时,3~5 天后仍然无结晶,应检查 pH,必要时调整 pH 或接种,促使结晶形成。重结晶时间要短些。

【思考题】

1. 提取制备猪胰蛋白酶的过程中,应特别注意哪些主要环节和影响因素?
2. 胰蛋白酶活力的测定方法还有哪些?
3. 在实验中,可以采取什么方法来提高产率和比活率?

实验74　植物体内α-淀粉酶与β-淀粉酶活力的测定

【研究背景与意义】

淀粉酶(amylase)是水解淀粉和糖原的酶类的总称,是现代科学中非常重要的一类酶。其一般作用于可溶性淀粉、直链淀粉、糖原等葡聚糖,水解α-1,4-糖苷键。根据作用的方式可分为α-淀粉酶(EC 3.2.1.1)与β-淀粉酶(EC 3.2.1.2)。其中α-淀粉酶广泛分布于动物(唾液、胰脏等)、植物(麦芽、山萮菜)及微生物,其既可作用于直链淀粉,也可作用于支链淀粉,无差别地切断α-1,4-链,使淀粉黏度迅速下降,所以又称为液化淀粉酶。而β-淀粉酶的作用是从非还原性末端逐次以麦芽糖为单位切断α-1,4-葡聚糖链,主要见于高等植物中(大麦、小麦、甘薯、大豆等),但也有报道存在于细菌、牛乳、霉菌中。其作用于直链淀粉(没有分支),能完全分解得到麦芽糖和少量的葡萄糖;而作用于支链淀粉或葡聚糖的时候,则切断至α-1,6-键的前面反应就停止了,因此生成分子质量比较大的极限糊精。

【实验目的】

熟悉和掌握α、β淀粉酶作用的原理及其不同的测定方法。

【实验原理】

α-淀粉酶能将淀粉分子的α-1,4糖苷键任意切断成长短不一的短链糊精及少量麦芽糖和葡萄糖,使淀粉对碘呈蓝紫色的特异反应消失。以该颜色消失的速度计算酶的活力。β-淀粉酶从淀粉的非还原性末端分解2个葡萄糖单位的α-1,4糖苷键生成麦芽糖。由于麦芽糖能将后者还原成3-氨基-5-硝基水杨酸(DNS)的显色基团,在一定范围内其颜色的深浅与糖的浓度呈正比,故可以求出麦芽糖的含量。以麦芽糖的毫克数表示淀粉酶活性大小。

【实验试剂与器材】

材料:新鲜植物材料。

试剂:β-极限糊精,0.01% I_2-KI溶液、2%可溶性淀粉、10 mmol/L NaAc缓冲液(pH 5.0)、0.1 mol/L NaAc缓冲液(pH 5.0)等。

DNS试剂:称10 g 3,5-二硝基水杨酸溶解于水中,加20 g NaOH,200 g酒石酸钾钠,加水500 mL,加热溶解后加重蒸酚2 g,无水亚硫酸钠0.5 g,加热搅拌,冷却后定容至1000 mL储藏于棕色瓶中,放置1星期后使用。

β-极限糊精的制备:称取4 g淀粉,溶于少量水调成糊状,边搅拌边加入100 mL沸水。加热煮至透明,流水冷却。加40 mL 0.5 mol/L pH 5.0的NaAc缓冲液,1.0 mL山芋β-淀粉酶,1.0 mL甲苯,加水至200 mL,摇匀。30 ℃水浴保温,不同时间取0.03 mL反应液加水0.47 mL,5.0 mL 0.01% I_2-KI试剂,摇匀。在560 nm测定光密度。约24 h后光密度下降至恒定数值(β-极限糊精约20 mg/mL),这时,剩余的葡聚糖为β-淀粉酶所不能水解的β-极限糊精。将溶液加热煮沸 5 min，流水冷却。加 1.0 mL 甲苯。加水至 200 mL，此溶液即为 β-极限糊精溶液，置 4 ℃保存。有效期 4 个月左右。

仪器：分光光度计、恒温水浴锅、研钵及试管等。

【实验步骤】

1. 粗酶液制备　新鲜植物材料 10 g，洗净切碎，按质量体积为 1∶2 的比例加 20 mL 0.1 mol/L NaAc 缓冲液（含 6 mol/L $CaCl_2$，pH 5.0）及少量石英砂研磨，一层尼龙布过滤。滤液以 20 000 r/min 离心 20 min，取上清液用 10 mmol/L NaAc 缓冲液透析，过夜后以 20 000 r/min 离心 10 min，取上清液备用。

2. 绘制 β-极限糊精标准曲线　称取 100 mg β-极限糊精，加少量水调成糊状，加入 10 mL 沸蒸馏水中，不断地搅拌加热，煮至透明。冷却后定容至 10 mL，浓度即为 10 mg/mL。稀释成浓度为 0.5～4 mg/mL 溶液，分别取 0.5 mL，再加 5.0 mL 0.01% I_2-KI 溶液于 560 nm 处测定其光密度（OD）值。以 OD 值为纵坐标，β-极限糊精含量为横坐标绘制 β-极限糊精标准曲线。

3. α-淀粉酶活力测定　取 0.1～0.5 mL 粗酶液，加 0.5 mL β-极限糊精，加 10 mol/L NaAc 缓冲液定容至 1.0 mL，摇匀后在 30 ℃保温。间隔不同时间取 0.1 mL 反应液加 5.0 mL 0.01% I_2-KI 试剂，0.4 mL H_2O，摇匀后在 560 nm 处测定其光密度。根据标准曲线计算 β-极限糊精剩余含量，从而推算出 α-淀粉酶活力。以每小时降解 1 mg β-极限糊精所需的酶量为一个酶活力单位。

4. β-淀粉酶活力测定　在具塞试管中加 5 mL 2%淀粉、1 mL 0.1 mol/L NaAc（pH 5.0）缓冲液、3.9 mL H_2O，在 37 ℃预热 5 min，加 0.1 mL 酶液，保温 30 min 后煮沸 10 min，冷却后取 0.5 mL 样品，将 1.5 mL DNS 试剂加入试管中，沸水浴中加热 15 min，冷却后加 10 mL H_2O，摇匀后用分光光度计在 540 nm 处测定其光密度。

以不同浓度的葡萄糖制作标准曲线（540 nm）求出与每一 OD 值相当的葡萄糖量 K（mg）。

以每小时生成 1 mg 麦芽糖所需的酶量作为一个酶活力单位。

$$酶活力(mg/mL) = K \times OD \times 10 \times 2 \times n / 0.5 \times 0.1 \times 1.9 \quad (9\text{-}4)$$

式中，n 为酶液稀释倍数；K 为与每一 OD 值相当的葡萄糖量（mg）；1.9 为麦芽糖换算成葡萄糖的换算因子。

【注意事项】

1. 反应时间准确记录，同时水浴加热多个试管时可以间隔一段时间依次放入，保证实验组与对照组反应时间相同。

2. 精密取液使用微量移液器，注意微量移液器的正确操作。

3. 沸水浴后一定要冷却至室温后用蒸馏水定容、摇匀再测量吸光度。

【思考题】

α-淀粉酶与 β-淀粉酶对可溶性淀粉的作用有何不同？

实验75 血液中乙酰胆碱酯酶的分离纯化及活力的测定

【研究背景与意义】

乙酰胆碱酯酶(acetylcholinesterase,AChE,EC 3.1.1.7)在神经突触间隙中通过催化水解神经递质乙酰胆碱(acetylcholine,ACh)来维持神经冲动的正常传递。该酶广泛存在于各种动物体内,如脑、红细胞、鱼肉组织和动物血清中。有机磷与氨基甲酸酯类化合物可通过与活性位点的丝氨酸残基形成共价键而抑制 AChE,因此为 AChE 的强力抑制剂。利用这一特性,国内外常用乙酰胆碱酯酶抑制技术快速检测此类农药的残留。

但从动物组织中提取的粗酶液中除了含有 AChE 外,还有其他多种酶类存在,会显著影响到酶的动力学特性。其中一些酶是解毒酶,能够催化水解农药,也有一些酯酶能够作为 AChE 的替代靶标,起到保护 AChE 的作用。因此,粗酶液作为 AChE 酶源来测定 AChE 的动力学特性和抗抑制性所得的结果不能真实地反映出底物与酶及毒剂与酶的作用关系。如果能用分离纯化后的酶液作为酶源,则能避免这些问题。因此有必要加强对生物中 AChE 分离和纯化的研究。

【实验目的】

研究硫酸铵盐析法在乙酰胆碱酯酶分离纯化中的效果;利用乙酰胆碱酯酶的活性变化反映农药的污染情况。

【实验原理】

乙酰胆碱酯酶作为一种蛋白质酶类,它的分离纯化方法均是用蛋白质分离纯化的方法。本实验采用硫酸铵分级沉淀法初步分离提纯乙酰胆碱酯酶。酶活性的测定参照改进的 Ellman 法,作为底物的碘化硫代乙酰胆碱被 AChE 分解为乙酸和硫代胆碱,硫代胆碱与 DTNB 作用,生成一种黄色的络合物,在 412 nm 波长处测其光密度(OD)。由酶促反应的初速率来确定酶活性。

【实验试剂与器材】

材料:新鲜鸡血。

试剂:硫酸铵、柠檬酸钠、磷酸二氢钠、磷酸氢二钠、乙二胺四乙酸二钠盐、乙醇、Tris-HCl、碘化硫代乙酰胆碱(ATCh)、5,5-双二硫代-2-硝基苯甲酸(DTNB)、考马斯亮蓝 G-250、牛血清白蛋白(BSA)等。

仪器:紫外可见分光光度计、冷冻离心机、烧杯、试管等。

【实验步骤】

1. 鸡血盐析的分级沉淀

1) *原料的选取* 为保证鸡血液中酶的活性,选取健康的活鸡直接取血。取血前用 75% 的乙醇将鸡的颈部消毒,清理部分羽毛,从颈部取血。

2) *乙酰胆碱酯酶的分离* 将新取的鸡血分别盛放于 3 个表面皿中,然后将表面皿倾斜置于冷冻室中凝固,以使血清析出。分别于 6 h、12 h 和 24 h 3 个时间段用吸管吸取其上层血清。若提取液颜色不清亮或带有部分血细胞,则用离心机进行差速离心,再将上清液移于另一试管中,加盖冷藏备用。

2. 硫酸铵盐析浓度的确定 分别取 500 mL 处理好的鸡血清于 1000 mL 烧杯中,共3 组,在 280 nm 处测其 OD 值;缓慢加入硫酸铵粉末,至浓度达一定值,用 0.5 mol/L 的硫酸调 pH 为 5.0,于 4 ℃环境中过夜;冷冻离心分离沉降物,取上清液,在 280 nm 处测其 OD 值。继续往上清液中加入硫酸铵粉末,使其浓度达45%,分离上清液和沉淀,检测上清液中蛋白质的含量。改变硫酸铵的浓度,重复上述实验。

3. 最佳 pH 的确定 分别取 500 mL 处理好的鸡血清于 1000 mL 的烧杯中,共 6 组,每组平行做 3 份,在 280 nm 处测其 OD 值;缓慢加入硫酸铵粉末,使其浓度达 40%,放置过夜,再用 0.5 mol/L 的硫酸调 pH 至 4.0、4.5、5.0、5.5、6.0、6.5,在 4 ℃环境中过夜;冷冻离心分离沉降物,取上清液,在 280 nm 处测其 OD 值。继续在上清液中加入硫酸铵粉末,使其浓度达 50%~60%,分离上清液和沉淀,按照下面的方法检测上清液中蛋白质的含量,并按酶活力测定方法分别检测上清液和沉淀中的酶活力。

4. 蛋白质的含量测定 参照 Bradford 考马斯亮蓝 G-250 法,用牛血清白蛋白(BSA)测定蛋白质含量标准曲线。取 1 mL 待测酶液(调整蛋白质含量 20~100 μg),加 5 mL 考马斯亮蓝 G-250 染色液,混合均匀,30 min 后测 OD 值。由标准曲线计算酶液中蛋白质的含量。

5. 酶活力的测定 在 3.00 mL 磷酸盐缓冲溶液(pH 8.0,0.1 mol/L)中加入 20 μL 酶液混匀,于 30 ℃的水浴中保温 20 min 后,依次加入 100 μL DTNB 溶液和 20 μL ATCh 溶液,充分混匀,反应体积为 3.14 mL。然后在 412 nm 处用 1 cm 比色杯比色,每隔 0.5 min 读数 1 次,连续测定 3 min。

【注意事项】

1. 为了保证乙酰胆碱酯酶的活性,鸡血需要从活鸡中取出。

2. 硫酸铵盐析沉淀过程中,需要将硫酸铵盐研成粉末,且操作不能过急,避免局部硫酸铵浓度过高。

【思考题】

1. 硫酸铵盐析法提纯蛋白质的原理是什么?提纯乙酰胆碱酯酶所需硫酸铵浓度范围是多少?

2. 乙酰胆碱酯酶酶活性测定的原理是什么?

实验 76 壳聚糖凝胶颗粒固定化淀粉酶

【研究背景与意义】

壳聚糖(chitosan)又称脱乙酰甲壳素,是由自然界广泛存在的几丁质经过脱乙酰作用得到的,化学名称为聚葡萄糖胺(1-4)-2-氨基-B-D 葡萄糖。壳聚糖是自然界资源量仅次于纤维素的可再生资源,是自然界含有氨基和具有阳离子聚合物特征的多糖化合物。其不仅有独特的理化性质和功能性质,还有生物活性、生物相容性和可被生物降解性;该化合物中的羟基和氨基或乙酰氨基活泼,可以通过化学改性制备符合各种要求的衍生物,壳聚糖及其衍生物能作为载体,用吸附、吸附交联、凝胶包埋、复合载体等方法对活性酶进行固定化,这种固定化酶具有活力高、回收率高和耐储藏等优势;此外,壳聚糖无毒无害无污染,更适合于食品中应用。因此,壳聚糖及其衍生物在固定化酶技术领域有着广阔的应用前景。

【实验目的】

了解固定化酶的概念、意义及分类;理解共价结合法固定化酶的原理和方法;掌握壳聚糖固定化淀粉酶的操作方法。

【实验原理】

共价偶联法是酶与载体以共价键结合的固定化方法,是报道最多的酶的固定化方法之一。要使载体与酶形成共价键,首先必须使载体活化,即借助于某种方法,在载体上引进某一活性基团,然后此活性基团与酶分子上的某一基团反应,形成共价键。用共价偶联法制备的固定化酶,一般不会因底物浓度高或存在盐类等而轻易脱落,可以连续使用很长时间。

壳聚糖(CS)是具有氨基的碱性多糖,具有良好的生物降解性、生物相容性,利用其分子侧链上大量的游离氨基,再选择适当的交联剂,可以使得酶共价结合于载体上的反应易于进行。本实验以壳聚糖为材料制备载体,用戊二醛活化载体,采用偶联法固定淀粉酶。

【实验试剂与器材】

试剂:乙酸-乙酸钠缓冲液(0.2 mol/L,pH 4.4)、α-淀粉酶溶液(1 mg/mL,乙酸-乙酸钠缓冲液配制)、1%可溶性淀粉(乙酸-乙酸钠缓冲液配制)、磷酸盐缓冲液(0.1 mol/L,pH 7.5)、3, 5-二硝基水杨酸、NaOH、冰醋酸、甘油、戊二醛、无水乙醇和浓盐酸等。

仪器:恒温水浴箱、分光光度计、低速离心机、天平、锥形瓶、烧杯、试管、量筒、滴管、注射器、洗耳球、纱布及玻璃棒等。

【实验步骤】

1. 载体的制备

(1) 取壳多糖4 g加入到180 mL的3%的乙酸中,加20 mL甘油搅拌溶解,制得壳多糖溶液。

(2) 配制40 mL 4%的NaOH溶液,用注射器吸取10~15 mL壳多糖溶液滴入4% NaOH溶液中,即得到壳多糖的微珠载体。静置10 min,用蒸馏水清洗6次,每次5 min,水洗至中性,最后用pH 7.5的磷酸盐缓冲液浸洗一次(3 min)。

2. 载体的活化 倾去磷酸盐缓冲液,载体中加入4%戊二醛溶液约40 mL,过夜或者室温活化5 h。

3. 偶联

(1) 水洗除去游离的戊二醛(5 min,5次),最后低速离心,弃上清,留下壳多糖微珠。

(2) 加入α-淀粉酶的水溶液20 mL,覆盖活化载体,4 ℃过夜,中间摇几次。

4. 固定化淀粉酶的活性检测

(1) 水洗除去游离酶(2 min,4 次)。储存于 4 ℃冰箱备用。使用前加入 pH 4.4 乙酸-乙酸钠缓冲液充分悬浮均匀。

(2) 取 5 支试管编号后加样见表 9.8。其中对照管中酶液以 0.5 mL pH 4.4 乙酸-乙酸钠缓冲液替代。

表 9.8 淀粉酶活性测定实验方案

试剂	对照管	处理 1-1	处理 1-2	处理 2-1	处理 2-2
乙酸-乙酸钠缓冲液/mL	1	1	1	0.5	0.5
1%淀粉溶液/mL	2	2	2	2	2
酶	不加酶	固定化酶 0.5 mL	固定化酶 0.5 mL	酶液 0.5 mL	酶液 0.5 mL
反应温度/℃	70	40	70	40	70
反应时间/h	1	1	1	1	1

(3) 取 5 支试管分别取上述处理上清液各 1 mL,再分别加入 3, 5-二硝基水杨酸 1 mL,沸水浴保温 5 min,分光光度计检测 A_{540},记录并分析酶固定化后热稳定性的变化。

(4) 再取 5 支试管分别加入以上各处理上清液 1 mL,再加入 2 mL 无水乙醇(含 1%的浓盐酸),摇匀,静置 15 min,观察是否出现沉淀,记录并解释。

【注意事项】

1. 在制备固定化酶时,需要在温和的条件下进行,不能让淀粉酶经历巨大的酸碱变化和温度变化,以保护酶的活性。另外,有机溶剂、高浓度的盐也会使酶变性、失活。

2. 固定化酶应有最大的稳定性,所选载体不能与废物、产物或反应液发生化学反应。

【思考题】

1. 制备载体的关键步骤是什么?

2. 载体为什么要活化?

实验 77 固定化谷氨酸脱羧酶的制备与酶学性质研究

【研究背景与意义】

γ-氨基丁酸(γ-aminobutyric acid,GABA)是一种主要存在于哺乳动物脑、脊髓中重要的非蛋白质氨基酸,作为中枢神经系统重要的神经递质,具有重要的生理功能。因其对人体具有镇静安神、促进睡眠、改善免疫功能等作用,所以在食品和医药领域具有广泛的应用价值,目前由生物方法制备的 GABA 已被我国卫生部列为“新资源食品”。

生物体内作为催化谷氨酸脱羧生成 GABA 的谷氨酸脱羧酶(glutamate decarboxylase,GAD),目前已可通过分子生物学手段生产并应用到生产中。但由于游离细胞或游离酶易受外界环境干扰,不能重复使用,因而学者倾向于研究可重复多次利用的固定化细胞或者固定化酶。

本实验的主要内容是对重组表达的短乳杆菌谷氨酸脱羧酶GAD进行固定化,比较不同的固定化方法,考察固定化方法和条件对酶催化性质的影响,确定出最佳固定化方法和条件,得到催化活力高、操作稳定性好的固定化酶,为工业化生产GABA提供基础。

【实验目的】

了解固定化酶的概念、意义及分类;掌握聚乙烯醇(PVA)凝胶固定化谷氨酸脱羧酶的原理及基本过程;理解固定化方法和条件对酶催化性质的影响。

【实验原理】

所谓固定化是指用物理或化学方法使酶成为不溶性衍生物或使细胞成为不易从载体上流失的形式制成生物反应器用以催化生化反应、细胞数量的增殖等。它包括固定化酶技术和固定化细胞技术。固定化载体主要可分为两大类,一类是无机载体,如硅藻土、活性炭等;另一类是有机载体,又可分为两种,一种为天然高分子凝胶载体,如琼脂、角叉莱胶和海藻酸钙等,它们无生物毒性,传质性好,但强度低,在厌氧条件下易被生物分解,另一种是有机合成高分子凝胶载体, 如聚丙烯酰铵(CRM)凝胶、聚乙烯醇(PVA)凝胶等。

本实验采用聚乙烯醇(PVA)对通过重组表达获得的GAD进行包埋固定化,以获得可用于GABA生物制备的固定化GAD。为了调节PVA包埋的成球性能,在PVA中添加了SA,因此研究考察了PVA浓度、SA浓度、PVA和SA的比例、PVA-SA与GAD粗酶液的比例、$CaCl_2$的浓度等因素对GAD固定化的影响,并且通过对这些条件的优化,找出了PVA-SA包埋法制备固定化GAD的最佳条件。同时对固定化的GAD的最适温度,最适pH及热稳定性等酶学性质进行了研究。

【实验材料与试剂】

菌株:表达*Lactobacillus brevis* CGMCC NO. 1306谷氨酸脱羧酶GAD1407的大肠杆菌工程菌*E. coli* BL21(pET28a(+)-gad1407)。

培养基:

种子培养基:胰蛋白胨10 g/L、酵母粉5 g/L、氯化钠10 g/L,pH 7.4。

发酵培养基:酵母粉24 g/L、葡萄糖5 g/L、甘油6 g/L,pH 7.4。

试剂:海藻酸钠、聚乙烯醇(聚合度1750±500)、L-谷氨酸钠、丹磺酰氯、5′-磷酸吡哆醛、卡那霉素、异丙基-β-D-硫代半乳糖苷(IPTG)、苯甲基磺酰氟(PMSF)、胰蛋白胨、酵母粉、甲醇及色谱级四氢呋喃。

仪器:恒温振荡器、生物安全柜、注射泵、冷冻离心机、超声波细胞粉碎机、磁力搅拌仪、恒温水浴锅、100型高效液相色谱仪、色谱分离柱Hypersil ODS2 C18等。

【实验步骤】

1. GAD的表达 菌株经种子培养基培养后按2%的接种量接种于2 L的发酵培养基(含有30 mg/mL的卡那霉素)中,37 ℃,180 r/min通气培养至菌体OD600达到1.5后,加入终浓度为1 mmol/L的IPTG,进行诱导表达,30 ℃下培养8 h。发酵液在4 ℃,3000 r/min离心20 min收集菌体,再经无菌生理盐水洗涤两次后将菌体保存于-80℃冰箱。

2. GAD 粗酶液的制备 用预冷的 0.2 mol/L 乙酸-乙酸钠缓冲液(pH 4.8)重悬菌体，充分混匀后超声破碎细胞(200~300 W，工作 3 s，间隙 4 s，超声 120 次)，4 ℃，12 000 r/min 离心 30 min 后收集上清。

3. PVA、SA 溶液的制备 PVA 溶液制备：取适量 PVA 固体，加入 100 mL 去离子水，水浴 90 ℃加热 20 min，过滤后备用。

SA 溶液制备：取适量 SA 固体，加入 100 mL 去离子水，水浴(60 ℃)20 min，过滤后备用。

4. PVA-SA 凝胶珠的制备 PVA 与 SA 混合后，用注射泵通过 5#针头的注射器以 0.5 mL/min 的速度逐滴滴入 $CaCl_2$ 与饱和硼酸的混合液中，过夜固化。滤出颗粒，去离子水洗涤 3 次，4 ℃保存。

5. 固定化 GAD 的制备 PVA 与 SA 混合溶液与一定体积 GAD 粗酶液混合，用注射泵通过 5#针头的注射器以 0.5 mL/min 的速度逐滴滴入 $CaCl_2$ 与饱和硼酸的混合液中，过夜固化。滤出颗粒，去离子水洗 3 次，4 ℃保存。

6. PVA-SA 凝胶珠直径测量 取 50 个凝胶珠，以游标卡尺从 3 个不同角度测量外径，计算平均值。

7. PVA-SA 凝胶珠膨胀率测量 将 PVA-SA 凝胶珠置于蒸馏水中，于 25℃放置 24 h，称重记为 W。再置于真空干燥箱中至恒重，称重记为 W_0。膨胀率 S 定义为 $S=(W-W_0)/W_0$。

8. PVA-SA 凝胶珠机械强度测定 凝胶珠的机械强度采用单轴按压法测量，以凝胶珠正面所能承受的最大压力来表示其机械强度。方法是将凝胶珠放置在电子天平的托盘上，用适当大小的砝码在其正面逐渐加压直至胶珠破裂，用破裂时电子天平显示的数值代表凝胶珠的机械强度。每种凝胶珠随机取 20~30 个，用破裂压力的平均值代表其机械强度。

9. GAD 酶活力测定 配制底物溶液(pH 4.4、0.2 mol/L 乙酸-乙酸钠缓冲液，含 0.01 mmol/L 磷酸吡哆醛，10 mmol/L 底物 L-谷氨酸钠)，取一定量底物溶液 37 ℃预热后加入固定化酶或游离酶，迅速混匀后在 37 ℃反应 10 min，游离酶沸水浴 10 min 终止反应，离心收集上清液，固定化酶直接取出一定量反应液终止反应。采用高效液相色谱法测定反应生成的 GABA。

酶活力(enzyme activity)的定义为：在测定条件下，每分钟产生 1 mmol GABA 所需的酶量为 1 U。酶活力回收率(enzyme activity recovery)定义为：固定化后 GAD 活力与用于固定化的游离 GAD 的总活力的比值。酶的相对活力(relative activity)定义为：在同组实验中将活性最高的点的值记为 100%，其余实验点的值与该点的值之比(通常以百分数表示)。酶的比活力定义为：每毫克蛋白质所含的酶活力单位数。

10. GABA 的检测 采用高效液相色谱法(HPLC)定量测定反应溶液中生成的 GABA 含量。HPLC 操作条件如下：色谱分离柱为 Hypersil ODS2 C18(250 mm×4.6 mm)，紫外检测波长为 254 nm，进样量 10 μL，柱温 25 ℃，流动相 A 为甲醇，流动相 B 为四氢呋喃：甲醇：0.05 mol/L 乙酸钠(pH 6.2，0.05 mol/L)(5：75：420，$V/V/V$)。

【注意事项】

1. 细胞的固定化要在严格无菌的条件下进行；对制备的海藻酸钠溶液、氯化钙溶液及注射器等器材进行严格灭菌。

2. 用镊子夹起一个凝胶珠放在实验桌上用手挤压，如果凝胶珠不破裂，没有液体流出，就表明凝胶珠的制作成功。

【思考题】

1. 比较固定化前后酶的活力有无变化。
2. 酶的固定化技术有何优点?

实验78 低分子肝素修饰超氧化物歧化酶及稳定性检验

【研究背景与意义】

酶分子修饰通过对蛋白酶主链的剪接、切割和侧链的化学修饰对酶分子进行改造。改造的目的在于改变酶的一些性质,创造出天然酶不具备的某些优良性状,扩大酶的应用以期达到较高的经济效益。目前,酶分子改造和修饰的方法主要包括:金属离子置换修饰、大分子结合修饰、酶侧链水解修饰及酶分子的侧链基团修饰等。

超氧化物歧化酶(superoxide dismutase,SOD)是一种广泛存在于生物体内的金属酶,可催化超氧阴离子自由基(O_2^-)发生歧化反应,在防御氧的毒性、抗炎、抗辐射损伤及预防衰老等方面具有重要的作用。但其在临床应用中存在着半衰期短(6~10 min)、异体蛋白免疫原性及细胞膜的通透性能差等方面的缺陷。如何克服天然SOD的缺点,增加其稳定性提高其应用范围成为国内外学者的关注重点。

【实验目的】

了解通过酶化学修饰手段提高酶稳定性的机制;学习低分子肝素修饰超氧化物歧化酶的方法;掌握对酶稳定性进行检验的检验指标和实验方法。

【实验原理】

大分子结合修饰是指利用水溶性大分子与酶结合,使酶的空间结构发生精细改变,从而改变酶的特性与功能的方法。常用修饰剂有:右旋糖酐、聚乙二醇、肝素、蔗糖聚合物、聚氨基酸等。使用前一般需经过活化,然后在一定条件下与酶分子共价结合。小分子肝素(LMWH)是黏多糖类化合物,是指从肝素分级分离或降解而来的、平均相对分子质量小于8000的组分或片段,临床上广泛用于治疗心血管疾病、肺栓塞等。采用高碘酸钠氧化活化LMWH,然后与SOD共价结合可以制得LMWH-SOD。

连苯三酚在碱性条件下,能迅速自氧化,释放出O_2^-,生成带色的中间产物。在自氧化过程的初始阶段,黄色中间产物的积累在滞后30~45 s后就与时间呈线性关系。中间产物在325 nm处有强烈的光吸收,在有SOD存在时能催化生成O_2和H_2O_2,从而阻止了中间产物的积累,通过计算就可以求出SOD的活力。本实验使用LMWH对SOD进行化学修饰,采用连苯三酚自氧化法测定SOD酶活性,以研究修饰作用对SOD酶稳定性的影响。

【实验材料与器材】

试剂与材料:猪血SOD、低分子肝素、焦性没食子酸、肝素标准品、高碘酸钠、Sephadex G-100、标准相对分子质量蛋白质、PEG20000、胃蛋白酶、胰蛋白酶和亚硫酸氢钠等。

仪器:紫外分光光度仪、柱层析系统、恒温水浴锅及酸度计等。

【实验步骤】

1. LMWH 对 SOD 的修饰

1) MWH 的活化　取 LMWH 0.3 g 溶于适量蒸馏水中,加一定量 12% 高碘酸钠溶液,4℃阴暗处反应 20 h,滴加 5% 的亚硫酸氢钠至变色,制得活化 LMWH 液。

2) SOD 修饰反应　称取猪血 SOD 适量,溶于 0.3 mol/L,pH 9.5 的 Na_2CO_3-$NaHCO_3$缓冲液中,加一定量 pH 9.0 左右的 LMWH 的活化液,4 ℃下电磁搅拌反应 28 h 后,加 7.5% 的甘氨酸终止反应,反应液上 Sephadex G-100 柱分离,用 0.1 mol/L 的 Na_2CO_3-$NaHCO_3$缓冲液洗脱,流速 20 mL/h,每管收集 5 mL,合并活性洗脱液,置透析袋(截留 M_r为 10 000)中,经 PEG20000 除小分子杂质及浓缩后,真空冷冻干燥,得粉末状 LMWH-SOD,-20 ℃保存。

3) 反应过程中 SOD 活性回收率及自由氨基数变化测定　在反应过程中,分别在反应 0、5 h、10 h、15 h、20 h、24 h、28 h、32 h、36 h、48 h 和 72 h 取样,测定该时刻反应液的酶活性及残留自由氨基数。制备 3 批分别反应为 10 h、20 h 和 28 h 的样品,分别标为修饰 SOD1、修饰 SOD2、修饰 SOD3,用于考察不同修饰率的样品的稳定性差别。

2. LMWH-SOD 的稳定性研究

1) LMWH-SOD 的耐热性质实验　分别取适量天然猪血 SOD 及 3 种修饰 SOD(SOD1、SOD2 及 SOD3),用蒸馏水配成一定浓度的溶液,置于 75 ℃水浴中分别保温 20 min、40 min、60 min、90 min、120 min,测定其酶活性。

2) LMWH-SOD 的耐酸性实验　LMWH-SOD 和天然猪血 SOD 分别溶于 pH 5.2 柠檬酸-磷酸氢二钠缓冲液中,25 ℃保温,间隔 2 h、4 h、6 h 测定其 SOD 活性。

3) LMWH-SOD 的耐碱性实验　LMWH-SOD 和天然猪血 SOD 分别溶于 pH 10.8 Na_2CO_3-$NaHCO_3$缓冲液中,25 ℃保温,间隔 2 h、4 h、6 h 分别测定其 SOD 活性。

4) 抗胃蛋白酶酶解能力实验　取胃蛋白酶 65 mg,以 pH 1.34,0.1 mol/L 的甘氨酸-HCI 缓冲液溶解成 25 mL。取该溶液 2.0 mL,加入一定量的天然猪血 SOD 或 LMWH-SOD 溶液,25 ℃保温,间隔一定时间测定其 SOD 活性。为了消除 pH 对酶活性的影响,计算残余活性时均以同一条件下保温、不加胃蛋白酶的 SOD 活性为 100% 计。

5) 抗胰蛋白酶酶解能力实验　取胰蛋白酶 25 mg 以 pH 7.84,0.2 mol/L 的磷酸盐缓冲液溶解成 25 mL,取该溶液 2.0 mL,加入一定量的天然猪血 SOD 或 LMWH-SOD 溶液,25 ℃保温,间隔一定时间测定其 SOD 活性。

【注意事项】

1. LMWH 对 SOD 的修饰反应及修饰产物的提纯皆需在低温下进行。
2. 在 LMWH-SOD 修饰产物的稳定性检测中,始终要有天然猪血 SOD 作为对照。

【思考题】

1. 超氧自由基为什么能对机体活细胞产生危害,SOD 酶如何减少超氧自由基的毒害?
2. 影响本实验准确性的主要因素是什么?应该如何克服?

第10章 设计性实验

实验79 不同植物SOD提取及抗氧化活力测定

【研究背景与意义】

超氧化物歧化酶(简称SOD)是生物体内防御氧化损伤的重要的抗氧化酶之一,其作用于超氧阴离子发生歧化反应,清除体内的超氧阴离子自由基,对细胞膜起到保护作用。它在生物界的分布极广,几乎从动物到植物,甚至从人到单细胞生物,都有它的存在。

SOD主要有CuZn-SOD、Mn-SOD、Fe-SOD 3种类型同工酶,具有抗衰老、抗辐射、抗癌等生理作用。在医药中,SOD可用于治疗辐射病、自身免疫性疾病、炎症等;在食品中,可作为保健食品的特殊添加剂;在化妆品中,具有防止皮肤衰老、抗炎、防晒等作用。以往提取SOD多以动物血为原料,但从动物中获得的SOD抗原性较强且容易出现过敏反应、交叉感染等现象。本实验拟以植物为原料提取SOD。

【实验内容或知识点】

SOD是一种生物活性蛋白质,是重要的氧自由清除剂,也是目前为止发现的唯一的以自由基为底物的酶。SOD广泛存在于植物细胞中,用于清除植物在不良环境中产生的自由基活性氧,保护植物免于侵害。通过植物组织或细胞破碎,配以合适的方法,可以达到从中提取纯化SOD的目的。

【设计思路及实验目的】

设计思路:选取几种梅州地区民间经常使用的药食两用植物为试材,进行SOD的提取、分离和纯化,并进一步检测其抗氧化能力,为该类植物的进一步开发利用提供理论依据。

实验目的:了解SOD的来源和理化性质及抗氧化效果的分子机制;掌握不同植物中提取SOD及测定抗氧化活力的方法。

【主要实验方法及提示】

1. 通过查阅文献了解SOD酶活性的测定方法。

2. SOD的提取。了解并学习采用乙醇、氯仿和丙酮等化学试剂及离子交换层析等提取纯化SOD的方法,根据所选试材并结合实验室条件,设计适宜的提取方案。

3. SOD抗氧化效果的测定。包括对还原能力的测定、对羟基自由基的清除作用及对超氧阴离子自由基的清除作用的测定。

【注意事项】

1. 掌握适当的温度和时间:虽然SOD对热较稳定,但在分离纯化过程中最好还是采用较低温度,一般以 0~10 ℃为宜,提取后保存不要超过 3 天。

2. 使用有机溶剂或者加热均能有效沉淀蛋白质,二者相结合可以达到最佳效果。

实验 80 木瓜蛋白酶的提取制备

【研究背景与意义】

木瓜蛋白酶(EC 3. 4. 22. 2)广泛存在于番木瓜未成熟果实的乳汁中,它是由 212 个氨基酸残基组成的蛋白质单链,其不仅具有耐高温、活性强、稳定性好、蛋白质水解能力强等特征,还具有凝乳、解脂和溶菌活力。其不仅可以用来改善植物蛋白的营养价值或功能性质,而且广泛应用于食品和制药行业。

木瓜蛋白酶作为纯天然产物,其开发前景越来越受到人们的重视。随着人们对其提取、分离方法及应用的深入了解,各行业对木瓜蛋白酶的纯度、活力及应用性的要求也逐渐提高,传统的分离方法已经不能满足社会的需求。因此,深入研究探讨木瓜蛋白酶的提取及纯化方法就显得尤为重要。

【实验内容或知识点】

木瓜蛋白酶易溶于水和甘油,几乎不溶于有机溶剂。它的最适 pH 为 5. 7(一般 3~9. 5 皆可),在中性或偏酸性时也有作用;最适温度为 55~60 ℃(一般 10~85 ℃皆可),耐热性强;受氧化剂抑制,还原性物质激活。木瓜蛋白酶最原始的提取方法是烘干法,目前生产中多采用超滤、絮凝、盐析等方法分离提取木瓜蛋白酶。

【设计思路及实验目的】

木瓜蛋白酶的提取方法有多种,如超滤法、盐析法、絮凝法、超声波法、乙醇法、亲和膜色谱法、双水相萃取法等。不同方法提取的木瓜蛋白酶的酶活及活性回收率均不同。本实验内容是在掌握和理解各种提取原理的基础上根据实验室实际条件采取适宜的提取方法,建立相应的木瓜蛋白酶提取制备工艺流程。

【主要实验方法及提示】

1. 试材选择:木瓜蛋白酶广泛存在于番木瓜茎叶和果实中,以未成熟过时的乳汁中为最高。因此,选取的材料应是未成熟的木瓜。

2. 进行木瓜蛋白酶提取过程中,要避免造成酶变性损失的操作,并随时监测酶活力指标。

【注意事项】

1. 为了保证木瓜蛋白酶的活性,在生产过程中要求低温、短时、卫生,忌碱、忌强酸作用。勿与铁、铜等接触。

2. 木瓜蛋白酶是一种胶体物质,生产过程中容易产生气泡而造成损失。

3. 木瓜蛋白酶是一种水解酶,对人体的皮肤有刺激分解的作用,因此实验操作中要做好防护措施。

实验81　植物细胞应激过程中有关酶活力变化

【研究背景与意义】

植物次级代谢产物大部分是植物在抵抗逆境环境(如病原物侵染、机械损伤或辐射等)条件下产生的,如植保素等,以保护植物免受外界的伤害。近年来,植物防御反应的机制研究得到了广泛的发展。当外界环境刺激植物细胞时,植物细胞通过信号转导途径发生一系列防御应答反应,如氧迸发、相关基因的表达、相关酶活力的变化等,随后产生一些与防御有关的次级代谢产物。因此,通过实验手段检测植物在应激反应过程中的氧含量变化、酶活力变化、蛋白质表达的变化等可以直接反映植物的生理变化过程。

【实验内容或知识点】

苯丙氨酸解氨酶(L-phenylalanin ammo-nialyase,PAL)是催化直接脱掉L-苯丙氨酸上的氨而生成反式桂皮酸的酶。这是一个可把苯丙氨酸用于酚类化合物合成的酶。在很多情况下,其反应成为酚类化合物合成的有步骤的速率阶段。在组织中的活性可随外界因素而发生显著变化,用光照、病伤害、植物激素处理等会使活性显著增加。另外有时还受光敏色素所支配。在多数情况下,在组织中活性增加的同时,酶发生失活作用,这时组织中具有活性酶的量很快就会减少。因此,可以通过检测苯丙氨酸解氨酶酶活力变化的过程来检测植物细胞生长的抗逆生理变化过程。

【设计思路及实验目的】

设计思路:通过对悬浮培养的细胞中添加诱导因子刺激PAL的表达,然后将细胞中的PAL进行提取、分离并进一步测定其活力,从而检测植物细胞生长的抗逆生理变化情况。

实验目的:通过查阅文献,掌握植物细胞悬浮培养技术;了解苯丙氨酸解氨酶的测活方法;了解并掌握如何检测植物细胞生长的抗逆生理变化过程。

【主要实验方法及提示】

1. 植物细胞悬浮培养及诱导因子的添加。
2. 酶的提取。在诱导因子添加后的不同时间,称取细胞并用液氮研磨。
3. 蛋白质浓度的测定。使用Bradford法,绘制标准曲线,测定酶萃取液中蛋白质的量。
4. PAL酶活力的测定。采用HPLC法测定PAL酶活力。单位酶活力(U)定义:每分钟转化形成1 pmol/L的反式肉桂酸为一个酶活单位。
5. 对结果进行分析得出结论。

【注意事项】

在使用液氮研磨植物细胞时,要戴好手套,以免冻伤。

实验 82　产蛋白酶和淀粉酶芽孢杆菌的分离及产酶条件的优化

【研究背景与意义】

蛋白酶和淀粉酶都是很重要的水解酶类，在饲料、食品、纺织和医药等领域中都具有非常重要的作用，也是目前国内外应用最广、产量最大的两种酶。它们的种类繁多，广泛存在于动物内脏、植物茎叶果实及微生物中。由于微生物分泌的酶大多为胞外酶，与动、植物源的蛋白酶和淀粉酶相比具有下游技术处理相对简单、价格低廉、来源广、菌体易于培养、产量高、菌株选育简单且速度快，并具有动、植物源蛋白酶和淀粉酶所具有的全部特性，因此关于微生物源蛋白酶和淀粉酶的研究成为国内外研究的一个热点。

随着饲料工业的迅猛发展，蛋白酶及淀粉酶在饲料工业中的应用研究也越来越多。而且大多数研究结果证明，在饲料中添加以蛋白酶和淀粉酶为主要成分的酶制剂都具有显著强化消化的功能、提高饲料利用率、促进生长、提高动物的生产性能等功效。虽然已有许多微生物在酶制剂的生产中得到了广泛的应用，但筛选产酶活力高且酶学性质好的研究工作从来就没有停止过。

【实验内容或知识点】

本实验以自然界土壤、水体作为原样，从中筛选出具有产蛋白酶和淀粉酶能力的出发菌株，并对所得的出发菌株进行产酶条件的考察和优化，进一步提高其产酶能力，为使其最终能应用于工业生产、带来经济效益做大量的准备工作。

【设计思路及实验目的】

设计思路：配制合适的筛选培养基，从自然界中筛选产蛋白酶和淀粉酶的出发菌株，并通过 16S rRNA 分析判断菌株类型。最后，选取芽孢杆菌再做进一步的分析，如产酶条件的优化等。

实验目的：了解从自然界中分离产酶微生物的基本方法；熟悉菌株类型分析的原理和方法；掌握微生物产酶条件优化的基本原则和方法。

【主要实验方法及提示】

1. 筛选培养基的配制。透明圈培养基能够初步筛选出能够产蛋白酶的菌株，在此基础上滴加碘液，如果也能形成透明圈，说明此菌株也能产淀粉酶。

2. 菌株鉴定。根据芽孢杆菌 16S rRNA 保守序列设计引物，对初筛的菌株提取基因组，进行 PCR 实验，经过测序筛选出芽孢杆菌。

3. 蛋白酶和淀粉酶活性的测定。通过查阅文献，确定这两种酶活性测定的方法及原理。

4. 芽孢杆菌产酶的优化。确定培养基配方、培养温度、pH、金属离子等因素对菌株产酶和对酶活性的影响，以及最佳产酶的时间。

【注意事项】

实验中的无菌操作需要在超净工作台中完成。

实验 83　枯草杆菌碱性磷酸酶生物合成的诱导与阻遏作用

【研究背景与意义】

碱性磷酸酶(EC 3.1.3.1)是一种水解酶,在碱性条件下,能催化磷酸单酯水解,放出无机磷酸。碱性磷酸酶在酶联免疫测定、生物传感器、非同位素探针、杂交和测序方面有广泛应用。在分子生物学方面,碱性磷酸酶分解核酸的末端磷酸盐,是遗传工程的有用工具酶。碱性磷酸酶还在有机磷农药降解中起到非常重要的作用。

酶的合成包括酶的诱导与阻遏,二者都是通过某些代谢物促进或者阻止为该酶编码的基因表达而进行的。诱导使酶的生成增加、增快,阻遏可使酶的生成减慢、减少。通过改变酶的合成或降解调节细胞内酶的含量,影响酶的活性,调节机体代谢的速度和强度,从而达到保护有机体免受由于外界环境变化或刺激而引起的伤害的目的,在逆境中更好地生存下去。

【实验内容或知识点】

枯草杆菌(*Bacillus subtilis*)细胞在无机磷含量受限制的培养基上能迅速合成碱性磷酸酶。碱性磷酸酶的作用底物磷酸甘油对酶的合成没有诱导作用。反之,由于底物受酶作用后放出无机磷酸,而对该酶的合成起阻遏作用。在细胞生长的开始阶段,培养基中的磷阻遏碱性磷酸酶的合成,只有当细胞生长一段时间,培养基中的磷几乎被细胞用完以后,该酶才开始大量生成。本实验关注不同物质对枯草杆菌碱性磷酸酶生物合成过程中的诱导与阻遏作用。

【设计思路及实验目的】

设计思路:研究枯草杆菌碱性磷酸酶生物合成过程中,酶作用底物、酶催化反应产物和葡萄糖等容易利用的碳源对酶生物合成的诱导与阻遏作用。

实验目的:了解碱性磷酸酶的来源及其理化性质及其在枯草杆菌中的表达情况;掌握探索各个因素对枯草杆菌碱性磷酸酶的表达及酶活性的影响。

【主要实验方法及提示】

1. 通过查阅文献了解枯草杆菌碱性磷酸酶酶活力测定方法。

2. 无机磷添加量对酶合成的影响。将菌液接种于含不同浓度的 Na_2HPO_4 培养基中培养,测定菌液的碱性磷酸酶酶活力。

3. 磷酸单酯对酶合成的影响。将菌液接种于含不同浓度的磷酸甘油的培养基中培养,测定菌液的碱性磷酸酶酶活力。

4. 容易利用的碳源对酶合成的影响。检测不同浓度的碳源如葡萄糖、果糖等对枯草杆菌碱性磷酸酶生物合成的影响。

【注意事项】

1. 在 Tris 培养基中(缺磷营养胁迫)碱性磷酸酶合成量增加,其活性也会有所增强。

2. 枯草芽孢杆菌发酵生产碱性磷酸酶的最佳条件是 pH 7.4,40 ℃培养 10 h。

实验 84 微生物多酚氧化酶酶源筛选及其在茶黄素合成中的应用

【研究背景与意义】

茶黄素(theaflavin,TF)是一类多酚羟基具茶骈酚酮结构的物质,是存在于红茶中的一种金黄色色素,是茶叶发酵的产物,具有较强的药理作用和保健功能。但是红茶中茶黄素的含量低,从中提取制备茶黄素分离纯化难度大,且得率低,严重影响了茶黄素产业化开发的进程。解决这一问题的有效途径之一是进行茶黄素的体外生物合成。多酚氧化酶是自然界中分布极广的一类含铜的氧化还原酶,也是茶黄素生物合成过程中的关键酶。随着微生物研究领域的发展,研究人员发现在许多微生物中含有多酚氧化酶,并已利用其进行了含酚废水处理、木质素降解及染料脱色等领域的研究。本研究尝试通过筛选多酚氧化酶的产酶菌种,来获得能用于发酵生产茶黄素的高活性多酚氧化酶。

【实验内容或知识点】

微生物具有易培养、繁殖快、易诱导、易分离等特点,在短时间内能廉价地大量生产所需酶类。本实验旨在筛选多酚氧化酶酶源的生产菌种,解决茶黄素合成过程中的酶源缺乏问题,为获得高品质的茶黄素打下基础。同时,在茶黄素生物合成过程中,多酚氧化酶作为关键催化酶,对如何提高其催化效率,提高茶黄素的产量也值得进行探索。

【设计思路及实验目的】

设计思路:先筛选多酚氧化酶生产菌种,考察其产酶能力,对筛选出的菌种的发酵培养基和发酵条件进行优化,研究微生物来源的多酚氧化酶酶学性质,利用所得粗酶液合成茶黄素。

实验目的:掌握多酚氧化酶生产菌种的筛选方法;探索多酚氧化酶生产菌种最佳的培养基配方及发酵条件的优化;优化酶促合成茶黄素的反应条件。

【主要实验方法及提示】

1. 多酚氧化酶生产菌种的筛选。考虑到生产中的应用范围及菌种的易得性,建议选用茶叶中的菌种,如冠突散囊菌、黑曲霉等。

2. 检测不同指标对菌株产生多酚氧化酶能力的影响,包括碳源和氮源的选择、最佳底物诱导物的选择、培养温度和时间及表面活性剂对产酶的影响。

3. 多酚氧化酶生物化学性质的研究,包括 pH、温度对酶活性的影响及酶动力学性质的测定。

4. 茶黄素的微生物酶酶促氧化制备时,要考虑最佳反应条件的优化及最佳反应时间的确定两个方面。

【注意事项】

1. 多酚氧化酶易失活,提取酶时宜在低温下进行。

2. 茶黄素在高温和碱性环境下不稳定,并且光照也会对其含量产生影响,因此在氧化制备过程中要尽量避免这些不利因素的影响。

实验85 酶法辅助制备柚果汁

【研究背景与意义】

蜜柚是芸香科柑橘属水果中的柚类,原产于福建省平和县镇,以果大皮薄、肉嫩多汁、清甜微酸而出名,实现整果加工对于保障蜜柚种植业的发展具有重要意义。其种植面积和产量均占我国柚类的1/4以上,但其年加工量却不足产量的1%,这严重制约了蜜柚产业的进一步发展。将蜜柚加工成果汁,不仅能调节市场供需,提高其商品价值和附加值,为柚子资源的加工利用提供了一条有效的解决途径,同时又丰富了果汁饮料市场,对农产品加工技术发展具有积极的推动作用。但珀溪蜜柚果汁深加工存在的一个主要问题就是其苦味难以脱除,而且柚子果肉颗粒粒径大,水分含量低于其他柑橘类果实,出汁率偏低。这均在一定程度上制约了蜜柚的开发利用。

【实验内容或知识点】

柑橘类果汁的苦味来自两方面,其一是柚皮苷(naringin)的作用;其二是柠檬苦类似物(limonoid)的作用。而引起柚汁和葡萄柚汁出现苦味的主要成分是柚皮苷。柚皮苷是一类黄酮类化合物,微溶于水,溶于丙酮、乙醇和热乙酸中。引起柚汁苦味的另一个次要原因是柠檬苦素(limonin)的存在。柠檬苦素又称柠碱,是类柠檬苦素(limonoids)的一种。柚子属于柑橘属,所以对柚子的脱苦技术主要借鉴柑橘的脱苦技术。目前已报道的脱除柑橘果汁苦味的方法有:酶法脱苦、掩盖法、基因工程脱苦、膜技术脱苦、吸附脱苦等方法。

酶法脱苦是利用不同的酶分别作用于柠檬苦素和柚皮苷,生成不含苦味的物质。柚皮苷苦味的脱除是利用柚皮苷酶将柚皮苷水解为无苦味的鼠李糖、柚皮素和葡萄糖,从而达到脱苦的作用。酶法脱苦具有专一性强、对柑橘类果汁风味和营养成分无破坏、效果好、成本低等特点,是目前较为理想的脱苦方法。另外,利用酶解方法可以大大提高果汁产率,如加入果胶酶,适合工业化生产的要求。但酶法辅助蜜柚果汁加工因为酶的生物活性特征而使其应用受到很多限制。为了在不改变底物物理化性质条件下,使酶保持最大活性,通常需考虑固定化材料、固定率、固定化后的酶活性、最适pH、温度对酶活性的影响、酶在不同浓度果汁中受到的抑制作用及酶的保存等问题。

【设计思路及实验目的】

1. 通过查阅文献,了解酶法辅助制备蜜柚果汁的原理及其优势。
2. 正确设计实验方案,掌握使用果胶酶和柚苷酶脱苦并且提高柚汁的出汁率的方法。
3. 通过实验摸索酶法辅助制备果汁的最佳条件。

【主要实验方法及提示】

1. 果汁制备过程中,一些主要指标测定方法的确定,如可溶性固形物测定、可滴定酸测定、抗坏血酸测定、出汁率的测定、澄清度的测定、苦味物质的测定等。

2. 蜜柚果汁澄清工艺的优化实验。以蜜柚果汁为酶解原料，澄清度为指标，选取果胶酶酶量、温度和时间为考察对象，分别进行单因素试验，并通过正交试验确定果汁澄清度工艺条件。

3. 蜜柚果汁酶法脱苦的优化实验。定性分析柚苷酶的脱苦过程，以柚苷酶添加量、酶反应pH、柚苷酶反应温度和柚苷酶作用时间为考察对象，对柚苷酶脱苦蜜柚果汁条件进行正交优化分析，得出最佳的反应条件。

4. 蜜柚榨汁工艺的优化实验，在去皮、去籽、打浆、冷藏、榨汁、沸水浴加热、酶处理这些操作中，找到合适的工艺流程，提高果汁的质量。

【注意事项】

1. 在果汁沸水浴加热过程中，注意安全，避免烫伤。
2. 实验材料最好选择新鲜的蜜柚。

实验 86　酶法辅助提取植物中黄酮类物质

【研究背景与意义】

黄酮类化合物的基本母核为2-苯基色原酮类，泛指两个具有酚羟基的苯环通过一个三碳链相连，而形成的一系列化合物。其广泛存在于高等植物和羊齿类植物体中，是植物在长期自然选择过程中产生的一些次级代谢产物。它在花、叶、果实等组织中多为苷类，而在木质部组织中则多为游离的苷元。许多研究表明黄酮类化合物具有显著的抗氧化、清除氧自由基、扩张心血管、降血脂、阻断动脉粥样硬化、调节免疫机能、抗炎抗病毒、利胆、强心、镇静镇痛和抗肿瘤等作用。因而近些年来关于黄酮类化合物分离提取的研究颇为活跃。

【实验内容或知识点】

常见的提取黄酮类化合物方法有：溶剂萃取法、酶法、超临界流体萃取法、超声波提取法、微波处理法等。其中酶法提取是在传统的溶剂提取方法的基础上，根据植物药材细胞壁的构成，利用酶反应所具有的高度专一性等特点，选择相应的酶，将细胞壁的组成成分水解或降解，使有效成分充分暴露出来，溶解、混悬或胶溶于溶剂中，从而达到提取细胞内有效成分的目的的一种新型提取方法。目前，酶法用于植物中黄酮提取方面的研究较多的是纤维素酶、果胶酶、复合酶。

纤维素酶是一种多组分的酶，包括外切β-葡聚糖酶、内切β-葡聚糖酶和β-葡萄糖苷酶等。其中外切β-葡聚糖酶的作用是将天然纤维素水解成无定形纤维素；内切β-葡聚糖酶的作用是将无定形纤维素继续水解成纤维寡糖；而β-葡萄糖苷酶的作用是将纤维寡糖水解生成葡萄糖。植物中的细胞壁主要是由纤维素构成，植物的有效成分往往被包裹在细胞壁内。纤维素酶一方面将纤维素水解成葡萄糖等有效成分；另一方面通过提高植物细胞壁的通透性而提高细胞内含物的提取率，因此纤维素酶可应用于以植物为原料的工业中。

【设计思路及实验目的】

1. 通过查阅文献,了解植物黄酮类物质含量的测定方法及其原理,制订简便可行且可靠的含量测定体系。

2. 了解纤维素酶的测活方法及其作用机制。

3. 利用正交因素研究酶用量、pH、酶解温度和酶解时间植物总黄酮提取得率的影响。

【主要实验方法及提示】

1. 样品的制备,包括样品的清洗除杂、切片、干燥、研磨、加溶剂、酶处理、离心得上清液、黄酮类化合物测定。

2. 黄酮类成分含量的测定,包括标准样品的制备、标准曲线的制作和样品含量的测定。

3. 正交试验的设计,以纤维素酶用量(A)、温度(B)、pH(C)、时间(D)为主要考察因素,每个因素选取3个水平,采用$L_9(3^4)$正交表选取提取工艺。

【注意事项】

在样品处理过程中,除了使用纤维素酶处理外,也可以辅以其他的物理手段,如超声波等,可以提高样品的破碎效果。

实验87 酶法改善糙米食用品质

【研究背景与意义】

稻谷脱去颖壳(稻壳)即为糙米。人们在长期的饮食实践中发现,糙米不但能够充饥果腹,而且对人体有很高的营养价值。和白米相比,糙米中含有的膳食纤维、谷维素、谷维醇及维生素等物质都对人体健康起着不同的促进作用。尽管糙米的营养价值较高,但直接炊煮食用却一直受到限制。主要原因是:一方面,糙米籽粒外的蜡层及粗纤维含量高,导致煮饭时间长、出饭率低、黏性差、颜色深。且长时间的蒸煮米饭也会导致其营养成分的流失。另一方面,由于糙米外层组织果皮和种皮中纤维素、半纤维素、木质素及果胶等物质含量较多,咀嚼有粗渣感,口感差及难以消化吸收。另外,纤维还使得其蒸煮的米饭具有糙米特有的气味。加之糙米含较多植酸,其易与多数微量元素结合形成金属螯合物,使这些微量元素几乎不为人体所吸收、利用。因此,如何改善糙米的食用品质,提高其适口性成为目前人们关注的焦点。

【实验内容或知识点】

使用纤维素酶、果胶酶来部分降解糙米中的粗纤维和果胶物质,改善糙米的食用品质。利用外源酶制剂降解糙米中的抗营养因子植酸,以提高糙米营养价值。分别以酶解纤维后糖的生成量和植酸降解量为指标,探讨酶浓度、料液比、pH、温度及时间等因素对糙米皮层纤维和植酸降解效果的影响,在单因素试验的基础上,通过响应面数学分析方法优化酶解条件,得出酶解最佳工艺参数。并考察纤维素酶和果胶酶与植酸酶的协同作用效果。

【设计思路及实验目的】

选用果胶酶、木聚糖酶、纤维素酶和混合酶分别对糙米皮层纤维进行酶解，确定用纤维素酶进行降解，以酶解纤维后糖的生成量为指标，探讨酶浓度、料液比、pH、温度及时间等因素对糙米皮层纤维降解效果的影响。利用植酸酶降低糙米植酸含量，纤维素酶和果胶酶适度改善糙米蒸煮特性，以糙米的加热吸水率、米汤固形物质量、米汤碘蓝值等为考察蒸煮品质指标，通过单因素和正交试验考察酶作用的最佳条件。

【主要实验方法及提示】

1. 糙米中植酸含量的测定。糙米中总植酸含量可通过测定植酸释放出来的磷含量换算得出，可以采用钼兰比色法。

2. 以植酸降解量为指标，考察 pH、温度、酶作用时间和加酶量对外源植酸酶作用的影响。

3. 通过查阅文献，确定各指标包括糙米的加热吸水率、米汤固形物质量、米汤碘蓝值等的测定方法及原理。

4. 选取温度、酶用量和作用时间 3 个因素，以糙米的加热吸水率、米汤固形物质量、米汤碘蓝值等为考察蒸煮品质指标，通过单因素和正交试验考察酶作用的最佳条件。

【注意事项】

在使用钼兰比色法测定植酸含量时，使用的硫酸联氨溶液会引起皮肤、眼睛、嗓子等器官发炎，损害心脏和肺，故操作时要小心谨慎。

实验 88　酶法制备大豆多肽及其抗氧化特性的研究

【研究背景与意义】

众所周知，大豆既是重要的油料资源，更是重要的植物蛋白资源。与肉、蛋、奶等动物蛋白比，除蛋氨酸略显不足外其余氨基酸与之相近，属全价蛋白。此外，大豆中不含胆固醇且价格低廉，因此成为众多植物蛋白中的佼佼者。

大豆虽然为人们提供优质的蛋白质来源，但它的某些性质及特点（如含有腹胀因子、胰蛋白酶抑制剂、血细胞凝集素等抗营养因子；具有豆腥味及部分人群对大豆蛋白过敏等）限制了其被充分利用。另外，在加工过程中，大豆蛋白的溶解性差及在加工过程中容易受到温度、酸碱度、挤压等外界环境的影响而变性，这些缺陷都限制了大豆蛋白在食品中的应用。为进一步提高大豆的营养功能及加工特性，满足食品工业对大豆蛋白的功能特性和营养价值日益提高的要求，大豆多肽的开发研究已经成为近些年的热点。

【实验内容或知识点】

大豆多肽是指大豆蛋白质经蛋白酶作用后，再经特殊处理而得到的多肽分子的混合物。其具有许多独特的生理功能特性。例如，在人体内大豆多肽比大豆蛋白更易消化吸收，抗原性较低；具有促进人体内脂肪代谢、降压、降低胆固醇等功能；大豆中的异黄酮、磷脂类、多肽和各种氨基酸都具有一定的抗氧化能力。此外，通过适当控制大豆蛋白的水解度，大豆多肽在溶解度、起泡能力、乳化能力、保湿性等加工特性方面均优于大豆蛋白，因此其使用范围更广。

目前大豆多肽主要通过酶法水解大豆蛋白来制备，但由于大豆蛋白是由 2S、7S、11S、15S 等蛋白成分组成，各种成分在蛋白酶作用下水解度不同，因此大豆蛋白水解物的分子质量相差很大，水解物性质相应也有很大差异。探索不同的蛋白酶对大豆蛋白进行水解的条件及其水解产物的抗氧化活性是开发大豆多肽的重要前提。

【设计思路及实验目的】

设计思路：首先，选用几种蛋白酶（Alcalase 碱性内切蛋白酶、Neutrase 中性蛋白酶、Favourzyme 复合风味蛋白酶和 A. S 1398 中性蛋白酶等）对大豆分离蛋白进行水解，研究各种酶的水解特性及最适工艺条件。其次，对各种大豆蛋白酶解产物的抗氧化性质进行检测，以过氧化物值（POV）为指标，对大豆蛋白酶解产物在油脂中的抗氧化效果进行研究。

实验目的：了解大豆蛋白水解产物的价值及其市场潜力；了解目前酶法水解大豆蛋白的研究现状；掌握利用酶法水解大豆蛋白的实验方法及相关的工艺技术；探讨大豆蛋白酶法水解产物产品的研究与开发。

【主要实验方法及提示】

1. 大豆蛋白的水解：比较不同蛋白酶对大豆分离蛋白的水解效果，确定最佳水解工艺条件。

2. 抗氧化性质检测：以不同体系为例，如检测大豆蛋白水解产物在食物体系中的抗氧化效果，包括过氧化物值（POV）测定方法的建立。

3. 根据大豆蛋白水解物抗氧化特性，设计相关产品并探讨及研发。

【注意事项】

1. 在酶解大豆蛋白时必须适当进行预处理，从而使蛋白水解酶的作用点大大增加，加快了蛋白质的酶解。

2. 蛋白酶根据其最适 pH 可以分为酸性蛋白酶、中性蛋白酶和碱性蛋白酶；根据其切割位点可以分为外切酶和内切酶。酶的选择要以适应产品工艺要求为重点考虑因素。

3. 水解工艺的有效控制直接影响产物的功能特性和质量。因此，在酶解过程中应密切关注水解工艺的条件及过程等参数变化，主要包括水解温度、预处理温度和时间、水解反应系统 pH、酶用量、底物浓度、酶用量与底物浓度的比值及水解度等。

第六部分　发 酵 工 程

第 11 章　综合性实验

实验 89　高产抗菌活性物质菌株的紫外线诱变育种

【研究背景与意义】

发酵工业生产上所用的菌种应具有高产、稳定、易培养等特性。但微生物在自然界长期生长与适应后，具有稳定、可遗传的生长代谢调控特性，自然界新分离的具有开发利用价值的野生型菌株，受微生物严格的代谢调控，所有代谢产物都不会过度产生，因此其生产能力一般很低，远不能满足工业生产对菌株生产能力的要求。

微生物普遍具有易变异的特点，自然条件下微生物的变异频率为 $10^{-9} \sim 10^{-6}$，而在物理与化学因素的作用下，微生物的突变概率可以极大地提高，且突变后可能形成稳定的遗传性状。通过物理、化学方法进行的微生物诱变育种，是生产上提高微生物生产性能的重要方法之一，但单次诱变育种对微生物生产能力的改变程度有限，欲获得满足发酵工业生产要求的突变菌株，需要经过反复、长时间诱变筛选才能达到目的。另外，即使已在发酵工业生产应用的菌种，生产上仍需要不断进行诱变、筛选，以获得高产、耐高温、副产物少、抗噬菌体等优良性能。诱变育种对于高性能生产菌株的获得具有重要意义。

【实验目的】

加深对微生物菌种选育在发酵工业重要地位的认识；巩固工业微生物提高目的代谢产物生产能力的途径；学习并掌握微生物紫外线诱变育种的基本流程与操作方法。

【实验原理】

诱变育种是利用诱变剂处理微生物细胞，提高基因突变频率，再通过适当的筛选方法获得高产优质菌种的育种过程。具有增大微生物突变概率的因素称为诱变剂，诱变剂分为物理的和化学的，物理诱变剂有各种射线（如紫外线及 γ 射线等）、微波或激光等，化学诱变剂有亚硝基胍、亚硝酸盐、氮芥、氯化锂、硫酸二乙酯等具有提高微生物突变率的化合物。

以紫外线为诱变剂的微生物诱变育种，具有不需要特殊设备、费用廉价、危险性小、效果好等优点，广泛应用于工业育种。紫外线是一种非电离辐射，波长为 136～300 nm，多种微生物对 260 nm 左右的波长最敏感。紫外线的诱变作用是由于它引起 DNA 分子结构变化，可能导致 DNA 链的断裂、DNA 分子内和分子间的交联、核酸与蛋白质的交联、嘧啶水合物和嘧啶二聚体的产生等，特别是嘧啶二聚体的产生对于 DNA 的变化起主要作用。

不同微生物对紫外线的敏感程度不一，因此不同微生物诱变育种时使用的诱变剂量也不同。在紫外灯的功率、照射距离一定的情况下，照射时间决定着紫外线照射剂量，因而设计紫外线照射不同时间梯度的实验，根据照射不同时间的死亡率，作出照射时间与死亡率的曲线，就可以选择适当的照射剂量。一般以照射后微生物的致死率在 90%～99.9% 的剂量为最佳照射剂量，但也有倾向于采用致死率在 70%～75% 甚至更低（30%～70%）的剂量。

微生物细胞经诱变剂处理后没有发生突变的细胞为多数，发生突变的细胞是少数；负突变是多数，正突变是少数。因此，要获得生产能力提高的正突变细胞就必须在诱变处理后进行大量的筛选。筛选程序一般分为初筛与复筛 2 个阶段。初筛的目的是除去明显不符合要求的大部分细胞，应尽可能简单、快速。复筛以质为主，应精确测定初筛得到的每个菌株的生产指标，从中选出几个生产能力最高的突变菌株，作为下一次诱变的出发菌株。

【实验试剂与器材】

试剂：可溶性淀粉、葡萄糖、KNO_3、KH_2PO_4、K_2HPO_4、$MgSO_4 \cdot 7H_2O$、$FeSO_4 \cdot H_2O$、NaCl、NaOH、HCl、琼脂、大豆粕、玉米淀粉、酵母膏、琼脂、灯用酒精。

菌种：拮抗放线菌斜面菌种、青霉菌（*Pennicillium* sp.）。

仪器设备：无菌室、全温振荡器、灭菌器、恒温培养箱、离心机、恒温水浴锅、电炉、锥形瓶（250 mL、500 mL）、酸度计、磁力搅拌器、烧杯、18 mm×180 mm 试管、培养皿（90 mm）、30 W 紫外灯、脱脂棉、纱布、漏斗、玻璃珠、1 mL 移液枪、100 mL 移液枪、血细胞计数器、玻璃棒、酒精灯、酒精喷灯等。

培养基：

高氏一号培养基：称取可溶性淀粉 20 g、KNO_3 1 g、K_2HPO_4 1 g、$MgSO_4 \cdot 7H_2O$ 0.5 g、$FeSO_4 \cdot H_2O$ 0.01 g、NaCl 1g、琼脂 15 g，蒸馏水补足 1000 mL，调节 pH 至 7.2～7.4。

PDA 培养基：称取去皮马铃薯汁 200 g、葡萄糖 20 g、琼脂 15 g，蒸馏水补足 1000 mL，调节 pH 至 6.7。

复选液体培养基：玉米淀粉 30 g、大豆饼粉 40 g、酵母膏 2 g，蒸馏水补足 1000 mL，调节 pH 至 8.0。

配制培养基用的大豆饼粉：大豆粕先干燥、粉碎，80～100 目筛过筛。

配制培养基用的玉米淀粉的液化：将质量为玉米淀粉 0.5% 的 α-淀粉酶与玉米淀粉混匀，加少许水调为糊状，70 ℃左右温度下酶解 30 min。

突变菌株筛选混菌平板：将青霉菌斜面孢子无菌水洗下制为孢子悬浮液，调孢子浓度为 10^8 个/mL，取 1 mL 孢子悬浮液加入无菌培养皿，倒入 42～45 ℃的 PDA 培养基 20 mL，转动培养皿使培养基与孢子混匀、冷凝，备用。

【实验步骤】

1. 菌种活化培养　拮抗菌种在高氏一号培养基斜面划线接种，28 ℃培养 6 天。

2. 单孢悬液制备　用含 0.85% NaCl 的无菌生理盐水洗下斜面孢子，收集于装有 20 粒无菌玻璃珠的 250 mL 锥形瓶内，涡旋器上打散未分离的孢子 3～5 min，然后用垫有脱脂棉的灭菌漏斗过滤，制成孢子悬浮液。测定悬浮液的孢子浓度，用无菌生理盐水调孢子浓度为 10^8 个/mL。

3. 诱变处理

1）紫外线诱变　打开紫外灯(30 W)预热 20 min。取 5 mL 菌悬液放在无菌的培养皿(90 mm)中,同时制作 5 份。将培养皿平放在离紫外灯 30 cm(垂直距离)处的磁力搅拌器上,照射 1 min 后打开培养皿盖,开始照射,照射处理开始的同时打开磁力搅拌器进行搅拌,记录时间,照射时间分别为 2 min、4 min、6 min、8 min 及 10 min。处理后,诱变菌液在红灯下以无菌生理盐水稀释为 10^3个/mL、10^4个/mL、10^5个/mL 等系列浓度孢子悬浮液。取各种浓度孢子悬浮液 0.4 mL 涂布于高氏一号平板上,每处理涂平板 10 个,28 ℃培养 72 h 后将单菌落转移至高氏一号平板,以未经紫外线处理的菌液(10^3个/mL)为对照。

2）死亡率测定　将平板于 28 ℃恒量培养 48 h,计数不同处理时间与对照的 5 个平板菌落数,根据计数结果计算死亡率。

$$死亡率(\%)=\frac{B-A}{B}\times100\% \tag{11-1}$$

式中,A 为紫外线处理后的 CFU,B 为对照的 CFU。

3）初选　将经紫外线处理 28 ℃培养 72 h 的平板单菌落,移到 PDA 筛选平板上,再 28 ℃恒温培养 48 h 后,并选抑菌效果明显的菌落,测量菌落直径(H)与抑菌圈直径(D),将 D/H 较大的 40~50 个菌株转接到高氏一号斜面,28 ℃培养 7 天,低温保藏备用。

4）复筛　振荡培养:将平板初选筛选出的每菌株接入液体培养基内,28 ℃,200 r/min 培养 7 天,每菌株接 3 瓶,并以出发菌株为对照。

抑菌效果测定:发酵液装于离心管内 4500 r/min 离心 20 min。在新鲜的筛选平板上叠放 2 层6 mm 直径无菌滤纸片,每平板成三角形放 3 个点,取离心清液 20 μL 滴于滤纸片上,每瓶做一个平板,28 ℃培养 48 h,十字交叉法测抑菌圈直径,与对照比较,按式(11-2)计算菌突变菌株抗菌活性提高率(%):

$$突变菌株抗菌活性提高率(\%)=\frac{C-E}{E}\times100\% \tag{11-2}$$

式中,C 为突变菌株抑菌圈面积(mm^2);E 为出发菌株抑菌圈面积(mm^2)。

【实验结果】

1. 记录菌株紫外线处理死亡率　将不同处理时间的 CFU 及对照的 CFU,以及不同处理时间的死亡率填入表 11.1 内。

表 11.1　紫外线诱变处理菌株的死亡率(%)

处理时间/min										对照 CFU
2		4		6		8		10		
CFU	死亡率	CFU	死亡率	CFU	死亡率	CFU	死亡率	CFU	死亡率	

结果分析:死亡率与紫外线照射时间的关系。

2. 初选结果　选 50 个抑菌效果最明显的单菌落,并将各被选菌落的 D/H 填入表 11.2 内。

表 11.2　菌株紫外线诱变育种初选记录

菌株号	抑菌圈直径 D/mm	菌落直径 H/mm	D/H	处理时间/min	菌株号	抑菌圈直径 D/mm	菌落直径 H/mm	D/H	处理时间/min

结果分析:分析 D/H 与处理时间的关系,正突变率与处理时间的关系。

3. 复选结果　选锥形瓶振荡发酵发酵液平板抑菌效果最佳的 10 个菌株的抑菌效果填于表 11.3。

表 11.3　紫外线诱变复选结果记录表

菌株号	对照
出发株抑菌圈直径 D/mm	
突变株抑菌圈直径 D_1/mm	
抗菌活性提高率/%	

紫外线诱变结果综合分析:

(1) 被选菌株与处理时间、死亡率的关系。

(2) 描述 4 个抑菌圈最大正突变菌株的菌落特征。

【注意事项】

1. 过量的紫外线照射可使人体产生红斑、色素沉着、免疫系统受到抑制、患皮肤黑瘤、皮肤癌及白内障等,紫外线照射时注意保护眼睛和皮肤。

2. 实验时,为了避免光复活现象,处理过程应在暗室的红光下操作,处理完毕后,将盛菌悬液的器皿用黑布包起来培养,然后再进行分离筛选。

【思考题】

1. 何为表型延迟现象?丝状菌的诱变怎样才能避免表型延迟现象?

2. 试述紫外线诱变的作用机制及其在具体操作中应注意的问题。

3. 为什么在诱变前需将细胞打散制成单细胞悬浮液?

4. 丝状菌孢子诱变后需要采取什么措施才能获得纯的突变菌株?

5. 紫外线诱变选育获得的高产突变菌株可能经 2 次转管后其目的产物产量会大幅降低,试分析可能的原因。

6. 发酵工业生产除改变菌种的遗传特性外,还可通过哪些途径提高生产效益?

7. 微生物目的产物的合成是生物化学反应的结果,试分析提高发酵微生物代谢产物产量可能的途径。

8. 你对微生物紫外线诱变育种有何体会?

实验 90　小型发酵罐好氧发酵与过程控制

【研究背景与意义】

工业生产中将利用微生物在通气或厌氧条件下的产品生产过程统称为发酵,发酵工程在各行各业有广泛应用。在医药工业上用于生产抗生素、维生素、重组乙肝疫苗、单克隆抗体、白细胞介素-2 等;在食品工业方面发酵用于生产各种酒类、调味品、食品添加剂等;在环境科学领域用微生物进行污水处理等;在化工能源领域用微生物发酵生产各种有机酸、生物材料、生物塑料、生物燃料等;在农业方面用微生物发酵生产农用与兽用抗生素、杀虫剂、微生物肥料等;在酶制剂工业用微生物发酵生产淀粉酶、蛋白酶、糖化酶、纤维素酶与脂肪酶等。

液体深层好氧发酵是主要的发酵类型之一,其发酵罐分为机械搅拌发酵罐、非机械搅拌发酵罐等。小型发酵罐的结构、操作方式等与大型生产罐基本相同,通过小型罐的操作训练,可以对发酵罐中发酵过程控制有感性认识。另外,发酵的放大过程包括小试、中试和大规模生产三个阶段,小型发酵罐的发酵实验可为放大提供相关参数。

【实验目的】

了解发酵工业发酵系统的基本结构与功能;掌握工业种子培养基发酵培养制备过程;掌握发酵罐的使用及其大规模培养微生物的方法;学习掌握发酵生产中主要参数的调控技术。

【实验原理】

液体深层通气纯种发酵是现代发酵工业的主要发酵类型。发酵过程包括种子扩培、发酵罐及其管道和培养基灭菌、接种、控制发酵条件生产目的产物。整个发酵过程中需要时刻监视发酵系统的运行状况,定时检测菌的生长与目的产物的累积情况,监视发酵液的染菌情况等,控制温度、pH、溶氧等条件,确保生产正常进行。

机械搅拌生物反应器由罐体、蒸汽系统、空气过滤系统、搅拌系统、温度控制系统、消泡系统、酸碱调节与补料系统等构成。发酵罐的罐体是微生物生长繁殖与产生代谢产物的场所,蒸汽系统是湿热灭菌的热源,空气过滤系统提供无菌空气,发酵搅拌器的作用是混合和溶氧,温度控制系统确保适宜温度,消泡系统控制发酵过程泡沫,酸碱调节与补料系统的作用是调节 pH 和添加营养物质与前体物质。

【实验试剂与器材】

试剂与材料:可溶性淀粉、KNO_3、K_2HPO_4、KH_2PO_4、$MgSO_4 \cdot 7H_2O$、$FeSO_4 \cdot H_2O$、NaCl、琼脂、大豆粕、玉米淀粉、酵母膏、消泡剂、琼脂、蒸馏水、无水乙醇等。

菌种:青霉菌拮抗放线菌斜面菌种、青霉菌(*Pennicillium* sp.)。

仪器:显微镜、无菌室、全温振荡器、高压蒸汽灭菌锅、电子天平、灭菌器、电炉、黏度计、5 L 发酵罐系统、培养箱、离心机、恒温水浴锅、电炉、锥形瓶(250 mL、500 mL)、酸度计、18 mm×

180 mm 试管、培养皿(90 mm)、脱脂棉、漏斗、玻璃珠、1 mL 移液枪、100 μL 移液枪、血细胞计数器、玻棒、酒精灯、酒精喷灯等。

【实验步骤】

1. 培养基制备　高氏一号培养基:称取可溶性淀粉 20 g、KNO_3 1 g、K_2HPO_4 1 g、$MgSO_4 \cdot 7H_2O$ 0.5 g、$FeSO_4 \cdot H_2O$ 0.01 g、NaCl 1 g、琼脂 15 g,蒸馏水补足 1000 mL,调节 pH 至 7.2~7.4。

PDA 培养基:称取去皮马铃薯汁 200 g、葡萄糖 20 g、琼脂 15 g,蒸馏水补足 1000 mL,调节 pH 至 6.7。

种子培养基:称取玉米淀粉 20 g、葡萄糖 10 g、大豆饼粉 20 g、酵母膏 4 g,蒸馏水补足 1000 mL,调节 pH 至 8.0。

发酵培养基:称取玉米淀粉 30 g、大豆饼 40 g、酵母膏 2 g,蒸馏水补足 1000 mL,调节 pH 至 8.0。

将质量为玉米淀粉 0.5% 的 α-淀粉酶与玉米淀粉混匀,加少许水调为糊状,70 ℃左右温度下酶解 30 min。大豆饼先粉碎、100 目筛过筛。

发酵液抗菌物质生物检测混菌平板:将青霉菌斜面孢子用无菌水洗下制为孢子悬浮液,调孢子浓度为 10^8 个/mL,取 1 mL 孢子悬浮液加入无菌培养皿,倒入 PDA 培养基 20 mL,转动培养皿使培养基与孢子混匀,平放冷凝后备用。

2. 种子液的制备　将种子培养基 200 mL 装入 500 mL 锥形瓶内,8 层纱布封口,灭菌。培养基冷却至室温后,将适量斜面活化后菌种的菌丝体与孢子接入锥形瓶内,28 ℃、200 r/min 振荡培养 36~48 h 后为供发酵罐发酵的种子液。

3. 发酵过程中还原糖的测定

1) 发酵过程中的取样操作　取样操作是发酵过程中在线控制的重要内容,只有通过取样才能对发酵过程中的诸多参数进行测定,从而掌握发酵罐发酵状况,为进一步的发酵调控提供依据。取样操作要做到动作协调、快速,严格按照操作程序进行,避免造成发酵罐的污染。盛放样品的器皿也要洁净、无菌,以防止对测定结果产生影响。

2) DNS 法还原糖测定　DNS 法又称 3,5-二硝基水杨酸法。在碱性溶液中,还原糖变为烯二醇,烯二醇可被 3,5-二硝基水杨酸氧化为糖酸,加热进一步产生一种棕红色的氨基化合物。在一定浓度范围内,还原糖含量与棕红色物质的深浅呈一定比例,通过此比例测定还原糖的含量。DNS 法结果准确且操作相对简单,在生产和科研上应用更为广泛。

附:DNS 法

【实验材料】

分析试剂:

DNS 显色剂配制:每 1000 mL DNS 溶液含有酒石酸钾钠 182 g,无水亚硫酸钠 3 g,氢氧化钠 20 g, 3,5-二硝基水杨酸 6.3 g,重蒸馏酚 4 g。配制后过滤放置 15 天后使用。

1% 葡萄糖标准溶液配制:准确称取 100 mg 葡萄糖,用少量蒸馏水溶解后定容至 100 mL,冰箱保存备用。用蒸馏水配制 10% 的 $ZnSO_4$ 溶液。

器材:分光光度计、定糖管、移液管、容量瓶、烧杯及电炉等。

【方法步骤】

a. 葡萄糖标准曲线的绘制。取 9 支定糖管(有盖子,且用绳子系住),分别按照表 11.4 的顺序加入各种试剂,沸水浴中加热 5 min 后立即流动水冷却。管内溶液混匀,用空白管溶液调零点,520 nm 测定光密度值(OD),以葡萄糖含量为横坐标,光密度值为纵坐标绘制葡萄糖溶液标准曲线。

表 11.4 葡萄糖标准曲线的制作

项目	CK	1	2	3	4	5	6	7	8
含糖总量/mg	0	0.2	0.4	0.6	0.8	1.0	1.2	1.4	1.6
葡萄糖液/mL	0	0.2	0.4	0.6	0.8	1.0	1.2	1.4	1.6
蒸馏水/mL	2.0	1.8	1.6	1.4	1.2	1.0	0.8	0.6	0.4
DNA 试剂/mL	1.5	1.5	1.5	1.5	1.5	1.5	1.5	1.5	1.5
加热	沸水浴 5 min								
冷却	流动自来水冷却								
蒸馏水/mL	21.5	21.5	21.5	21.5	21.5	21.5	21.5	21.5	21.5
光密度(520 nm)	0								

b. 发酵液取样。按照发酵罐取样的操作规程取样,将取样的发酵液装入洁净的锥形瓶内。

c. 发酵液的处理。取一定体积的发酵液在 12 000 r/min 下离心 10 min,去除菌丝体与发酵液中的不溶物。准确量取 5 mL 上清液(视含糖量高低而定,在发酵周期内不同时期取样数量应有所不同)于 100 mL 容量瓶中,加入 10 mL 10% $ZnSO_4$溶液,用碱液(NaOH 3 mol/L)调为碱性,以水稀释至刻度、摇匀,通过干燥滤纸过滤。按照表 11.5 加入相应试剂进行反应。520 nm 测定光密度值,最后根据葡萄糖标准曲线算出发酵液所含还原糖的量。每管测定 3 次,求平均值。

表 11.5 青霉素发酵液所含还原糖的测定

项目	CK	1	2	3
发酵液/mL	0	0.8	0.8	0.8
蒸馏水/mL	2.0	1.2	1.2	1.2
DNA 试剂/mL	1.5	1.5	1.5	1.5
加热	沸水浴 5 min			
冷却	流动自来水冷却			
蒸馏水/mL	21.5	21.5	21.5	21.5
光密度(520 nm)	0			
光密度平均值				

【实验结果】

a. 填写表 11.4,并绘制葡萄糖标准曲线图。

建立光密度与葡萄糖浓度间的回归方程。

b. 根据葡萄糖标准曲线,算出发酵液中还原糖的浓度。

经过 24 h 发酵后测得发酵液的吸光值(表 11.5)。

将平均光密度值代入回归方程,计算得发酵液中的还原糖量。

4. 发酵系统的认识、功能与小型发酵罐的安装

(1) 发酵罐罐体的结构。

(2) 发酵罐的控制系统。

(3) 发酵罐的蒸汽系统。

(4) 发酵罐的通气系统。

(5) 发酵罐的控温系统。

(6) 发酵罐的 pH 控制与补料系统。

(7) 发酵罐的搅拌系统。

(8) 发酵罐的消泡系统。

5. 发酵罐的灭菌操作 将发酵培养基装入发酵罐中,培养基装入量为发酵罐工程容积的60%,插入已标定后的pH电极,关闭所有管道阀门,搅拌器设定150 r/min,开启搅拌器。打开发酵罐排气阀,打开夹套蒸汽阀进行发酵罐培养基预热。当温度达到90 ℃时搅拌器停止搅拌,打开发酵罐蒸汽阀将蒸汽通入发酵罐进行培养基灭菌,当罐温升至121 ℃、罐压达0.11 MPa时打开空气过滤器排污阀进行过滤器灭菌,灭菌维持30 min。灭菌结束前关闭过滤器排污阀,并将溶氧电极标定为0.0%。

灭菌结束后关闭总蒸汽阀、排污阀,打开冷却阀,待罐温降至110 ℃时打开进气阀,调节罐压为0.03 MPa,设定罐温28 ℃,罐温90 ℃以后开启搅拌。

6. 发酵过程的控制

1) *发酵罐接种、发酵开始* 当发酵罐温度降为28 ℃时将通气量调为2~3倍发酵液体积,将95%灯用乙醇倒入发酵罐接种环内,点燃乙醇,拧开接种口盖,将发酵液体积5%的种子液倒入发酵罐内,拧紧接种盖。

设定发酵温度30 ℃、搅拌200 r/min、通气量1倍发酵液体积、罐压0.03 MPa、pH 8,发酵开始。

接上碱液泵、消泡剂泵,控制量为5%~10%。

2) *温度的控制* 发酵过程中,发酵前48 h温度设定为30 ℃、发酵48 h之后设定为28 ℃。

3) *溶氧的控制* 发酵过程中,发酵温度前24 h内设定通气量0.5倍发酵液体积,转速150 r/min。发酵24~96 h设通气量1.5倍发酵液体积,转速250 r/min。

4) *pH的控制* 发酵过程中,发酵液pH控制为7.5~8,手动或自动控制,控制量为5%。

5) *发酵液营养的控制* 发酵过程中,发酵36 h时第一次补料,补料类型为全料,补料量为10%。发酵72 h时第二次补料,补料类型为1/2全料,补料量为10%。

6) *发酵泡沫的控制* 发酵过程中,自动或手动添加泡敌消泡,控制量为5%,若手动控制当泡沫消失后立即停止。

7) *发酵过程的观察、记录* 发酵过程中轮流值班,每班4人、值班时间6 h,凡偶数班接班时取样进行发酵液的生物量、发酵液抗菌活性的生物检测、还原糖检测等。各班记录加碱液次数与添加量、消泡剂添加次数及添加量,以及镜检观察。

8) *发酵过程的检测方法* 打开取样管,将原管内的培养液放掉后,接流出的发酵液少许,用于进行测试。

(1) 镜检观察发酵的菌丝生长与染菌情况。将发酵液滴于载玻片中央，盖上盖玻片，40 倍物镜下观察菌丝量及有无细菌污染情况。

(2) 发酵液菌丝体生物量测定（湿重法）。准确量取适量体积发酵液装于离心管内 4500 r/min 离心 20 min，去上清液，沉淀加无菌水以涡旋器混匀，重复离心，菌丝体沉淀称重，按式(11-3)计算生物量（湿重）：

$$\text{发酵液菌丝体生物量(mg/mL)} = \frac{E}{F} \tag{11-3}$$

式中，E 为离心沉淀质量(mg)；F 为离心发酵液体积(mL)。

(3) 发酵液抗菌活性测定。取发酵液装于离心管内 4500 r/min 离心 20 min。在新鲜的抗菌物质生物检测混菌平板上叠放 2 层直径 6 mm 的无菌滤纸片，每平板呈三角形放 3 个点，取离心清液 20 μL 滴于滤纸片上，每个样重复 3 个平板，28 ℃培养 48 h，十字交叉法测抑菌圈直径(mm)。

(4) 发酵液黏度测定。发酵罐取出的发酵液在 28 ℃恒温下，以黏度计测定发酵液的黏度。

9) *发酵放罐及发酵罐的清洗*　发酵时间达到 120 h 时发酵结束，放罐，收集发酵液，并测定发酵液的生物量、发酵液的抗菌活性、黏度及发酵液的残糖量。

拆卸罐体各部件，充分清洗罐体、通气管、取样管、pH 电极与溶氧电极等，洗净后再重新组装。

【结果与分析】

1. 种子的生长情况描述　包括种子液描述表观浓稠度、颜色、有无细菌污染和异味，种子液的生物量测定，镜检菌丝体，细菌污染情况等。

2. 发酵值班记录　各班将发酵过程中操作的情况记录于表 11.6 内。

表 11.6　发酵操作记录

发酵时间	记录员	发酵液		罐内泡沫		发酵液生物量	发酵液抗菌活性	备注(排气气味、
		pH	加碱量	泡沫量(多、少)	加消泡剂量	(湿重，mg/mL)	(抑菌圈直径，mm)	染菌情况等)
异常现象、突发情况记录：								

3. 绘制曲线图　绘制发酵过程中溶氧、pH、发酵液抗菌活性、生物量的曲线，以每班内的平均值为绘图数据。

【注意事项】

1. 安装与拆卸发酵罐顶盖时，连接螺帽的拧紧、拧松时都应注意对角线螺帽同时、以同样大小的力拧动，而且要分多次拧动，每次拧动用力不要过猛。

2. 发酵罐 pH 电极的使用与维护，pH 电极使用前应先将电极在蒸馏水中浸 10 h 左右，使用时应先用 6.86 标准磷酸缓冲溶液定位，然后以 9.18 标准磷酸缓冲溶液调斜率，上述校正完成后再将 pH 电极插入盖的插孔内并拧紧。

3. 发酵罐培养基灭菌前应先检查罐体的气密性，关闭排气阀、打开进气阀向发酵罐通气，大到一定罐压后关闭进气阀停止通气，停止通气时观察罐压，过 3~5 min 后再观察罐压，若压力没明显降低表明罐体的气密性好，可以开始灭菌。

4. 培养基灭菌过程中不要接触罐体的玻璃部件，以免玻璃破裂高温蒸汽溢出发生意外事故。

5. 发酵罐接种时应适当增大通气量，点燃接种口乙醇后，戴上湿棉手套拧开接种孔盖，锥形瓶内种子液在火焰上方拔去棉塞，瓶口在火焰上灼烧后再倒入种子液。

6. 发酵过程中加碱液与消泡剂时的流速控制量不能太大，应缓慢加入，以免加入过量对发酵和目的产物的提取造成不利影响。

7. 发酵过程中的取样应先将取样管内存在的发酵液放掉，然后再放一定体积的发酵液用于发酵的检测，取样后要将取样管的管口一直浸于消毒液内。

8. 发酵结束后及时将 pH 电极清洗干净，将电极置于饱和氯化钾溶液内保存，绝不能长期干放，不能在表面附有干燥介质时储存电极。

【思考题】

1. 何为种子培养基、发酵培养基？两者目的、要求有何区别？
2. 发酵液溶氧不足时可通过哪些途径提高发酵液的溶氧？
3. 发酵生产初级代谢产物与次级代谢产物发酵过程参数的控制有何异同？
4. 为什么培养基灭菌过程中不一直开搅拌？
5. 发酵工业的发酵系统各由哪些主要部件构成？各部件的主要作用是什么？
6. 补料具有的作用是什么？怎样进行补料？
7. 如何进行发酵终点的判定？
8. 分批灭菌与连续灭菌的主要优缺点有哪些？
9. 发酵中泡沫是怎样产生的？泡沫对发酵有哪些不利影响？
10. 发酵染菌的途径有哪些？不同染菌的途径染菌后如何处理？
11. 小型发酵罐的安装应注意哪些问题？
12. 分析发酵中发酵罐排出的气体有氨味可能的原因。

实验 91　抗霉菌拮抗菌株发酵液中抗菌物质的提取与精制

【研究背景与意义】

发酵工程由上游工程、中游工程和下游工程三部分组成。上游工程包括优良种株的选育、最适发酵条件的确定、营养物的准备等；中游工程主要指在最适发酵条件下，发酵罐中大量培养细胞和生产代谢产物的工艺技术；下游工程指从发酵料液中分离和纯化产品的技术，包括发酵料液预处理、固液分离、细胞破碎、目的产物的提取与精制，最后还有产品的包装处理技术。发酵料液是含有细胞、代谢产物和剩余培养基等多组分的多相系统，黏度常很大，因而发酵料液的固液分离很困难。发酵目的产物在发酵料液中浓度很低，且常常与营养物质等大量杂质形成复杂的混合物，有的目的产物不稳定，遇热、极端 pH、有机溶剂会分解或失活。另外，对于分批发酵，各批发酵液不尽相同，因而要求下游加工有一定弹性。发酵的最后产品纯度要求较高。上述种种原因使下游加工过程成为许多发酵生产中最重要、成本费用最高的环节，甚至有发酵生产中因缺乏合适的、经济的下游处理方法而不能投入生产。

综合考虑目的产物得率、活性、纯度及使用安全性，开发高效经济的下游工艺对发酵产品的生产应用至关重要。

【实验目的】

了解和掌握发酵产物的分离提取流程；掌握微生物发酵目的产物的精制基本原理与方法；掌握微生物目的产物的精制技术。

【实验原理】

发酵料液中目的产物浓度较低，大多为 1%～10%，悬浮液中大部分是水，处理体积量大。细胞的颗粒小，相对密度低，细胞含水量大，可压缩性大，一经压缩就会变形。料液中含有残糖、胶体物质、蛋白质等，流变特性复杂，液相黏度大，易吸附在过滤介质上。有的产物性质不稳定，随时间变化易被空气氧化、被微生物污染等。

提取发酵料液中的目的产物首先应进行预处理，通过酸碱处理、热处理、电解质处理、添加凝聚剂、添加表面活性物质、添加反应剂及添加助滤剂等，使杂蛋白、胶体物质变性絮凝等，以改善发酵液的物理性质与流体性能，还可去除部分可溶性杂质等，从而降低滤饼阻力，提高过滤与分离的速率，并有利于目的产物的提取和精制。

料液预处理后需及时离心或过滤进行固液分离，然后进行目的产物的提取。若目的产物存在于液相中可用层析、萃取、沉淀等方法提取，对存在于固相内的目的产物可采用溶剂浸提，若存在于细胞内则应先进行细胞破碎，然后再浸提。在提取、分离过程中应考虑提取溶剂种类、温度、pH、各种杂质等对产物得率与活性的影响。

提取实为从物料中分离出目的产物及其性质相似物的过程，提取液中有大量非目的产物存在，还要进行进一步的精制，以尽可能除去非目的产物，常用的精制方法包括进一步的层析、结晶等，精制处理后经干燥得到目的产物制品。

【实验试剂与器材】

试剂：高氏一号培养基成分、大豆粕、玉米淀粉、酵母膏、消泡剂、琼脂、蒸馏水、磷酸二氢钾、磷酸氢二钾、灯用乙醇、盐酸、氢氧化钠、草酸、三聚磷酸盐、黄血盐、无水乙醇、无水甲醇。

菌种：青霉菌拮抗放线菌斜面菌种，青霉菌（*Pennicillium* sp.）。

仪器设备：无菌室、全温振荡器、高压蒸汽灭菌锅、电子天平、电炉、黏度计、5 L 发酵罐系统、培养箱、离心机、恒温水浴锅、电炉、锥形瓶（250 mL、500 mL）、酸度计、试管（18 mm×180 mm）、烧杯、培养皿（90 mm）、冷冻干燥机、紫外-可见分光光度计、漏斗、量筒、移液枪、血细胞计数器、玻璃棒、酒精灯、酒精喷灯等。

【实验步骤】

1. 发酵料液的制备　菌种的活化，种子液制备，小型发酵罐发酵，得发酵料液。

2. 发酵液预处理　发酵料液500 mL，加草酸0.25 g、三聚磷酸盐0.05 g、黄血盐0.05 g，边搅拌边加入1 mol/L盐酸溶液使料液pH分别为1、2、3、4、5，搅拌30 min后测定料液的黏度与电导。

将发酵料液不同pH处理后的黏度值及与未处理（对照）的黏度差值填于表11.7。

表11.7　预处理料液的黏度值（Pa.s）

重复	pH 1		pH 2		pH 3		pH 4		pH 5	
	黏度	差值	黏度	差值	黏度	差值	黏度	差值	黏度	差值
1										
2										
3										
平均值										

分析发酵料液加酸处理后的黏度与处理pH的关系及酸处理后料液发生变化的原因。

3. 固液分离　在漏斗内放一张滤纸，将各处理的料液（100 mL）倒入漏斗内，收集清液，15 min停止，量过滤液的体积，计算各处理的过滤速率（mL/min），以未预处理的发酵液的过滤速率为对照。将不同pH处理后料液的过滤速率填于表11.8内。

表11.8　预处理料液的过滤速率（mL/min）

重复	pH 1	pH 2	pH 3	pH 4	pH 5	未处理（对照）
1						
2						
3						
平均						

分析料液过滤速率与处理pH的关系，以及与处理后料液黏度的关系。

4. 清液内目的产物检测　过滤清液进行平板抑菌实验，以未进行预处理的离心上清液为对照。在新鲜的筛选平板上叠放2层6 mm无菌滤纸片，每平板呈三角形放3个点，取清液20 μL滴于滤纸片上，28 ℃培养48 h，十字交叉法测抑菌圈直径，不同pH处理的分别做3个平板的抑菌实验，结果记载于表11.9。

表11.9　预处理固液分离后清液的抑菌效果（抑菌圈直径，mm）

重复	pH 1	pH 2	pH 3	pH 4	pH 5	未处理（对照）
1						
2						
3						
平均						

结果分析发酵料液过滤液抑菌效果与不同 pH 处理的关系。

5. 目的产物提取 发酵液加盐酸调 pH 至 2~3，搅拌，30 min 后 4500 r/min 离心 30 min，收集沉淀，加入体积为淀粉质量 2 倍的无水甲醇，搅拌使沉淀充分分散、浸泡，1 h 后 4500 r/min 离心 30 min，收集清液。离心的沉淀重复进行一次提取，合并 2 次提取的清液，冷冻干燥，得实验菌抗菌物质粗提物。

6. 产物精制 粗提物溶液以每小时 1 倍柱床体积的流速通过 AB-8 大孔吸附树脂柱床，当柱床流出液显淡红色时结束上柱，以 0.5 倍柱床体积的蒸馏水或去离子水洗柱床，流速为每小时 2 倍柱床体积，然后以 85% 乙醇溶液通入柱床，流速为每小时 1 倍柱床体积解吸附目的产物。当柱床流出液显淡黄色后收集洗脱液，当流出液由黑褐色变为淡黄色后停止收集。收集目的产物洗脱液，-80 ℃ 预冻 12 h，再用冻干机冷冻干燥，得粉末状精制样品。

7. 样品活性检验 称取适量的抗菌物质的粗提物及精制样品，分别配为 1/50、1/100、1/150、1/200、1/250 及 1/300 的稀释液，取不同浓度稀释液 1 mL 加入无菌培养皿内，每皿倒入 PDA 培养基 19 mL，混匀，冷凝后挑斜面菌丝（约 1 mm^2）接于平板上，每皿接 3 个点，28 ℃ 培养 72 h，测量平板菌落直径，以未加抗菌物质的 PDA 平板菌落直径为对照。按式（11-4）计算样品的抑菌效果：

$$\text{样品抑菌率}(\%)=\frac{A-B}{A}\times 100\% \qquad (11\text{-}4)$$

式中，A 为对照菌落直径（mm）；B 为处理菌落直径（mm）。

以抑菌率与 PDA 平板样品的剂量做坐标图，建立回归方程式，根据方程式计算样品对供试菌的半抑制剂量（CI_{50}）。

【注意事项】

1. 浓盐酸具有挥发性，并有刺激性气味，配制盐酸溶液时应在通风橱内，要将酸倒入水中。
2. 氢氧化钠与盐酸的腐蚀性很强，手不能直接接触，腐蚀性强的试剂溶液溅到皮肤上要迅速以自来水冲洗。
3. 产物提取液冻干前应于低温冰箱内预冻 12 h 以上，而未预冻的提取液直接于冻干机上干燥，溶液会因真空而溅出。
4. 以盐酸及草酸调发酵料液 pH 时，应边加入试剂边搅拌，而且用盐酸调 pH 时应用 1 mol/L的盐酸溶液而不能直接用浓盐酸。

【思考题】

1. 请简述从发酵料液中提取目的产物的基本操作流程。
2. 可采用哪些方法提高发酵料液的固液分离效率，并简述基原理？
3. 试述冷冻干燥的原理，为什么有的微生物产物必须冷冻干燥？
4. 为什么发酵料液必须先尽量除去其中的蛋白质、胶体物质及高价金属离子？
5. 以盐酸调发酵料液 pH 时为什么不能用直接将浓盐酸加入料液内？
6. 从发酵料液中提取微生物活性物质主要应注意哪些问题？

实验92　产乳酸芽孢杆菌的培养

【研究背景与意义】

益生菌是一类对宿主有益的活性微生物,是定植于人体肠道、生殖系统内,能产生确切健康功效从而改善宿主微生态平衡、发挥有益作用的活性有益微生物的总称。

乳酸菌是一类能发酵糖类(主要为葡萄糖、乳糖等)产生乳酸的细菌,是正常人肠道中极为重要的生物菌群之一。大量研究表明,乳酸菌能够调节机体胃肠道正常菌群、保持微生态平衡,提高食物消化率和生物价,降低血清胆固醇,控制内毒素,抑制肠道内腐败菌生长繁殖和腐败产物的产生,制造营养物质,刺激组织发育,从而对机体的营养状态、生理功能、细胞感染、药物效应、毒性反应、免疫反应、肿瘤发生、衰老过程和突然的应急反应等产生作用。乳酸菌的生理功能与机体的生命活动息息相关,是目前益生菌生产中的主要菌种。

【实验目的】

掌握培养基制备、接种、培养过程控制等发酵过程操作;掌握发酵罐的使用及其大规模培养微生物的方法;学习发酵条件优化方法。

【实验原理】

产乳酸芽孢杆菌既有普通乳酸菌的特性,同时由于能生成芽孢,又有耐受极端条件能力,因此使用范围更广,使用效果更好。要充分发挥其优点,要做到两点:一是高密度的菌体细胞;二是较高的芽孢生成率。芽孢的形成一般认为是在生长后期,由于外源营养物质缺乏引起的,营养丰富的培养基往往很难长出芽孢。如何使乳酸芽孢杆菌既能在营养物质丰富的培养基生长,以获得较高的活菌数目,同时又能产生较高的芽孢生成率,这是研究工作的关键所在。

要使产乳酸芽孢杆菌得到高密度的菌体细胞,必须在其最适条件下培养,使其达到最大的生长量。提高菌体发酵密度不仅可减少培养体积,还可以缩短生产周期、减少设备投资从而降低生产成本,能极大地提高产品市场竞争力。

实验研究培养条件(接种量、装液量、培养温度、pH)对产乳酸芽孢杆菌生长繁殖的影响,为进一步制备产乳酸芽孢杆菌发酵剂奠定基础,并为产乳酸芽孢杆菌的工业生产提供理论依据和实践基础。

【实验试剂与器材】

培养基:蛋白胨1.0%、酵母膏1.0%、磷酸氢二钾0.2%、硫酸锰0.05%、硫酸镁0.1%、葡萄糖2.5%,120℃高温高压灭菌20 min。

菌种:产乳酸芽孢杆菌(嘉应学院生命科学学院实验室保藏)。

仪器与设备:洁净工作台、分光光度计、旋转式摇床、5 L全自动发酵罐、卧式圆形压力蒸汽灭菌锅及电子天平。

【实验步骤】

1. 培养基配制与灭菌　配制培养基,分装,8层纱布封口,灭菌待用。

2. 种子液的准备　1支斜面种接入装液60 mL的250 mL锥形瓶,培养24 h后,作为种子,取1.8 mL接入装液60 mL的250 mL锥形瓶,培养24 h,作为实验用种子液。

3. 摇瓶培养条件确定

1) 最适接种量的确定　在250 mL锥形瓶中分别装入60 mL的发酵培养基,分别接1%、5%、10%的种子液,于30 ℃条件下培养36 h,每6 h测一次菌液的吸光度A,并由此确定最适接种量。

2) 最适培养温度的确定　在250 mL锥形瓶中分别装入60 mL的发酵培养基,接入5%的种子液后分别在25 ℃、30 ℃、35 ℃条件下旋转式摇床转速180 r/min培养36 h,每6 h测一次菌液的吸光度*A*,并由此确定最适培养温度。

3) 最适装液量的确定　在250 mL锥形瓶中分别装入40 mL、60 mL、80 mL的发酵培养基,接入5%种子液后于30 ℃条件下培养36 h,每6 h测一次菌液的吸光度*A*,并由此确定最佳装液量。

4) 最适pH的确定　在250 mL锥形瓶中分别装入60 mL的发酵培养基,分别调节pH为5.0、7.0、9.0,接入5%的种子液后于30 ℃条件下培养36 h,每6 h测一次菌液的吸光度*A*,并由此确定最适pH。

4. 菌液吸光度*A*的测定　每隔6 h从各培养瓶中吸取1 mL培养液(吸取前先摇匀),加5 mL蒸馏水稀释后在600 nm波长下测其*A*值。

5. 5 L全自动发酵罐的培养　在5 L全自动发酵罐中加入3 L发酵培养基,实消,加入摇床培养24 h的种子液(5%),控制在温度为30 ℃,通气量为0.5 vvm,搅拌转速为300 r/min,并在24 h后取样测菌液的*A*值。

【结果记录】

详见表11.10。

表11.10　生长过程菌液吸光度(*A*)

因素＼时间/h		0	6	12	18	24	30	36
接种量	1							
	2							
	3							
温度	1							
	2							
	3							
溶解氧	1							
	2							
	3							
pH	1							
	2							
	3							

作出培养过程生长曲线，分析接种量、温度、溶解氧、pH 等对产乳酸芽孢杆菌培养的影响，得到产乳酸芽孢杆菌培养的较优条件。

【思考题】

1. 接种量、温度、pH、溶解氧分别对发酵过程有何影响？
2. 机械搅拌罐包括哪些基本结构？
3. 掌握发酵罐结构及培养条件控制方法，比较发酵罐与摇瓶的生长情况。

第 12 章　设计性实验

实验 93　发酵食品的制备

【研究背景与意义】

发酵食品是指人们利用有益微生物加工制造的一类食品,具有独特的风味,有利于营养吸收,有些还能生成功能因子,具有抗衰老、抗肿瘤、预防动脉硬化、提高人体免疫力的作用。我国传统发酵食品历史悠久、分布广泛、原料来源广、口感风味多样, 深受人们的喜爱。

食品发酵是最早的生物技术应用,通过制作发酵食品,可以直观了解影响发酵过程的因素及其影响规律。

【实验内容或知识点】

传统发酵食品大多采用天然发酵工艺,产品质量不稳定、产品存在安全隐患、生产工艺革新滞后成为较突出的问题。传统食品的现代化就是利用现代食品加工技术生产出符合传统食品风味、安全、营养、功能明确、方便食用、货架期较长的食品,通常采用人工接种发酵。

食品发酵最常用的有酵母菌、曲霉,以及细菌中的乳酸菌、乙酸菌、黄短杆菌、棒状杆菌等。通过这些微生物作用制成的食品通常有以下 5 类:①乙醇饮料,如蒸馏酒、黄酒、果酒、啤酒等;②乳制品,如酸奶、酸性奶油、马奶酒、干酪等;③豆制品,如豆腐乳、豆豉、纳豆等;④发酵蔬菜,如泡菜、酸菜等;⑤调味品,如醋、黄酱、酱油、甜味剂(如天冬甜味精)、增味剂(如 5′-核苷酸)和味精等。

【设计思路及实验目的】

设计思路:发酵食品应选择合适的原材料并进行前处理,选择发酵菌株(是否纯种)及接种方式(人工或天然),控制发酵条件(厌氧或好氧、温度、发酵周期等),选择发酵后产品加工方法。

实验目的:了解发酵食品的制作方法;通过制作发酵食品掌握影响发酵的因素及其控制方法。

【主要实验方法及提示】

1. 学生自主分组,任选一种发酵食品,自主设计实验流程,以生产出可口食品为最终目的。
2. 食品发酵应注意保持食品营养、安全,以及特定的色、香、味、形。
3. 实验过程中分组汇报进展,分享实验过程中的心得。
4. 各组报告最终实验结果,进行产品分享、评价。

实验94 产酶菌株的分离筛选及其生物学初步实验

【研究背景与意义】

酶是生物催化剂，按催化反应的类型分为氧化还原酶、转移酶、水解酶、裂解酶、异构酶、合成酶等。酶制剂在食品加工、轻纺工业、日用化学、化工、制药、饲料、造纸、建材、生物化学、临床分析等方面广泛应用，酶制剂生产早已成为发酵工业的重要领域。

酶的生产方法包括化学合成法、提取法和生物合成法。微生物具有生长繁殖迅速、代谢旺盛、产物合成的速度快、不受季节和环境条件的限制、自动化程度高等特点，因而微生物发酵是最主要产酶方法。微生物酶制剂既可取代性能相同的动植物主要酶制剂种类，又能生产出在近100 ℃高温起催化作用的高温-淀粉酶和在pH 10~12起作用的洗涤剂蛋白酶等品种，因此工业化生产的微生物酶制剂产品在酶制剂市场上占主导地位。

酶的发酵生产必须有高产、稳定、易培养的优良菌株。符合要求的生产菌株一般从自然界获得高产野生菌株，再经过各种方法选育获得。

【实验内容或知识点】

微生物生长繁殖中需要利用各类基质提供生长所需的成分及能量，因此微生物能合成多种酶，如淀粉酶、蛋白酶、脂肪酶、核酸酶，有的微生物还能合成纤维素酶等。微生物中的酶分为组成酶和诱导酶，诱导酶需要有作用底物等诱导物时才合成，如环境中有淀粉存在时微生物才能合成淀粉酶并分泌至胞外。

微生物所产酶的活性与环境条件具一致性，如酸性环境下生长的微生物所产酶的酶活常在酸性条件下酶活最大；碱性条件生长的微生物所产酶的活性则酶活性最高的pH也高。欲分离获得产特殊性能酶的微生物，从相应条件下采样分离获得产目的酶菌株成功的概率会更大。

产酶菌株的筛选应考虑采用快速简便的初筛方法，初筛后再通过测定酶活力进行复筛，获得高产菌株。

【实验目的及设计思路】

设计思路：本设计性实验以高产淀粉酶、蛋白酶及纤维素酶微生物菌株的分离筛选为目的，每人任选其中一个菌株分离筛选为实验题目。分别采用透明圈或变色圈法进行目标菌株的分离筛选，分别从菜地、果园地、粮食作物耕地及山林地等取土样进行相关的实验。要求从不同类型中筛选出酶活性最强的1种菌株，然后从几种土样获得的活性最强菌株中筛选最强酶活性的菌株。

实验目的：巩固、规范微生物实验操作技能；了解酶制剂与医药、轻工业的关系及酶制剂在发酵工业上的应用；学习从自然界分离筛选产酶微生物菌株的操作过程、微生物产酶特性与微生物生长特性的关系、微生物生物学及初步鉴定的实验研究方法。

【主要实验方法及提示】

1. 实验方案设计 首先查阅纸质与电子文献资料，撰写实验设计方案，包括实验试剂材料、仪器设备、实验内容、实验方法、结果判断依据、数据处理等。修改、完善实验方案后开始进行实验。

2. 实验准备 实验所用试管、锥形瓶、吸管、培养皿等都应清洗干净，烘干，灭菌，使用之前再放于超净工作台打开紫外灯灭菌。根据设计需要，制备相应的平板及无菌水。

3. 野外采样及预处理 菜地、果园地、粮食作物耕地及山林地，从土表下 5～20 cm 处取土，每取土样块地取 5 个点，每点取土约 100 g，混装于同一袋内。要求取土时记录采样时间、地点、地面植物种类。根据不同来源的土壤进行预处理。

4. 土样菌株的分离 在无菌条件下对土壤进行无菌水浸泡、搅拌等处理后稀释并涂布于平板上，28 ℃左右培养 3～5 天，测定、记载平板单菌落的变色圈或透明圈直径，对直径最大的菌落及时转接到斜面培养基培养。

5. 纯化 分离获得可能的目的菌株后，转接于斜面培养基培养后再进行纯化，纯化平板长出单菌落后要注意观察菌落特征，不同菌落特征的单菌落分别挑 3～5 个至新鲜的斜面，并逐一进行菌株编号，培养一定时间后保存。

6. 纯培养菌株酶活平板培养筛选 将所有的纯培养菌株分别单独点接于现做的筛选平板上培养一定时间，测定记载各菌株的透明圈或变色圈，每个土样分别选出 2～3 个酶活最高的菌株，作为进一步筛选实验的菌株。

7. 锥形瓶筛选 根据每个土样选出的酶活最高菌株的菌落特征初步判断菌株归属的大类，查阅文献资料设计一种液体培养基，将菌株进行锥形瓶振荡发酵一定时间，取适量发酵液离心，测定不同菌株发酵液的酶活，选出酶活最高的菌株为本设计性实验最终的目的菌株。

8. 目的菌株的形态观察 在适宜培养基上培养，记载菌落特征、菌体形态和大小、子实体特征等。

9. 目的菌株主要生物学实验 设计一种菌株生长较好的液体培养基成分，将菌株以适宜方式培养，定量测定培养温度、培养基 pH 与发酵液酶活的关系。温度要求为 10～35 ℃、梯度间隔为 2～3 ℃，要求培养基 pH 为 3～10、梯度间隔为 pH 为 1。

10. 培养基碳、氮源与菌株发酵液抗菌活的关系（可选做） 以玉米淀粉、小麦粉、大米淀粉、甘薯淀粉等为碳源，大豆饼粉、蚕蛹粉、花生饼粉等为氮源，配制液体培养基装入锥形瓶内，适宜条件下振荡培养，定量测定发酵液酶活，明确菌株酶活最大的最适碳源物质的种类及用量和最适氮源物质的种类及用量。

【注意事项】

1. 以平板透明圈与变色圈为菌株产酶活性高低为判断依据时，制作的培养皿内均应含有与透明圈和变色圈相关物质。

2. 浓盐酸具有挥发性，并有刺激性气味，配制盐酸溶液时应在通风橱内，要将酸倒入水中。

3. 浓硫酸稀释时将浓硫酸沿着烧杯壁缓缓倒入烧杯，并用玻璃棒缓缓搅动。当不小心将浓硫酸溅皮肤上，必须先用抹布擦除，再用水冲洗，不能先用水冲洗。

4. 对于产淀粉酶等诱导酶微生物菌株的筛选，应注意培养基应具有酶作用的底物，否则即便所采土样中原本具有产高活性酶能力的菌株，却因培养基内缺乏底物而难分离获得理想的目的菌株。

5. 酶是蛋白类物质，可能受多种因素的影响发生变性而失去活性，酶活性测定的条件应严格按规范的方法进行测定。

6. 微生物生长都产生蛋白酶到胞外分解蛋白质,若锥形瓶振荡发酵的时间偏长,发酵液内的蛋白酶活性可能降低,所以测定发酵液的酶活时发酵的时间不宜过久。

实验95　抗真菌拮抗菌株的分离筛选及生物学初步实验

【研究背景与意义】

微生物发酵的抗生素对人类传染疾病的控制、延长人的平均寿命具有重要作用,微生物产生的抗生素在植物病虫害的生物防治方面也具有十分重要的作用。但抗生素长期使用后病原菌多会产生抗药性,随使用时间的延长病原菌的抗药性不断增强,甚至产生超级细菌,迫使人类不断研发新的抗菌药物。

长期以来,农业生产上防治微生物病虫害主要使用化学合成农药,产生了农药污染环境问题,经过生物富集浓缩,危害人类的身体健康。以微生物活体或微生物产生的活性物质开发的生物农药用于植物病虫害的生物防治,具有环境友好、无残留等优越性,不仅在植物病虫的防治上已取得了极大的成就,而且也是未来植物病虫防治发展的方向,研发新的生物农药产品也具有极大的市场潜力。

迄今为止,人类开发的抗真菌类抗生素的种类仍偏少,能有效用于植物真菌性病害防治的抗生素仅有几种,用于防止真菌性食品腐败的抗生素仅纳他霉素等少数几种。因而不断开发新的抗真菌抗生素为当今生物工程的重要工作之一。

【实验内容或知识点】

拮抗作用指一类微生物抑制或杀死它类微生物的作用,拮抗作用是微生物界的普遍现象。微生物的拮抗分为两种类型:一类是有的微生物的生长通过营养竞争、改变微环境等而抑制其他微生物的生长,此类拮抗称为非特异性拮抗作用;另一类拮抗作用为特异性拮抗作用,是一种微生物在代谢活动中专门产生的一些特殊次生代谢产物,对别的微生物具有抑制细胞壁的形成、破坏细胞膜的功能、干扰蛋白质合成、阻碍核酸的合成及抑制细胞代谢等作用。这些代谢产物能在低浓度下有选择性地抑制或杀死另一种微生物,此类微生物代谢产物常称为抗生素,而能产生抗菌活性物质的微生物被称为拮抗微生物或拮抗菌。抗生素是微生物的次生代谢产物,既不参与细胞结构,也不是细胞内的储存性养料,对产生菌本身无害,但对某些别的微生物具有杀死或抑制生长的作用,是微生物在种间竞争中战胜其他微生物保存自己的一种防卫机制。

由于拮抗微生物产生的抗生素对别的微生物具有选择性地杀死或抑制生长作用,从青霉素工业化生产临床用于治疗传染性疾病以来,人类已研究过的抗生素达数千种,目前临床使用的有数十种,此外如井冈霉素、阿维菌素等农用抗生素早已在农业生产的病虫害防治上广泛应用,拮抗菌产生的抗生素还在食品工业上作为防腐剂使用,如纳他霉素近年来已在国内外大量用于加工食品的防腐等。

【实验目的及设计思路】

设计思路:本设计性实验要求首先查阅资料,撰写出方法正确、切实可行的实验方案。具体内容包括采样、富集、菌株分离、纯化、平板对峙抑菌实验、锥形瓶液体振荡发酵、发酵液平板抑菌实验、目的菌株生理生化及形态等特性实验、目的菌株进行初步的鉴定。通过锥形瓶液体振荡发酵与发酵平板抑菌实验,初步明确菌株发酵抗菌活性物质产量与培养基成分、培养基的pH、适宜温度等的关系。

实验目的:了解有害真菌对人类健康及工农业生产的危害;学习掌握抗真菌拮抗微生物菌株的筛选原理和方法;掌握抗真菌抗生素的抗菌谱测定方法。

【主要实验方法及提示】

1. 实验方案设计 首先查阅纸质与电子文献资料,撰写实验设计方案,包括实验试剂材料、仪器设备、实验内容、实验方法、结果判断依据、数据处理等。修改、完善实验方案后开始进行实验。

2. 实验准备 实验需用试管、锥形瓶、吸管、培养皿等都应清洗干净,烘干,灭菌,使用之前再放于超净工作台打开紫外灯灭菌。根据设计需要,制备适量的 PDA 培养基、高氏一号培养基、牛肉膏蛋白胨培养基固体培养基与平板及无菌水。

3. 野外采样及预处理 菜地、果园地、粮食作物耕地及山林地,从土表下 5~20 cm 处取土,每取土样块地取 5 个点,每点取土约 100 g,混装于同一袋内。要求取土时记录采样时间、地点、地面植物种类。根据不同来源的土壤进行预处理。

4. 土样菌株的分离 在无菌条件下对土壤进行无菌水浸泡、搅拌等处理后稀释并涂布于平板上,28 ℃左右培养 7 天,观察培养平板内菌落外围是否有对霉菌的透明抑菌圈,发现有对霉菌有抑菌作用的菌落应及时转接到斜面培养基培养。

5. 纯化 分离获得可能的目的菌株后,转接于斜面培养基培养后再进行纯化,纯化平板长出单菌落后要注意观察菌落特征,对各类型菌落特征的单菌落都应挑斜面 3~5 支,并逐一进行菌株编号。

6. 纯培养菌株抗菌作用的初步验证 以对峙接种法进行初步验证,以青霉菌为指示菌,将获得的纯培养菌株逐一对峙接种于 PDA 平板,28 ℃培养 3~4 天,观察不同菌株对相邻青霉菌生长的抑制效果,选出对青霉菌抑制效果明显的菌株。

7. 菌株锥形瓶发酵的抗菌作用验证 根据抑菌效果明显的菌落特征初步判断菌株归属的大类,查阅文献资料设计一种液体培养基,将菌株进行锥形瓶振荡发酵一定时间,取发酵液离心,离心清液进行青霉菌平板抑菌实验,测定抑菌圈直径,或取适宜体积发酵液与 PDA 培养基混合后进行对青霉菌的平板抑菌效果测定。

8. 目的菌株的形态学观察 在适宜培养基上培养,记载菌落特征、菌体形态和大小、子实体特征等。

9. 目的菌株主要生物学实验 设计一种菌株生长较好的液体培养基成分,将菌株以适宜方式培养,测定温度、培养基 pH 对菌株的生物量及发酵液抗菌活性的影响。温度要求为10~35 ℃,梯度间隔为 2~3 ℃。培养基 pH 要求为 3~10,梯度间隔 pH 为 1。

10. 培养基碳、氮源与菌株发酵液抗菌活的关系(可选做) 以玉米淀粉、小麦粉、大米淀粉、甘薯淀粉等为碳源,大豆饼粉、蚕蛹粉、花生饼粉等为氮源,配制液体培养基,适宜条件下锥形瓶振荡培养,发酵液进行平板抑菌实验,明确菌株发酵液抗菌活性最大的最适碳源物质的种类及用量和最适氮源物质的种类及用量。

【注意事项】

1. 土样分离没有出现对霉菌有抑菌作用的抑菌圈应重新取样，再次分离。

2. 分离不同稀释浓度的土样液应多涂几个平板或 10 个以上。

3. 发现有对霉菌有抑菌作用的菌落应及时转接到斜面培养，并要多转接几支斜面，在适宜条件下培养一定时间后再用于纯化。

4. 放线菌的纯种检测不止能依据高氏一号平板的菌落形成作为依据，分离筛选出的目的菌株还可接于牛肉膏蛋白胨琼脂培养基上培养 1~2 天后观察是否有细菌的生长。

5. 纯化时要及时挑取单菌落，若同一平板内有产孢子的微生物，需要在产孢子前挑单菌落至斜面。

6. 锥形瓶发酵液的抑菌实验要求青霉指示菌的孢子悬浮液孢子浓度为 10^8 个/mL，将孢子悬浮液 1 mL 与 20 mL PDA 培养基混匀，培养基冷凝后的平板用于测定发酵液的抗菌活性。

实验 96 产清除自由基活性物质菌株的分离筛选及生物学初步实验

【研究背景与意义】

自由基作为人体正常的代谢产物，具有增强白细胞吞噬活性、提高杀菌效果等作用，是机体有效的防御系统，对维持机体的正常代谢有促进作用。当自由基产生过多而不能及时清除时，将会攻击机体内的核酸、蛋白质、多糖、脂类等生命大分子物质及各种细胞器，造成机体在分子水平、细胞水平及组织器官水平的各种损伤，加速机体衰老进程、诱发多种非传染性的疾病。随着医疗技术的飞速发展，以及人们生活水平的不断提高，传统的传染性疾病对人类健康的威胁已大为降低，而高血糖、高血脂、高胆固醇、高血压、癌症、心脏病、心脑血管疾病等非传染性疾病则成为了人类健康的最大威胁，非传染性疾病与自由基引起的生物大分子氧化有着直接或间接的关系。食用可消除自由基、具抗氧化作用的生物活性物质，对延缓衰老、实现健康长寿的意义已为世人共识。

以生物活性物质作为功能因子开发的功能性食品，具有增强人体防御功能、调节生理节律，以及预防疾病和促进康复等作用。国内外功能性食品的功能性成分多是源于植物材料，但植物的生长周期长、生长还受着地理条件与季节的制约，而微生物产物的生产不受条件与季节的限制，可工业化生产，具有明显的优势。可消除自由基、具有抗氧化作用的微生物产物的开发越来越受到重视，现已有不少关于细菌与真菌代谢产物清除自由基与抗氧化作用的研究报道，也有利用微生物开发的保健品等商品。

【实验内容或知识点】

自由基是带有未配对电子的原子或基团，是化合物的分子在光热等因素的作用下，共价键发生均裂而形成的具有不配对电子的原子或基团。机体内自由基是各种生化反应的中间代谢产物，人体细胞在正常的代谢过程中，或者受到外界条件的刺激都会产生自由基。自由基中一类为氧自由基，包括超氧阴离子（$O_2^-\cdot$）、过氧化氢分子（H_2O_2）、羟自由基（$OH\cdot$）、氢过氧基

(HO_2^-·)、烷过氧基(ROO·)、烷氧基(RO·)、氮氧自由基(NO·)、过氧亚硝酸盐($ONOO^-$)、氢过氧化物(ROOH)及单线态氧($1O_2$)等,氧自由基是人体内最为重要的自由基,大约占自由基总量的95%。另一类为非氧自由基,如氢自由基(H·)和有机自由基(R·)等,约占自由基总量的5%。

微生物的种类繁多,而且微生物的代谢具有多样性,不同种类微生物不同菌株的代谢可能存在差异,产生的代谢产物也可能有区别。现已发现微生物产二羟异香豆素、黑色素、多糖、虾青素、黄酮类等具有清除自由基、抗氧化的活性物质,微生物产上述物质都属于次生代谢产物。发掘产生清除自由基、抗氧化的活性物质的微生物资源,对于开发微生物具有积极的意义。

【实验目的及设计思路】

设计思路:设计性实验要求首先查阅资料,撰写出方法正确、切实可行的实验方案。具体内容包括采样、菌株分离、纯化、锥形瓶液体振荡发酵、发酵液DPPH自由基的清除活性,以及粗提物对DPPH自由基、超氧阴离子自由基、羟自由基、脂质过氧化的半抑制剂量(IC50),总抗氧化活力,金属离子螯合力等活性的测定,目的菌株生理生化及形态等特性实验观察,目的菌株的初步鉴定等。

实验目的:了解自由基的特性、自由基对人类健康的危害;了解微生物产物清除自由基与抗氧化作用的研究现状;学习掌握抗真菌拮抗微生物菌株的筛选原理和方法;掌握活性物质清除自由基与抗氧化的化学测定方法。

【主要实验方法及提示】

1. 实验方案设计 首先查阅纸质与电子文献资料,撰写实验设计方案,包括实验试剂材料、仪器设备、实验内容、实验方法、结果判断依据、数据处理等。修改、完善实验方案后开始进行实验。

2. 实验准备 实验需用试管、锥形瓶、吸管、培养皿等都应清洗干净,烘干,灭菌,使用之前再放于超净工作台打开紫外灯灭菌。根据设计需要,制备相应的平板、无菌水等。

3. 野外采样及预处理 菜地、果园地、粮食作物耕地及山林地,从土表下5~20 cm处取土,每取土样块地取5个点,每点取土约100 g,共混装于同一袋内。要求取土时记录采样时间、地点、地面植物种类。根据不同来源的土壤进行预处理。

4. 土样菌株的分离 在无菌室内取一定量的土样、加入9倍体积的无菌水,浸泡、搅拌30 min,静置3~5 min后再10倍稀释法稀释3~5次,取稀释100~10 000倍土样液的0.5 mL涂布于平板上,28 ℃左右培养5天左右,无菌条件下在菌落外缘滴加少许DPPH溶液,10~20 min内观察若HPPH溶液褪色,表明单菌落生长中产生了具有清除DPPH自由基的活性物质,将其转接到3~5支新鲜斜面上,再培养后备用。

5. 产清除DPPH自由基物质菌株的纯化 将分离获得的斜面菌株以无菌水制成细胞(孢子)悬浮液,以划线分离等方法进行纯化,纯化平板长出单菌落后要注意观察菌落特征,对各类型菌落特征的单菌落挑斜面3~5支,对挑出单菌落的平板位置与单菌落所移至的斜面对应标记编号,单菌落挑取后再在原平板处滴加DPPH溶液,记录各单菌落DPPH褪色的速度,不同类型土样分离菌株各保留10个左右使DPPH褪色最快的菌株。

6. 菌株锥形瓶筛选 根据每一土样选出的DPPH褪色最快菌株的菌落特征初步判断菌

株归属的大类,查阅文献资料设计一种液体培养基,将菌株进行锥形瓶振荡发酵一定时间,取发酵液离心,测定不同菌株发酵液的DPPH自由基的清除效果,再根据测定结果选出活性最高的菌株为目的菌株。

7. 目的菌株的形态学观察 在适宜培养基上培养,记载菌落特征、菌体形态和大小、子实体特征等。

8. 目的菌株主要生物学实验 设计一种菌株生长较好的液体培养基成分,将菌株以适宜方式培养,定量测定温度、培养基pH与发酵液DPPH自由基的清除效果。温度要求为10~35 ℃,梯度间隔为2~3℃。培养基pH为3~10,梯度间隔pH为1。

9. 活性物质粗提物 根据文献资料设计一种适宜的液体培养基,将获得的菌株在适宜条件下振荡培养一定时间,发酵液适当预处理后固液分离,清液冻干,冻干的粉末以溶剂浸提,再离心收集上清液,冻干粉末为活性测定的粗提物(也可将粗提物进一步以大孔吸附树脂精制后再测定活性大小)。

10. 样品的清除自由基与抗氧化活性测定 制备的活性物质样品按文献方法进行其DPPH自由基、超氧阴离子自由基、羟自由基、脂质过氧化的半抑制剂量(IC_{50})测定,以及总抗氧化活力、金属离子螯合力等活性的测定。

【注意事项】

1. 土样分离没有出现目的菌株时重新取样分离。

2. 分离不同稀释浓度的土样液应多涂几个平板或10个以上。

3. 纯化时要及时挑取单菌落,若同一平板内有产孢子的菌,需要在产孢子前挑单菌落至斜面。

4. 生物活性物质常在极端条件下不稳定,因而发酵过酸与过碱预处理时不能时间太长,处理后要及时进行固液分离,并及时将清液的pH调至7左右,然后再干燥。

5. 为避免与降低高温、光照对活性物质的破坏,在清液的干燥过程中应尽量避免高温与光照,尽可能冷冻、避光干燥。

6. DPPH溶液的褪色程度直接反映活性物质清除自由基活性的大小,DPPH溶液在酸性条件下也会直接褪色,因而测定时的容器必须清洗干净,且不能在酸性条件下测定样品对DPPH自由基的清除效果。

7. 使用有毒、有害、腐蚀性试剂时应严格遵守操作规程。

主要参考文献

陈建,罗比,漆著,等.2007. 用 PCR-RFLP 检测血红蛋白 E 基因 CD26 突变. 临床检验杂志,25(5):344-345.

陈珊珊,林雄水,翁凌,等.2005. 草鱼胰蛋白酶的分离纯化及性质研究. 集美大学学报(自然科学版),10(4):300-304.

陈运贤,何敏,刘建华,等.2007. 心肌梗死大鼠血清促进大鼠骨髓间质干细胞分化为心肌细胞的作用. 中国病理生理杂志,23(5):853-857.

董爱文,向中,李立君,等.2003. 爬山虎红色素的定性定量分析. 无锡轻工大学学报,22(6):99-102.

段艳,王冰,崔韶辉,等.2009. 阳离子脂质体转染 HeLa 细胞的实验. 中国组织工程研究与临床康复,13(11):2119-2122.

高川,王惠芳,张靖.2002. 脂质体介导转染法的原理与应用. 生命的化学,22 (1):73-75.

高红岩,石国,马永强.2001. 纤维素酶解对高变性大豆蛋白溶出率影响的研究. 食品科技,(1):22-24.

龚盛昭,陈秋基,杨卓如,等.2003. 从沙田柚皮中提取精油的工艺研究. 日用化学工业,33(6): 400-402.

郭培懿,陈向东,谢志雄,等.1999. 一种简便、快速的大肠杆菌质粒转化方法. 遗传,21(4):48-51.

韩红岩,崔德才,张岳民,等.2003. Dip 法获得转反义磷脂酶 Dγ(PLDγ)基因拟南芥植株. 山东农业大学学报(自然科学版),(1):19-23.

侯新东,盛桂莲,张桦,等.2006. 质粒 DNA 提取方法的探讨. 安徽农学通报,12(13):67-68.

黄庆,王科军.2008. 微波诱导提取赣南脐橙皮中香精油的研究. 食品研究与开发,29(12):50-52.

黄思梅,张镜.2009. 阴香果实花色苷粗提物大孔吸附树脂纯化技术研究. 食品科学,30(22):77-80.

金迪,梁英,孙工兵,等.2011. 植物多糖提取技术的研究进展. 黑龙江八一农垦大学学报,201(5):76-79.

金生浩, 吴梧桐.1994. 肝素修饰人血超氧化物歧化酶稳定性研究. 中国药科大学学报,25(6): 373-375.

李佳,黄尚元,罗会元,等.1992. 广东省 β 珠蛋白基因簇 RFLP 分析及 β 地中海贫血基因的检测. 中国医学科学院学报,(01):42-45.

李嘉蓉.2000. 天然药物化学实验. 北京:中国医药科技出版社.

李素文.2001. 细胞生物学实验指导. 北京:高等教育出版社.

李晓峰,赵劲民,苏伟,等.2011. 大鼠骨髓间充质干细胞的培养与鉴定. 中国组织工程研究与临床康复,15(10):1721-1725.

李艳君,刘惠荣.2009. 利用 PCR 进行基因定点突变方法的改进. 内蒙古农业大学学报,30(3):234-437.

李营,高美华,张蓓, 等.2013. 上下调 CD59 对宫颈癌细胞增殖活性作用的研究. 免疫学,29(11):943-947.

李柱来,陈盛,康杰,等.1994. α-淀粉酶在壳聚糖上的固定化研究. 福建医科大学学报,28(3):272-276.

刘汉标.2008. 基础化学实验. 北京:科学出版社.

刘乐承.2007. 植物转基因的花序浸润法. 现代农业科技,(5):6-8.

刘立鹏,于潇华,王晓春, 等.2011. miR-143 对宫颈癌 HeLa 细胞增殖和凋亡的影响以及对 Bcl-2 表达的调节. 中国药理学通报,27(2):265-269.

刘愚,焦新之.1978. 植物体内乙烯的生物学作用及其调节控制. 植物生理学报,4(2):203.

刘志伟,张晨.2005. 益生素生产菌——产乳酸芽孢杆菌 JY-LZ 培养条件的优化. 嘉应学院学报(自然科学),06(3)20-23.

刘志伟,张晨,韩春艳.2005. 益生素生产中的几个关键问题. 饲料工业,25(5):41-42.

马金石.2009. 绿色荧光蛋白. 化学通报,3:243-250.

马丽,邱业先,杨进军,等.2005. 元宝枫蛋白酶的分离纯化及其生化性质. 植物资源与环境学报,14(1):6-9.

马庆一,卫军,池银珠.2002. 天然色素作为防腐剂的筛选及应用研究. 食品科学,23(5):121-125.

宁淑萍,颜海飞,郝刚,等.2008. 植物 DNA 条形码研究进展. 生物多样性,16(5):417-425.

蒲晓姝,果磊,张敏珠,等.2013. 大鼠骨髓间充质干细胞的培养鉴定以及向神经干细胞分化的实验研究. 重庆医科大学学报,38(3):235-239.

齐敬总,王凤山,张鸿伟,等.2006. 低分子肝素修饰超氧化物歧化酶及修饰酶的理化性质研究. 中国药学杂志,41(2):150-153.

乔文,齐崴,何志敏.2004. 离子交换树脂纯化酪蛋白磷酸肽研究. 离子交换与吸附,20(2):144-151.

秦垂新,姚松君,唐青涛,等.2014. 抗氧化肽及其化学活性测定方法的研究概述. 食品工业科技,1:394-401.

任桂杰,王志玉.2005. PCR 介导的定点突变与随机突变的应用. 山东大学学报(医学版),43(9):865-867.

任迎虹.2001. 人工种子的若干理论问题与应用研究. 西昌农业高等专科学校学报,15(1):33-36.

上海植物生理学会 . 1985. 植物生理学实验手册 . 上海:上海科学技术出版社 .
申利红,王建森,李雅,等 . 2011 植物多糖的研究及应用进展 . 中国农学通报,27(02):349-352.
田运生,刘维华,王景春,等 . 2012. 综合性设计性实验项目建设的探索与实践 . 实验技术与管理,29(2):126-129.
汪春义,戚凤春,陈桂玲,等 . 2006. 植物细胞表达人胰岛素的载体构建 . 中国生物制品学杂志,(04):344-346.
王翠艳,魏芳晶,阴淑莹,等 . 2013. 大鼠骨髓间充质干细胞的分离、培养和鉴定 . 中国老年学杂志,33:1086-1088.
王贵学,李苹,刘肖珩,等 . 2013. 生物工程综合大实验 . 北京:科学出版社 .
王建波,张文驹,陈家宽 . 1999. 核 rDNA 的 ITS 序列在被子植物系统与进化研究中的应用 . 植物分类学报,(07):407-416.
王金发,何炎明,刘冰 . 2011. 细胞生物学实验教程 . 北京:科学出版社 .
王景雪,孙毅 . 1999. 农杆菌介导的植物基因转化研究进展 . 生物技术通报,(01):7-13.
王一茹,白静,陈杰,等 . 2012. 人羊水来源间充质干细胞冻存后生物学特征研究 . 中国修复重建外科杂志,26(2):141-145.
王有为,韩之波,严淑琳,等 . 2010. 人脐带间充质干细胞冻存复苏后的生物学特征 . 中国组织工程研究与临床康复,14(10):1729-1733.
吴华,严定平,罗越华 . 2009. 水稻磷酸酯酶 2A 基因蛋白的原核表达载体构建、表达和纯化 . 贵州科学,27(2):45-49.
肖雄,邓玉金,赵海龙,等 . 2012. 不同冷冻保护剂和冷冻方法对小鼠耳皮肤成纤维细胞冻存效果的影响 . 动物医学进展,33(5):69-74.
徐德昌,赵亚华,杜天奎 . 1997. 植物总 DNA 和核 DNA 提取及其纯度的研究 . 宁夏农学院学报,(03):57-61.
徐静 . 2006. 大豆蛋白分离工艺研究 . 金山油化纤,25(3):14-17.
闫振文,梁秀龄,杨春水,等 . 2002. PCR 技术对 Wilson 病基因进行定点突变的研究 . 中山医科大学学报,23(2):94-96.
杨丽华,陈晓光 . 2010. 天然色素的资源开发和应用研究进展 . 中国食物与营养,06:13-17.
杨明 . 2012. 微波法提取番木瓜皮果胶工艺研究 . 农产品加工,(8):73-75.
杨献光,齐志广,赵宝存,等 . 2003. 碱裂解法提取质粒 DNA 的研究 . 生物技术通报,(06):24-26.
姚乾元,贾元印 . 1986. 香草醛-浓硫酸薄层色谱显色剂的改进 . 中药通报,07:47-48.
叶小凤,何援利,王雪峰,等 . 2011. 全骨髓法体外培养分离大鼠骨髓间充质干细胞及 PKH26 标记 . 中国组织工程研究与临床康复,15(10):1711-1714.
叶兴国,佘茂云,王轲,等 . 2011. 植物组织培养再生相关基因鉴定、克隆和应用研究进展 . 作物学报,38(2):191-201.
易庆平,罗正荣,张青林 . 2007. 植物总基因组 DNA 提取纯化方法综述 . 安徽农业科学,(25):7789-7791.
俞建瑛,蒋宇,王善利 . 2005. 生物化学实验技术 . 北京:化学工业出版社 .
臧志和,李羿 . 2013. 药学综合性与设计性实验 . 成都:西南交通大学出版社 .
曾昭琼 . 2008. 有机化学实验 . 北京:高等教育出版社 .
张杰,王振斌,王世清,等 . 2010. 超声辅助碱提大豆蛋白工艺研究 . 大豆科学,29(3):498-501.
张镜,廖富林,陈梓云,等 . 2011. 阴香果实花色苷的体外抗氧化活性 . 食品科学,32(17):128-132.
张岚岚,徐春燕,徐昌杰 . 2004. 大肠杆菌感受态细胞转化能力的影响因素 . 细胞生物学杂志,(04):429-432.
张铭,魏小勇,黄华荣 . 2001. 铁皮石斛人工种子固形包埋系统的研究 . 园艺学报,28(5):435-439.
张强,阚国仕,陈红漫 . 2005. 玉米抗氧化肽的分离制备及其体外抗氧化活性的研究 . 中国粮食学报,20(5):36-41.
张强,阚国仕,陈红漫,等 . 2005. 酶解玉米蛋白粉制备抗氧化肽 . 食品工业科技,26(6):109-112.
张晴 . 2000. NaCl 对紫苏色素的吸收光谱及其在大孔吸附树脂上吸附的影响 . 中国食品添加剂,(3):15-18.
张所信, 王为国 . 1997. 球形交联壳聚糖的制备及其在固定化 α-淀粉酶方面的应用 . 现代化工,17(4):29-31.
张小明,鲍根良,叶胜海,等 . 2002. 作物人工种子的研究进展 . 种子,(2):41-43.
张志良,瞿伟菁 . 1980. 植物生理学实验指导 . 北京:高等教育出版社 .
赵林,冯智慧,焦淑贤,等 . 2011. 全骨髓贴壁法分离培养大鼠骨髓间充质干细胞及其生物学特性 . 中国组织工程研究与临床康复,15(32):5923-5927.
中国科学院上海植物生理研究所,上海市植物生理学会 . 1999. 现代植物生理学实验指南 . 北京:科学出版社 .
钟瑜,周欢,陈礼刚 . 2012. 大豆蛋白提取工艺初探 . 轻工科技,5:4-5.
周贤婧 . 2010. 人胰岛素原基因的设计克隆及在大肠杆菌中的表达 . 兰州:兰州理工大学硕士学位论文 .
朱远平,牟利辉 . 2007. 紫外分光光度法测定金柚皮中总黄酮的含量 . 嘉应学院学报,25(108):51-54.

附　　录

1　常用缓冲溶液的配制方法

1. 甘氨酸-盐酸缓冲液(0.05 mol/L)

X mL 0.2 mol/L 甘氨酸+Y mL 0.2 mol/L HCl,再加水稀释至 200 mL。

pH	X	Y	pH	X	Y
2.0	50	44.0	3.0	50	11.4
2.4	50	32.4	3.2	50	8.2
2.6	50	24.2	3.4	50	6.4
2.8	50	16.8	3.6	50	5.0

注:甘氨酸相对分子质量 = 75.07,0.2 mol/L 等同于 15.01 g/L

2. 邻苯二甲酸-盐酸缓冲液(0.05 mol/L)

X mL 0.2 mol/L 邻苯二甲酸氢钾 + Y mL 0.2 mol/L HCl,再加水稀释至 20 mL。

pH(20 ℃)	X	Y	pH(20 ℃)	X	Y
2.2	5	4.070	3.2	5	1.470
2.4	5	3.960	3.4	5	0.990
2.6	5	3.295	3.6	5	0.597
2.8	5	2.642	3.8	5	0.263
3.0	5	2.022			

注:邻苯二甲酸氢钾相对分子质量 = 204.23,0.2 mol/L 等同于 40.85 g/L

3. 磷酸氢二钠-柠檬酸缓冲液

pH	0.2 mol/L Na_2HPO_4/mL	0.1 mol/L 柠檬酸/mL	pH	0.2 mol/L Na_2HPO_4/mL	0.1 mol/L 柠檬酸/mL
2.2	0.40	10.60	3.4	5.70	14.30
2.4	1.24	18.76	3.6	6.44	13.56
2.6	2.18	17.82	3.8	7.10	12.90
2.8	3.17	16.83	4.0	7.71	12.29
3.0	4.11	15.89	4.2	8.28	11.72
3.2	4.94	15.06	4.4	8.82	11.18

续表

pH	0.2 mol/L Na_2HPO_4/mL	0.1 mol/L 柠檬酸/mL	pH	0.2 mol/L Na_2HPO_4/mL	0.1 mol/L 柠檬酸/mL
4.6	9.35	10.65	6.4	13.85	6.15
4.8	9.86	10.14	6.6	14.55	5.45
5.0	10.30	9.70	6.8	15.45	4.55
5.2	10.72	9.28	7.0	16.47	3.53
5.4	11.15	8.85	7.2	17.39	2.61
5.6	11.60	8.40	7.4	18.17	1.83
5.8	12.09	7.91	7.6	18.73	1.27
6.0	12.63	7.37	7.8	19.15	0.85
6.2	13.22	6.78	8.0	19.45	0.55

注:①Na_2HPO_4相对分子质量 = 14.98,0.2 mol/L 等同于 28.40 g/L

②$Na_2HPO_4 \cdot 2H_2O$ 相对分子质量 = 178.05,0.2 mol/L 等同于 35.01 g/L

③$C_4H_2O_7 \cdot H_2O$ 相对分子质量 = 210.14,0.1 mol/L 等同于 21.01 g/L

4. 柠檬酸、氢氧化钠-盐酸缓冲液

pH	钠离子浓度/(mol/L)	柠檬酸 $C_6H_8O_7 \cdot H_2O$/g	氢氧化钠 NaOH 97%/g	盐酸(浓)/mL	最终体积[a]/L
2.2	0.20	210	84	160	10
3.1	0.20	210	83	116	10
3.3	0.20	210	83	106	10
4.3	0.20	210	83	45	10
5.3	0.35	245	144	68	10
5.8	0.45	285	186	105	10
6.5	0.38	266	156	126	10

a. 使用时可以每升中加入 1 g 酚,若最后 pH 有变化,再用少量 50% 氢氧化钠溶液或浓盐酸调节,放入冰箱中保存

5. 柠檬酸-柠檬酸钠缓冲液(0.1 mol/L)

pH	0.1 mol/L 柠檬酸/mL	0.1 mol/L 柠檬酸钠/mL	pH	0.1 mol/L 柠檬酸/mL	0.1 mol/L 柠檬酸钠/mL
3.0	18.6	1.4	5.0	8.2	11.8
3.2	17.2	2.8	5.2	7.3	12.7
3.4	16.0	4.0	5.4	6.4	13.6
3.6	14.9	5.1	5.6	5.5	14.5
3.8	14.0	6.0	5.8	4.7	15.3
4.0	13.1	6.9	6.0	3.8	16.2
4.2	12.3	7.7	6.2	2.8	17.2
4.4	11.4	8.6	6.4	2.0	18.0
4.6	10.3	9.7	6.6	1.4	18.6
4.8	9.2	10.8			

注:①柠檬酸 $C_6H_8O_7 \cdot H_2O$:相对分子质量=210.14,0.1 mol/L 等同于 21.01g/L

②柠檬酸钠 $Na_3C_6H_5O_7 \cdot 2H_2O$:相对分子质量=294.12,0.1 mol/L 等同于 29.41g/mL

6. 乙酸-乙酸钠缓冲液(0. 2 mol/L)(18 ℃)

pH	0. 2 mol/L NaAc/mL	0. 3 mol/L HAc/mL	pH	0. 2 mol/L NaAc/mL	0. 3 mol/L HAc/mL
2. 6	0. 75	9. 25	4. 8	5. 90	4. 10
3. 8	1. 20	8. 80	5. 0	7. 00	3. 00
4. 0	1. 80	8. 20	5. 2	7. 90	2. 10
4. 2	2. 65	7. 35	5. 4	8. 60	1. 40
4. 4	3. 70	6. 30	5. 6	9. 10	0. 90
4. 6	4. 90	5. 10	5. 8	9. 40	0. 60

注:$Na_2Ac \cdot 3H_2O$ 相对分子质量 = 136. 09,0. 2 mol/L 等同于 27. 22 g/L

7. 磷酸盐缓冲液

(1) 磷酸氢二钠-磷酸二氢钠缓冲液(0. 2 mol/L)

pH	0. 2 mol/L Na_2HPO_4/mL	0. 3 mol/L NaH_2PO_4/mL	pH	0. 2 mol/L Na_2HPO_4/mL	0. 3 mol/L NaH_2PO_4/mL
5. 8	8. 0	92. 0	7. 0	61. 0	39. 0
5. 9	10. 0	90. 0	7. 1	67. 0	33. 0
6. 0	12. 3	87. 7	7. 2	72. 0	28. 0
6. 1	15. 0	85. 0	7. 3	77. 0	23. 0
6. 2	18. 5	81. 5	7. 4	81. 0	19. 0
6. 3	22. 5	77. 5	7. 5	84. 0	16. 0
6. 4	26. 5	73. 5	7. 6	87. 0	13. 0
6. 5	31. 5	68. 5	7. 7	89. 5	10. 5
6. 6	37. 5	62. 5	7. 8	91. 5	8. 5
6. 7	43. 5	56. 5	7. 9	93. 0	7. 0
6. 8	49. 5	51. 0	8. 0	94. 7	5. 3
6. 9	55. 0	45. 0			

注:①$Na_2HPO_4 \cdot 2H_2O$ 相对分子质量 = 178. 05,0. 2 mol/L 等同于 85. 61 g/L

②$Na_2HPO_4 \cdot 12H_2O$ 相对分子质量 = 358. 22,0. 2 mol/L 等同于 71. 64 g/L

③$Na_2HPO_4 \cdot 2H_2O$ 相对分子质量 = 156. 03,0. 2 mol/L 等同于 31. 21 g/L

(2) 磷酸氢二钠-磷酸二氢钾缓冲液(1/15 mol/L)

pH	1/15 mol/L Na_2HPO_4/mL	1/15 mol/L KH_2PO_4/mL	pH	1/15 mol/L Na_2HPO_4/mL	1/15 mol/L KH_2PO_4/mL
4. 92	0. 10	9. 90	6. 47	3. 00	7. 00
5. 29	0. 50	9. 50	6. 64	4. 00	6. 00
5. 91	1. 00	9. 00	6. 81	5. 00	5. 00
6. 24	2. 00	8. 00	6. 98	6. 00	4. 00

续表

pH	1/15 mol/L Na_2HPO_4/mL	1/15 mol/L KH_2PO_4/mL	pH	1/15 mol/L Na_2HPO_4/mL	1/15 mol/L KH_2PO_4/mL
7.17	7.00	3.00	8.34	9.75	0.25
7.38	8.00	2.00	8.67	9.90	0.10
7.73	9.00	1.00	8.18	10.00	0
8.04	9.50	0.50			

注：①$Na_2HPO_4 \cdot 2H_2O$ 相对分子质量 = 178.05，1/15 mol/L 等同于 11.876 g/L

②KH_2PO_4相对分子质量 = 136.09，1/15 mol/L 等同于 9.078 g/L

8. 磷酸二氢钾-氢氧化钠缓冲液(0.05 mol/L，20 ℃)

X mL 0.2 mol/L K_2PO_4 + *Y* mL 0.2 mol/L NaOH 加水稀释至 29 mL。

pH	*X*/mL	*Y*/mL	pH	*X*/mL	*Y*/mL
5.8	5	0.372	7.0	5	2.963
6.0	5	0.570	7.2	5	3.500
6.2	5	0.860	7.4	5	3.950
6.4	5	1.260	7.6	5	4.280
6.6	5	1.780	7.8	5	4.520
6.8	5	2.365	8.0	5	4.680

9. 巴比妥钠-盐酸缓冲液(18 ℃)

pH	0.04 mol/L 巴比妥钠/mL	0.2 mol/L 盐酸/mL	pH	0.04 mol/L 巴比妥钠/mL	0.2 mol/L 盐酸/mL
6.8	100	18.40	8.4	100	5.21
7.0	100	17.80	8.6	100	3.82
7.2	100	16.70	8.8	100	2.52
7.4	100	15.30	9.0	100	1.65
7.6	100	13.40	9.2	100	1.13
7.8	100	11.47	9.4	100	0.70
8.0	100	9.39	9.6	100	0.35
8.2	100	7.21			

注：巴比妥钠盐相对分子质量=206.18；0.04 mol/L 等同于 8.25 g/L

10. Tris-HCl 缓冲液(0.05 mol/L，25 ℃)

50 mL 0.1 mol/L 三羟甲基氨基甲烷(Tris)溶液与 *X* mL 0.1 mol/L HCl 混匀后，加水稀释至 100 mL。

pH	X/mL	pH	X/mL
7.10	45.7	8.10	26.2
7.20	44.7	8.20	22.9
7.30	43.4	8.30	19.9
7.40	42.0	8.40	17.2
7.50	40.3	8.50	14.7
7.60	38.5	8.60	12.4
7.70	36.6	8.70	10.3
7.80	34.5	8.80	8.5
7.90	32.0	8.90	7.0
8.00	29.2		

注:①三羟甲基氨基甲烷(Tris)相对分子质量=121.14;0.1 mol/L 等同于 12.114 g/L

②Tris 溶液可从空气中吸收二氧化碳,使用时注意将瓶盖严

11. 硼酸-硼砂缓冲液(0.2 mol/L 硼酸根)

pH	0.05 mol/L 硼砂/mL	0.2 mol/L 硼砂/mL	pH	0.05 mol/L 硼砂/mL	0.2 mol/L 硼酸/mL
7.4	1.0	9.0	8.2	3.5	6.5
7.6	1.5	8.5	8.4	4.5	5.5
7.8	2.0	8.0	8.7	6.0	4.0
8.0	3.0	7.0	9.0	8.0	2.0

注:①硼砂 $Na_2B_4O_7 \cdot H_2O$ 相对分子质量=381.43;0.05 mol/L 溶液(=0.2 mol/L 硼酸根)等同于 19.07 g/L

②硼酸 H_2BO_3 相对分子质量=61.84;0.2 mol/L 等同于 12.37 g/L

③硼砂易失去结晶水,必须在带塞的瓶中保存

12. 甘氨酸-氢氧化钠缓冲液(0.05 mol/L)

X mL 0.2 mol/L 甘氨酸+*Y* mL 0.2 mol/L NaOH 加水稀释至 200 mL。

pH	X	Y	pH	X	Y
8.6	50	4.0	9.6	50	22.4
8.8	50	6.0	9.8	50	27.2
9.0	50	8.8	10.0	50	32.0
9.2	50	12.0	10.4	50	38.6
9.4	50	16.8	10.6	50	45.5

注:甘氨酸相对分子质量=75.07;0.2 mol/L 等同于 15.01 g/L

13. 硼砂-氢氧化钠缓冲液(0.05 mol/L 硼酸根)

X mL 0.05 mol/L 硼砂+*Y* mL 0.2 mol/L NaOH 加水稀释至 200 mL。

pH	X	Y	pH	X	Y
9.3	50	6.0	9.8	50	34.0
9.4	50	11.0	10.0	50	43.0
9.6	50	23.0	10.1	50	46.0

注：硼砂 $Na_2B_4O_7 \cdot 10H_2O$ 相对分子质量=381.43；0.05 mol/L 等同于 19.07 g/L

14. 碳酸钠-碳酸氢钠缓冲液（0.1 mol/L）（Ca^{2+}、Mg^{2+}存在时不得使用）

pH		0.1 mol/L Na_2CO_3/mL	0.1 mol/L N_2HCO_3/mL
20 ℃	37 ℃		
9.16	8.77	1	9
9.40	9.12	2	8
9.51	9.40	3	7
9.78	9.50	4	6
9.90	9.72	5	5
10.14	9.90	6	4
10.28	10.08	7	3
10.53	10.28	8	2
10.83	10.57	9	1

注：①$Na_2CO_2 \cdot 10H_2O$ 相对分子质量=286.2；0.1 mol/L 等同于 28.62g/L

②N_2HCO_3相对分子质量=84.0；0.1 mol/L 等同于 8.40 g/L

15. PBS 缓冲液

	pH			
	7.6	7.4	7.2	7.0
H_2O/mL	1000	1000	1000	1000
NaCl/g	8.5	8.5	8.5	8.5
Na_2HPO_4/g	2.2	2.2	2.2	2.2
NaH_2PO_4/g	0.1	0.2	0.3	0.4

2　实验室常用酸碱指示剂的变色域及配制方法

1. 单色指示剂（变色范围排序）

序号	名称	配制方法	变色范围	
1	苦味酸（三硝基苯酚）	0.10 g 溶于 100 mL 水	无 0.0	1.3 黄
2	龙胆紫（结晶紫）	0.20 g 溶于 100 mL 水	绿 0.0	2.0 紫
3	孔雀石绿	0.30 g 溶于 100 mL 冰乙酸	黄 0.0	2.0 绿
4	甲基紫	0.25 g 溶于 100 mL 水（0.5 g 溶于 100 mL 水）	黄 0.1	1.5 蓝
5	甲基绿	0.05 g 溶于 100 mL 水	黄 0.1 绿	2.0 浅蓝
6	喹哪啶红	0.1 g 溶于 100 mL 甲醇	无 1.0	3.2 红

续表

序号	名称	配制方法	变色范围	
7	间胺黄	0.50 g 溶于 100 mL 水	红 1.2	2.3 黄
8	间甲酚紫	0.10 g 溶于 13.6 mL 0.02 mol/L 氢氧化钠溶液中，稀释至 250 mL	红 1.2	2.8 黄
9	对二甲苯酚蓝	0.10 g 溶于 250 mL 乙醇	红 1.2	2.8 黄
10	百里香酚蓝(麝香草酚蓝)	0.10 g 溶于 10.75 mL 0.02 mol/L 氢氧化钠中，稀释至 250 mL	红 1.2	2.8 黄
11	金莲橙 OO(橙黄 IV)	0.50 g 溶于 100 mL 乙醇，或 0.1 g 溶于 100 mL 水	红 1.3	3.2 黄
12	二苯胺橙(橘黄 IV)	0.10 g 溶于 100 mL 水	红 1.3	3.0 黄
13	苯红紫 4B	0.10 g 溶于 100 mL 水	蓝紫 1.3	4.0 红
14	茜素黄 R	0.10 g 溶于 100 mL 温水	红 1.9	3.3 黄
15	2,6-二硝基酚	0.10 g 溶于 20 mL 乙醇中，稀释至 100 mL	无 2.4	4.0 黄
16	2,4-二硝基酚	0.10 g 溶于 20 mL 乙醇中，稀释至 100 mL	无 2.4	4.4 黄
17	溴酚蓝	0.10 g 溶于 3.0 mL 0.05 mol/L 氢氧化钠溶液中，稀释至 200 mL	黄 2.8	4.6 蓝
18	对二甲氨基偶氮苯(二甲基黄)	0.10 g 溶于 200 mL 乙醇	红 2.9	4.0 黄
19	溴酚蓝	0.10 g 溶于 13.6 mL 0.02 mol/L 氢氧化钠溶液中，稀释至 250 mL(0.040 g 溶于乙醇，用乙醇稀释至 100 mL)	黄 3.0	4.6 紫
20	刚果红	0.10 g 溶于 100 mL 水	蓝紫 3.0	5.2 红
21	甲基橙	0.10 g 溶于 100 mL 水	红 3.0	4.4 黄
22	溴氯酚蓝	0.10 g 溶于 8.6 mL 0.02 mol/L 氢氧化钠溶液中，稀释至 250 mL	黄 3.2	4.8 紫
23	2,5-二硝基酚	0.10 g 溶于 20 mL 乙醇中，稀释至 100 mL	黄 3.2	4.8 紫
24	茜素磺酸钠	1.0 g 溶于 100 mL 水	黄 3.7	5.2 紫
25	溴甲酚绿	0.10 g 溶于 7.15 mL 0.02 mol/L 氢氧化钠溶液中，稀释至 250 mL	黄 3.8	5.4 蓝
26	刃天青	0.10 g 溶于 100 mL 水	橙 3.8	6.5 暗紫
27	异胺酸	0.10 g 溶于 100 mL 乙醇	玫瑰红 4.1	5.6 黄
28	甲基红	0.10 g 溶于 3.72 mL 0.02 mol/L 氢氧化钠溶液中，稀释至 250 mL	红 4.2	6.2 黄
29	间苯二酚蓝	0.20 g 溶于 100 mL 乙醇	红 4.4 紫 5.2	6.4 蓝
30	石蕊	1.0 g 溶于微碱性水溶液，然后加微酸性水至 100 mL 使之呈紫色	红 4.5	8.3 蓝
31	胭脂红酸	0.10 g 溶于 100 mL 乙醇(20% *V/V*)	黄 4.8 桃红 5.5	6.2 紫
32	氯酚红	0.10 g 溶于 11.8 mL 0.02 mol/L 氢氧化钠溶液中，稀释至 250 mL	黄 5.0	6.6 玫瑰红
33	溴甲酚紫	0.10 g 溶于 9.25 mL 0.02 mol/L 氢氧化钠溶液中，稀释至 250 mL	黄 5.2	6.8 紫
34	溴酚红	0.10 g 溶于 9.75 mL 0.02 mol/L 氢氧化钠溶液中，稀释至 250 mL	黄 5.2	7.0 红

续表

序号	名称	配制方法	变色范围	
35	茜素	0.10 g溶于100 mL水或乙醇	黄5.5	7.0红
36	对硝基酚	0.25 g溶于100 mL水	无5.6	7.4黄
37	松色素	1.0 g溶于乙醇	无5.8	7.8红紫
38	溴百里香酚蓝(溴麝香草酚蓝)	0.10 g溶于8.0 mL 0.02 mol/L氢氧化钠溶液中,稀释至250 mL	黄6.0	7.6蓝
39	儿茶酚紫	0.10 g溶于100 mL水	黄6.0	7.0紫
40	姜黄	饱和水溶液	黄6.0	8.0橙红
41	玫瑰酸	0.50 g溶于50 mL乙醇,稀释至100 mL	黄6.2	8.0红
42	中性红	0.10 g溶于70 mL乙醇中,稀释至100 mL	红6.8	8.0黄
43	苯酚红	0.10 g溶于14.20 mL 0.02 mol/L氢氧化钠溶液中,稀释至250 mL	黄6.8	8.2红
44	树脂质酸(玫红酸)	1.0 g溶于100 mL乙醇(50% V/V)中	黄6.8	8.2红
45	间硝基酚	0.30 g溶于100 mL水	无6.8	8.4黄
46	喹啉蓝	0.10 g溶于100 mL乙醇	无7.0	8.0紫蓝
47	1-萘酚酞	1.0 g溶于100 mL乙醇(50% V/V)中	粉红7.0	8.6蓝绿
48	甲酚红	0.10 g溶于13.1 mL 0.02 mol/L氢氧化钠溶液中,稀释至250 mL	黄7.2	8.8紫红
49	间甲酚紫	0.10 g溶于13.1 mL 0.02 mol/L氢氧化钠溶液中,稀释至250 mL	黄7.4	9.0紫
50	金莲橙OOO	0.10 g溶于100 mL水	黄绿7.6	8.9玫瑰红
51	橘黄I	1.0 g溶于100 mL水	橙7.6	8.9粉红
52	百里香酚蓝(麝香草酚蓝)	0.10 g溶于100 mL乙醇	黄8.0	9.6蓝
53	对二甲苯酚蓝	见8	黄8.0	9.6蓝
54	酚酞	0.10 g溶于60 mL乙醇中,稀释至100 mL(1.0 g溶于6000 mL乙醇中)	无8.0	10.0红
55	邻甲酚酞	0.10 g溶于250 mL乙醇	无8.2	9.8红
56	1-萘酚苯	0.10 g溶于100 mL乙醇	黄8.5	9.8绿
57	百里香酚酞(麝香草酚酞)	0.10 g溶于100 mL乙醇	无9.0	10.2蓝
58	二甲苯酚酞	0.10 g溶于70 mL乙醇,稀释至10 mL	无9.3	10.5蓝
59	茜素黄GG	0.10 g溶于100 mL乙醇(50% V/V)	黄10.0	12.0棕黄
60	耐尔蓝	1.0 g溶于100 mL冰乙酸	蓝10.1	11.1红
61	泡依蓝C4B	0.20 g溶于100 mL水	蓝11.0	13.0红
62	硝胺	0.10 g溶于100 mL乙醇(70% V/V)	黄11.0	13.0橙棕
63	金莲橙O	0.10 g溶于100 mL水	黄11.0	12.0橙
64	茜素蓝SA	0.05 g溶于100 mL水	绿11.0	13.0蓝
65	1,3,5-三硝基苯	0.10 g溶于100 mL乙醇(50% V/V)中	无11.5	14.0橙
66	靛蓝二磺酸钠(靛红,靛胭脂)	0.25 g溶于100 mL乙醇(50% V/V)中	蓝11.6	14.0黄
67	达旦黄	0.10 g溶于100 mL水	黄12.0	13.0红

2. 多变色范围指示剂详表(部分)

序号	名称	变色范围	
1	甲基紫	黄 0.13	0.5 绿
		绿 1.0	1.5 蓝
		蓝 2.0	3.0 紫
2	孔雀石绿	黄 0.13　浅蓝	2.0 绿
		蓝绿 11.5	13.2 无
3	甲酚红	红 0.2	1.8 黄
		亮黄 7.2	8.8 紫红
4	百里香酚蓝(麝香草酚蓝)	红 1.2	2.8 黄
		黄 8.0	9.0 蓝
5	茜素黄 R	红 1.9	3.3 黄
		黄 10.1	12.1 淡紫
6	茜素红 S	黄 3.7	5.2 紫
		紫 10.0	12.0 淡黄
7	对二甲苯酚蓝	红 1.2	2.8 黄
		黄 8.0	9.6 蓝

3. 常用荧光指示剂

序号	名称	配制方法	变色范围	
1	曙红	1.0 g 钠盐溶于 100 mL 水	无 0	3.0 绿
2	水杨酸	0.5 g 钠盐溶于 100 mL 水	无 2.5	4.0 暗蓝
3	2-萘胺	0.5 g 溶于 100 mL 乙醇	无 2.8	4.4 紫
4	1-萘胺	0.5 g 溶于 100 mL 乙醇	无 3.4	4.8 蓝
5	奎宁	0.1 g 溶于 100 mL 乙醇	蓝 3.0	5.0 浅紫
			浅紫 9.5	10.0 无
6	2-羟基-3-萘甲酸	0.1 g 钠盐溶于 100 mL 水	蓝 3.0	6.8 绿
7	荧光素(荧光黄)	1.0 g 钠盐溶于 100 mL 水	粉红绿 4.0	6.0 绿
8	鲁米诺	0.1 g 溶于 500 mL 水,加 5 mL 1.0 mol/L 氢氧化钠,稀释至 1L	无 6.0	7.0 蓝
9	喹啉	配制成饱和水溶液	蓝 6.2	7.2 无
10	2-萘酚	0.1 g 溶于 100 mL 乙醇	无 8.5	9.5 蓝
11	香豆素	溶于乙醇,具体未知	无 9.5	10.5 浅绿

4. 混合指示剂(变色点 pH 排序)

序号	名称	比例(V/V)	酸色	变色点	碱色
1*	1 g/L 甲基黄乙醇溶液	1	蓝紫	3.25	绿
	1 g/L 亚甲基蓝乙醇溶液	1			

续表

序号	名称	比例(V/V)	酸色	变色点	碱色
2*	1 g/L 六甲氧基三苯基卡必醇乙醇溶液	1	紫	蓝紫 4.0	绿
	1 g/L 甲基绿乙醇溶液	1			
3*	1 g/L 甲基橙水溶液	1	紫	4.1	绿
	2.5 g/L 靛蓝胭脂红水溶液	1			
4	1 g/L 甲基橙水溶液	1	紫	4.3	绿
	1 g/L 苯胺蓝水溶液	1			
5	1 g/L 溴甲酚绿钠盐水溶液	1	橙	淡绿 4.3	蓝绿
	0.2 g/L 甲基橙水溶液	1			
6	1 g/L 溴甲酚绿乙醇溶液	3	酒红	5.1	绿
	2 g/L 甲基红乙醇溶液	1			
7*	2 g/L 甲基红乙醇溶液	1	红紫	不明显蓝色 5.4	绿
	1 g/L 亚甲基蓝乙醇溶液	1			
8	1 g/L 氯酚红钠盐水溶液	1	绿	淡紫 5.8	紫
	1 g/L 苯胺蓝水溶液	1			
9	1 g/L 溴甲酚绿钠盐水溶液	1	黄绿	6.1	蓝紫
	1 g/L 氯酚红钠盐水溶液	1			
10	1 g/L 溴甲酚紫钠盐水溶液	1	黄	6.7	蓝紫
	1 g/L 溴百里酚蓝钠盐水溶液	1			
11	1 g/L 溴百里酚蓝钠盐水溶液	2	紫	6.9	蓝
	1 g/L 石蕊精(石蕊主要成分)水溶液	1			
12*	1 g/L 中性红乙醇溶液	1	蓝紫	蓝紫 7.0	绿
	1 g/L 亚甲基蓝乙醇溶液	1			
13	1 g/L 中性红乙醇溶液	1	玫瑰	淡玫瑰 7.2	绿
	1 g/L 溴百里酚蓝乙醇溶液	1			
14	1 g/L 花青(氮萘蓝)50% 乙醇溶液	2	黄	7.3	紫
	1 g/L 酚红 50% 乙醇溶液	1			
15	1 g/L 溴百里酚蓝钠盐水溶液	1	黄	7.5	紫
	1 g/L 酚红钠盐水溶液	1			
16	1 g/L α-萘酚酞乙醇溶液	2	淡玫瑰	8.3	紫
	1 g/L 甲酚红乙醇溶液	1			
17	1 g/L α-萘酚酞乙醇溶液	1	淡玫瑰	8.9	紫
	1 g/L 酚酞乙醇溶液	3			
18*	1 g/L 酚酞乙醇溶液	1	绿	8.9	紫
	1 g/L 甲基绿乙醇溶液	2			
19	1 g/L 百里酚蓝 50% 乙醇溶液	1	黄	9.0	紫
	1 g/L 酚酞 50% 乙醇溶液	3			

续表

	名称	比例(V/V)	酸色	变色点	碱色
20	1 g/L 酚酞 50% 乙醇溶液	1	无	9.9	紫
	1 g/L 百里酚酞乙醇溶液	1			
21	1 g/L 酚酞乙醇溶液	1	蓝	紫 10.0	红
	2 g/L 尼罗蓝(Nile blue)乙醇溶液	2			
22	1 g/L 百里酚酞乙醇溶液	2	黄	10.2	紫
	1 g/L 茜素黄乙醇溶液	1			
23	2 g/L 尼罗蓝水溶液	2	绿	10.8	红棕
	1 g/L 茜素黄乙醇溶液	1			

* 表示试剂必须在茶色试剂瓶内储存